U0937781

21 世纪普通高等教育基础课规划教材

大学物理实验教程

主　编　滕　琴　刘传先
参　编　徐志华　徐成年
　　　　费业铭　周云珠

机 械 工 业 出 版 社

本书是参照教育部高等学校物理基础课程教学指导分委员会于2007年制定的《全国高校理工学科大学物理实验课程教学基本要求》正式报告稿，借鉴国内外近年来大学物理实验教学改革的研究成果，并结合上海第二工业大学物理实验课程建设实际经验编写而成的。

全书主要内容包括绪论、不确定度和数据处理基础知识、基础性实验、综合性实验、设计性实验以及附录等几个部分，其中基础性实验16个（按力学、热学、电磁学、光学顺序排列）、综合性实验4个、设计性实验5个，共计25个实验项目。在精选基本实验的基础上，充实现代高新技术和技能手段，以拓展学生知识面，注重创新能力和科学素质的培养。

本书可作为高等院校，特别是新建本科院校工科各专业的大学物理实验课程教材或教学参考书，也可供成人高等院校工科各专业学生和社会读者阅读参考。

图书在版编目(CIP)数据

大学物理实验教程/滕琴，刘传先主编．—北京：机械工业出版社，2008.8（2015.1重印）

21世纪普通高等教育基础课规划教材

ISBN 978-7-111-24562-9

Ⅰ. 大…　Ⅱ. ①滕…②刘…　Ⅲ. 物理学-实验-高等学校-教材　Ⅳ. 04-33

中国版本图书馆CIP数据核字（2008）第096937号

机械工业出版社（北京市百万庄大街22号　邮政编码100037）

责任编辑：张金奎　版式设计：张世琴　责任校对：李秋菊

封面设计：鞠　杨　责任印制：李　洋

北京振兴源印务有限公司印刷

2015年1月第1版第5次印刷

169mm×239mm · 14.5印张 · 278千字

标准书号：ISBN 978-7-111-24562-9

定价：19.80元

凡购本书，如有缺页、倒页、脱页，由本社发行部调换

电话服务

社服务中心：（010）88361066

销售一部：（010）68326294

销售二部：（010）88379649

读者购书热线：（010）88379203

网络服务

门户网：http://www.cmpbook.com

教材网：http://www.cmpedu.com

封面无防伪标均为盗版

前　言

本教材是以《全国高校理工学科大学物理实验课程教学基本要求》为原则，并结合我校历年来教学改革和教学实践经验编写而成的。本教材系统地介绍了大学物理实验课程教学的基本要求、实验的基本程序、测量的有效数字和运算规则、测量误差和不确定度、实验结果表示和数据处理的基本方法。

大学物理实验是一门实践性、时效性很强的课程，必须不断总结，不断完善。本教材正式出版之前，作为讲义历经了多年的教学实践。期间，广大教师一方面认真总结了本校的教学经验并吸取有关师生的反馈信息，另一方面也密切跟踪了兄弟院校的近期教学成果，在此基础上进行了不断的完善。

为了使同学们较快掌握不确定度和数据处理方法，书后附有实验的数据处理要点说明。同时，在部分实验后还附有实验的数据处理示范，以供参考。

实验课教学是一项集体事业，无论是实验教材的编写，还是实验项目的开设准备，都凝聚着全体参与实验教学的教师和技术人员的智慧和成果。同时，在编写的过程中，我们还广泛参阅了上海交通大学、同济大学、清华大学、南开大学、武汉大学、北京科技大学、东南大学、上海工程技术大学等兄弟院校的有关教材，吸收了其中富有启发性的观点和优秀内容，在此表示衷心感谢。

参加本书编写的有：刘传先（第一章、第二章）；滕琴（实验二、实验三、实验四、实验五、实验六、实验九、实验十三、实验十四、实验十五、实验十八、实验二十、附录）；徐成年（实验一、实验十六、实验二十四、实验二十五）；徐志华（实验十、实验十一、实验十七）；费业铭（实验七、实验八、实验十二、实验二十三）；周云珠（实验二十一、实验二十二）；李秀荣（实验十九）。教材体系框架及统稿由刘传先、滕琴、费业铭共同完成。

恳切希望使用本教材的教师、同学提出宝贵意见，以便今后改进。

编　者

2008 年 3 月

目录

第一章　绪　论

科学实验是科学理论的源泉，是工程技术的基础，作为旨在培养德智体美全面发展的高级工程技术人才的高等学校，不仅要使学生具备比较深广的理论知识，而且要使学生具有从事科学实验的较强能力，以适应科学技术不断进步和社会主义建设迅速发展的需要。

第一节　高校理工学科大学物理实验课程教学基本要求

一、物理实验课程的地位、作用和任务

1. 课程的地位

物理实验是对高等学校学生进行科学实验基本训练的一门独立的必修基础课程，是学生进入大学后受到系统实验方法和实验技能训练的开端，是工科类专业对学生进行科学实验训练的重要基础。

2. 课程的作用

物理实验课覆盖面广，具有丰富的实验思想、方法、手段，同时能提供综合性很强的基本实验技能训练，是培养学生科学实验能力、提高学生科学素质的重要手段。它在培养学生严谨的治学态度、活跃的创新意识、理论联系实际和适应科技发展的综合应用能力等方面具有其他类课程不可替代的作用。

3. 课程的任务

（1）通过对实验现象的观察、分析和对物理量的测量，学习物理实验知识，加深对物理学原理的理解。

（2）培养学生的基本科学实验技能，提高学生的科学实验基本素质，使学生初步掌握实验科学的思想和方法。培养学生的科学思维和创新意识，使学生掌握实验研究的基本方法，提高学生的分析能力和创新能力。

（3）提高学生的科学素养，培养学生理论联系实际和实事求是的科学作风，认真严谨的科学态度，积极主动的探索精神，遵守纪律，团结协作，爱护公共财产的优良品德。

二、教学内容基本要求

1. 掌握测量误差的基本知识，具有正确处理实验数据的基本能力

(1) 掌握测量误差与不确定度的基本概念，能逐步学会用不确定度对直接测量和间接测量的结果进行评估。

(2) 掌握处理实验数据的一些常用方法，包括列表法、作图法和最小二乘法等。尤其是随着计算机及其应用技术的发展和普及，还要掌握用计算机通用软件处理实验数据的基本方法。

2. 掌握基本物理量的测量方法

掌握如长度、质量、时间、热量、温度、湿度、压强、压力、电流、电压、电阻、磁感应强度、光强度、折射率、电子电荷等常用物理量及物性参数的测量。特别要加强数字化测量技术和计算技术在物理实验教学中的应用。

3. 了解常用的物理实验方法，并逐步学会使用

例如：比较法、转换法、放大法、模拟法、补偿法、平衡法和干涉、衍射法，以及在近代科学研究和工程技术中广泛应用的其他方法。

4. 掌握实验室常用仪器的性能，并能够正确使用

例如：长度测量仪器、计时仪器、测温仪器、变阻器、电表、交/直流电桥、通用示波器、低频信号发生器、分光仪、光谱仪、常用电源和光源等常用仪器。

根据条件，在物理实验课中逐步引入在当代科学研究与工程技术中广泛应用的现代物理技术，例如：激光技术、传感器技术、微弱信号检测技术、光电子技术、结构分析波谱技术等。

5. 掌握常用的实验操作技术

例如：零位调整、水平/铅直调整、光路的共轴调整、消视差调整、逐次逼近调整、根据给定的电路图正确接线、简单的电路故障检查与排除，以及在近代科学研究与工程技术中广泛应用的仪器的正确调节。

6. 适当介绍物理实验史料和物理实验在现代科学技术中的应用知识

三、能力培养基本要求

1. 独立实验的能力

能够通过阅读实验教材、查询有关资料和思考问题，掌握实验原理及方法，做好实验前的准备；正确使用仪器及辅助设备，独立完成实验内容，撰写合格的实验报告；培养学生独立实验的能力，逐步形成自主实验的基本能力。

2. 分析与研究的能力

能够融合实验原理、设计思想、实验方法及相关的理论知识对实验结果进行分析、判断、归纳与综合。掌握通过实验进行物理现象和物理规律研究的基本方法，具有初步的分析与研究的能力。

3. 理论联系实际的能力

能够在实验中发现问题、分析问题并学习解决问题的科学方法，逐步提高学

生综合运用所学知识和技能解决实际问题的能力。

4. 创新能力

能够完成符合规范要求的设计性、综合性内容的实验，进行初步的具有研究性或创意性内容的实验，激发学生的学习主动性，逐步培养学生的创新能力。

第二节　具体实验的基本程序

实验集理论、方法、技能和数据处理于一个整体，它不但要求实验者搞懂实验内容与实验方法的道理，而且还要求实验者根据这些道理将实验付之实现，最后还要从获得的数据结果中得出应有的结论，这些就是物理实验的特点。

基于实验的特点，在做任何一个实验时，必须把握下列三个重要环节：

1. 实验的准备（也称实验预习）

实验预习时，重点要解决以下三个问题：

(1) 实验的目的是什么？即做这个实验最终要获得什么结果，是测定物理常数，还是要验证某个物理定律，还是要探索某种规律。明确了实验目的，才能紧紧地围绕这个中心去思考实验中的其他问题。

(2) 实验的根据是什么？它涉及实验课题的理论和实验方法的道理是什么。必须搞清研究对象的含义，它与其他物理量之间的关系，最终还必须建立确定的测量关系式，并有方法对其进行测量。

(3) 实验该如何做？在熟悉了实验理论方法之后，必须设想如何去做。这包括仪器装置的安置图（如电路图、光路图等）、对仪器装置进行调整的要求、需直接测量的量、用什么方法和器具进行测量、测量的先后次序及数据记录表格准备等。

综上三点，实验预习报告应简要写出以下项目：

(1) 实验名称；

(2) 实验目的；

(3) 实验原理（电路图、光路图、测量关系式等）；

(4) 实验大致步骤；

(5) 数据记录表格（如直接测量表格等）。

实验的准备工作至关重要，它决定着实验的成败和收效的大小，所以实验前务必做好充分的准备工作。

2. 实验的进行

实验是依据确定的原理解决具体问题，实验者应先根据设想好的步骤，仔细检查一下是否已熟悉实验仪器和工具的用法，想一想怎样做会更好些、更合理些。在确认一切都正常无误后，再按确定的步骤逐步实现实验的目的。

在实验过程中，特别要注意两点：

(1) 要做好完备而清晰的记录。如研究对象的编号、重要仪器的名称、型号和编号；测量数据要记入事先准备好的表格中，以免遗漏；切勿将数据随意记录在草稿纸上，这是不科学的方法，而且记录也容易丢失。

(2) 要随时用所观察到的现象和测得的数据作为反馈信息来判断实验是否在正常进行，这是会不会做实验的重要标志之一。做实验时，应按实验步骤和要求，认真调试仪器，仔细观察测量有关的物理量，并正确、如实地把测量数据记录在预习报告的数据记录表格内。此外，还应记录必要的实验条件、仪器编号、规格以及实验现象等。在多人合作做实验时，应分工协作，各司其职，互相配合。实验完毕，应将测量的数据记录交给指导教师审阅，经教师认可签字后，整理好仪器并将实验现场清理整洁后方可离开实验室。

由上可见，实验是一项艰苦的劳动，不但要动手，而且还要不断思考、判断；实验者必须以严格而又谨慎的科学态度有条理地进行实验工作。

3. 实验的报告

实验报告是实验成果的文字报道，所以应该做到字迹清楚、文理通顺、图表正确、数据完备和结论明确。报告应该给同行以清晰的思路、见解和新的启迪，这样的报告才算得上一份成功的报告。实验报告的内容一般应包括：

(1) 实验目的　不要照抄每个实验中“目的要求”一栏的内容，要分清目的和要求两个部分；要求只是在实现目的的过程中需要实验者掌握的具体内容，所以不能再以“要求”的形式在报告中出现，而必须在报告的具体内容中反映出实验者通过实验后达到了这些要求；换句话讲，就是实验者在书写报告的具体内容时要紧紧抓住这些要求来写，以显示自己达到要求的程度。

(2) 实验仪器设备　要求写清楚所用实验仪器的名称、型号、编号及规格等。

(3) 实验原理　其中应包括必要的原理图（如电路图、光路图、装置示意图等）。原理应该用自己的理解去写，不要一味地抄书；原理必须写到实验的目的能够实现为止。

(4) 实验步骤　在对各直测量进行测量时，根据实际的实验过程，写明关键步骤和实验要点；同时，应附有对仪器的调整和使用技巧。

(5) 数据记录及处理　完整而清晰的原始数据记录的表格、数据处理过程及结果（包括实验图线）。在计算处理完成之后，必须以醒目的方式完整地表示出实验结果。

(6) 实验的结论和结果的评价　包括实验结果的精密度、正确度、一致性及对目的达到程度的文字性结论。

（7）观察、分析与思考 它不只是简单地回答书中的问题，而应该写出实验者在实验中所看到的现象得到了怎样合理的解释，遇到的问题是如何发现的，又是如何解决的。在书写此部分内容时，重要的是要写出实验者的认识过程，而不只是结论性的语句。实验报告应在课堂实验后独立完成，并在下次实验时交给指导教师批阅。报告无疑应该按自己的思路来写，是自身体会的经验之谈。

第二章 不确定度和数据处理基础知识

实验是在理论思想指导下通过自身的观测去探索一个真实的世界。由于实际条件错综复杂、变化多端，即使在实验室中已作了充分控制，也难免不受种种因素的影响，所以观测永远不会是在理想化条件下进行的，测量也不可能是完全精确的。因此，实验除了要测得应有的数据外，还有一个共同的基本问题，即需要对测量结果的可靠性作出评价，也就是对测量结果的误差范围作出合理的估计。若是要将实验结果与理论预言或公认值比较，以便从中得出它们一致与否的结论时，该问题就尤为重要。为此，本章将介绍测量与误差的基本知识，它将使实验者能用误差分析的方法去估计实验误差的大小，并在必要时帮助实验者设法减小它们的影响。

第一节 测量的有效数字和运算规则

在物理实验中，不仅要定性地观察物理现象，而且还需要定量地测量有关物理量。测量就要取得数据、记录数据、计算和报告数据，这里都存在有效数字取位问题，因此从实验课一开始，我们就要建立有效数字的概念，并强调通过练习达到熟练掌握和运用于每一个数据。

一、量、测量和单位

1. 量

任何现象和实体都具有一定的形式，所有形式都要通过量来表征。也就是说，任何实体之所以能被觉察其存在，就因为它们具有一定的量。因而可以说量是现象和实体得以定性区别并定量确定的一种属性。物理实验就是将自然界的各种基本运动形态（力、热、电磁等）按人的意志在实验室中再现，然后研究现象和实体的各物理量之间的关系，确定它们的量值大小，找出它们之间的数量关系，从中获取规律性的认识，或验证理论、或发现定律、或作为实际应用的依据。

2. 测量

*以确定量值为目的的一组操作称为测量（或计量）。*测量的过程就是把被测物理量与选作计量标准单位的同类物理量进行比较的过程。

3. 单位

选作计量单位的标准必须是国际公认的、唯一的、稳定不变的。例如真空中的光速是一个不变的量，国际单位制由此规定以光在真空中1/299792458s的时间间隔内所经路径的长度作为长度单位——1m。

我们测量一个物体的长度，就是找出该被测量是1m的多少倍，这个倍数称为测量的读数。数值连同单位记录下来便是数据，称为量值。量值用数值和单位的乘积来表示。

例如，钠光的一条谱线的波长为 $\lambda = 589.6 \times 10^{-7}$m，它是单位m和数值 589.6×10^{-7}的乘积。在图表和表格中正确的表示是 $\lambda/\mathrm{m} = 589.6 \times 10^{-7}$。

单位的制定虽然具有任意性，但要行之有效，并得到国际承认。1971年第十四届国际计量大会确定以：米（长度）、千克（质量）、秒（时间）、安培（电流）、开尔文（热力学温度）、摩尔（物质的量）和坎德拉（发光强度）为基本单位，称为国际单位制（SI）的基本单位。其他量（如力、能量、电压、磁感强度等）的单位均可由这些基本单位导出，称为国际单位制的导出单位。

我国为适应国际交往的需要，制定了以SI制为基础的《中华人民共和国法定计量单位》，并已于1991年1月1日开始不允许再使用非法定的计量单位。

二、直接测量和间接测量

根据获得数据的方法不同，测量可分为直接测量和间接测量两类。

1. 直接测量

把被测量直接与标准量（量具或仪表）进行比较，直接读数、直接得到数据，这样的测量就是直接测量，相应的物理量称为直接测量量。例如：用米尺测量长度、用天平测量质量、用欧姆表测量电阻等。直接测量是测量的基础。

2. 间接测量

大多数物理量没有直接测量的量具或仪表，不能直接得到测量数据，但能够找到它与某些直接测量量的函数关系。测出直接测量量，通过函数关系得到被测量的测量数据，这种测量称为间接测量，相应的物理量就是间接测量量。

例如：圆的半径 r，若圆心不能确定就不能直接测量，测量直径 d，通过公式 $r = d/2$ 算出半径，这就是间接测量。这时半径 r 就是间接测量量。实际上间接测量远远多于直接测量。实验中的原理、方法、步骤、计算等，大都是间接测量的内容；实验方法、实验技术也主要在间接测量范围内。

不论将测量如何进行分类，直接测量乃是一切测量的基础，唯有牢牢掌握直接测量的基本知识，才可能进一步理解和掌握间接测量与函数关系测量等方面的知识。

三、精密度、正确度和精确度

为了能正确评价实验中测量结果的好坏，可引入精密度、正确度和精确度这三个概念。

1. 精密度

——表示重复测量所得的各测量值相互接近的程度，它描述了测量结果的重复性的优劣，反映了测量中随机误差的大小。所谓测量精密度高，就是指测量数据的离散性小，即随机误差小（但系统误差大小不明确）。

2. 正确度（准确度）

——表示测量结果与真值相接近的程度，它描述了测量结果的正确性的高低，反映了测量中系统误差的大小程度。所谓测量的正确度高就是指最后的测量结果与真值的偏差小，即系统误差小（但随机误差的大小不确定）。

3. 精确度

——是对测量结果的精密性与正确性的综合评定，因而反应了总的误差情况。所谓测量的精确度高，就是指测量值集中于真值附近，即测量的随机误差与系统误差较小。

图 2-1-1 所示子弹打靶时的着弹点的分布情况可形象地说明上述三个量的意义。

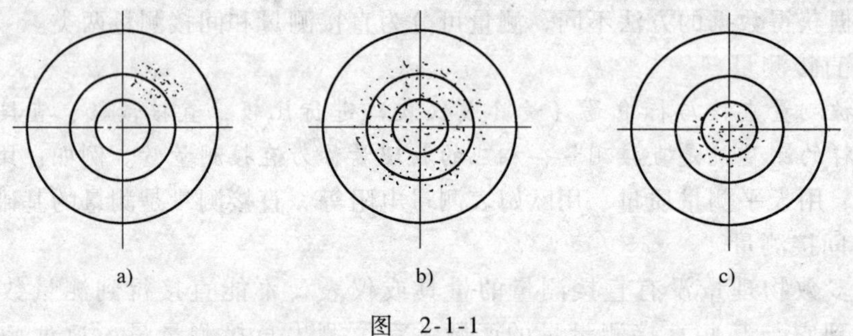

图 2-1-1

图 2-1-1a 表明数据的精密度高，但正确度低，相当于随机误差小而系统误差大；图 2-1-1b 则表示数据的正确度高而精密度低，即系统误差小而随机误差大；图 2-1-1c 则代表精密度和正确度都较高，即精确度高，总误差小。

四、有效数字和仪器读数规则

1. 有效数字

实验数据是通过测量得到的。当使用测量工具（量具、仪表、仪器）对待测量进行直接测量时，由于测量工具在制造时受到准确程度的限制，所以测量工具的分度值（最小分格值）必定是一个有限的值；测量读数时能够准确地读出最小分格值，并在一般情况下还能在最小分格值下进行估读，一般人眼可以分辨到最小分格的1/10、1/5或1/2。由于它是人眼能够分辨的极限值，所以任何一个测量读数应该达到该分辨限，但又不能超过该分辨限，该分辨限就称为读数误差。由此得出结论：测量值是有一定位数的，它的末位应是读数误差的所在位。

读数的数字有几位，在实验中的含义是明确的。例如：用厘米分度尺去测量一铜棒的长度（见图2-1-2）。我们先看到铜棒的长度大于4cm，小于5cm，进一步估计其端点超过4cm刻线3/10格，得到棒长为4.3cm。不同的观察者估读不尽相同，可能读成4.2cm或4.4cm。这样，同一根棒的长度得到了三个测量结果，它们都应当是正确的。比较三个读数，我们看到最后一位数字是在最小分度之间估读的，是有误差的，不准确的，称之为欠准数字或可疑数字，前面的“4”是可靠数字。

上例中得到的全部可靠数字和欠准数字都是有意义的，总称为有效数字。当被测物理量和测量仪器选定后，测量值的有效数字的位数就已经确定了。我们用厘米分度的尺测量铜棒长度，得到的结果4.2cm、4.3cm或4.4cm都是2位有效数字，它们的测量准确度相同。若换以毫米分度的尺子测量上例中的铜棒（如图2-1-3），从尺的刻度可以直接读出4.2cm，再估读到1/10格值，测定铜棒的长度为4.27cm（当然，不同的观察者还可能得到4.26cm或4.28cm），测量结果有3位有效数字，准确度高于上例。

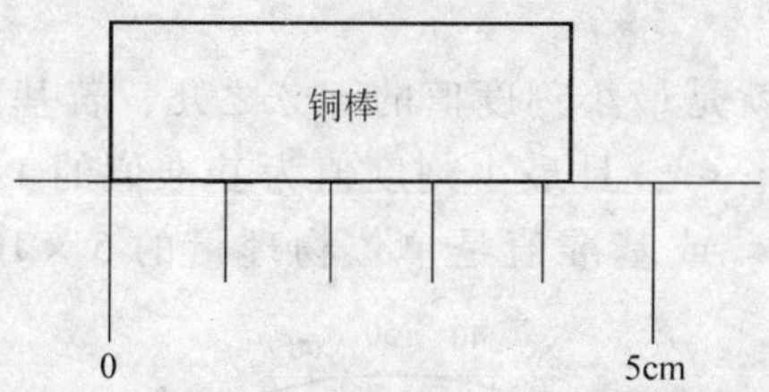

图2-1-2　用厘米分度尺测量铜棒的长度

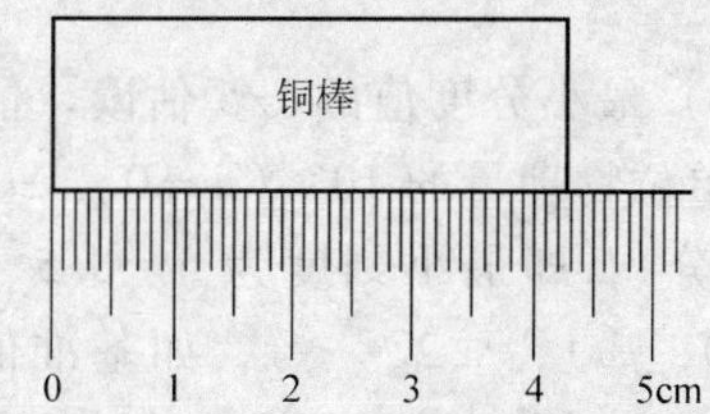

图2-1-3　用毫米分度尺测量铜棒的长度

可见，用不同的量具或仪器测量同一物理量，准确度较高的量具或仪器得到的测量结果有效位较多。另一方面，如果被测铜棒的长度是十几厘米或几十厘米，那么用厘米分度尺测量的结果变为3位有效位，用毫米分度尺测量的结果为4位有效位。可知：有效位的多少是测量实际的客观反映，不能随意增减测得值的有效位，有效位的多少还与被测量的大小有关。可见，有效数字的意义在于：它除了具有普通数字所具有的表示测量值大小的功能外，还具有另一项重要功能——反映测量结果的不确定度的情况。

2. 仪器的读数规则

测量就要从仪器上读数，对一部分测量仪器、仪表是需要估读的。读数应包括仪器指示的全部有意义的数字和能够估读出来的数字。除了读出刻度上明确标出的数字外，还要对它在最小分度内所占的份额作出估计，读到最小刻度的后一位。但也有一些测量仪器、仪表（刻度对准仪器和数字式仪器）不需估读，其最后一位不是我们估读出来的。

（1）估读规则　有一些仪器读数时需要估读，估读时首先根据最小分格的大小、指针的粗细等具体情况确定把最小格值分成几份来估读，通常读到最小格值的1/10、1/5或1/2。读数前，首先要了解实验仪器、仪表所使用的单位，如cm、A、V等。其次是了解实验仪器、仪表分度的基准值，即相邻的两根标明数值刻度线间物理量的大小，如：刻度尺、量筒、电表分度的基准值可能是1cm、10mL、0.2A、5V等。最后是了解最小分度大小。最小分度值一般可以是基准值的1/10、1/5、1/2，测量所能达到的准确程度由仪器仪表的最小刻度值决定。

读数估读时，基准值的分度不同，估读方法也不同。

a）最小分度值的1/10估读。估读数值就是最小刻度值的十分之几。若基准值是单位物理量的10^n（$n=0$，±1，±2，…），且最小刻度值为基准值的1/10，即最小刻度为10^{n-1}（$n=0$，±1，±2，…），如10、1、0.1、0.01、…等，可采用最小分度的1/10读数。用视力把最小刻度再分为10等分，观察指针指在哪一等分上，即可读出估读数。若被测量恰好显示在某刻度线上，其估读数为0。在其示值后应加上一个“0”。如前述图2-1-2就是估读到最小格值1/10，这样的仪器和量具很多，如米尺、螺旋测微计、测微目镜、读数显微镜、指针式电表等。

b）最小分度值的1/5估读。估读数值就是最小刻度值的五分之几，若基准值是单位物理量的10^n（$n=0$，±1，±2，…），且最小刻度值为基准值的1/2（2等分），即最小刻度为5、0.5、0.05等。或基准值是单位物理量的5×10^n（$n=0$，±1，±2，…），如基准值为5，0.5，0.05等，且最小刻度值为基准值的1/10（10等分），如最小刻度值为0.5等，可采用最小分度的1/5估读。读数时，将最小刻度分成5份，看指针在格内偏过五分之几，就估读成最小刻度值$\times n/5$，这样指针在一格内可有六个读数：0、$0.5\times1/5$、$0.5\times2/5$、$0.5\times3/5$、$0.5\times4/5$、0.5。当指针指在基准线上，在末位上加“0”，指针指在最小刻度线上，则末位不加“0”。如最小刻度值为0.5，则0.1，0.2，0.3，0.4，0.6，0.7，0.8，0.9都是估计的。如图2-1-4所示是估读到1/5格值的例子。读数86、87、88都可以，个位6、7、8为估读数。

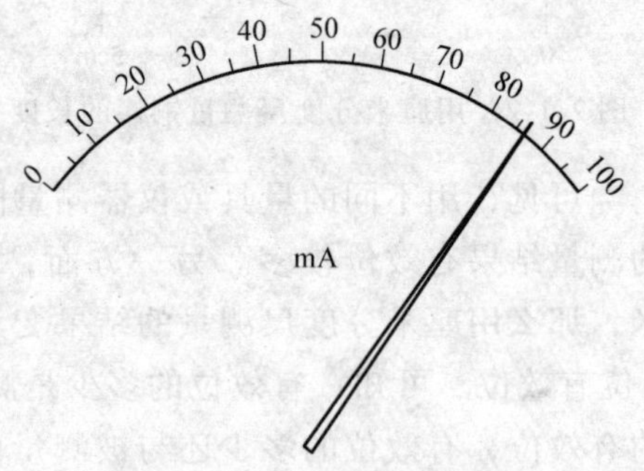

图2-1-4　估读到1/5格值

c）最小分度值的1/2估读。估读数值就是最小刻度值的二分之一，读到分度值所在位，误差出现在同一位上。若基准值是单位物理量的10^n（$n=0$，±1，±2，…），且最小刻度值为基准值的1/5（5等分），或基准值是单位物理量的2×10^n（$n=0$，±1，±2，…），且最小刻度值为基准值的1/10（10等分），即最小刻度为2、0.2、0.02等，可采用最小分度的1/2估读。读数时，只需估计被测物理量指针最接近哪根刻度线，即按该刻度线的示值读数。若指针正好指示在两根刻度线的正中央，这时可按示值较小的一根刻度线的示值加上刻度值的1/2记数，0.3，0.5，0.7，0.9都是估计的。如图2-1-5a、b所示，用安培表0～0.6档测量电流时，指针可能位于0.22A和0.24A两根最小刻度线间的A、B、C中的一个位置，其测量值应分别记为0.22A、0.23A、0.24A。

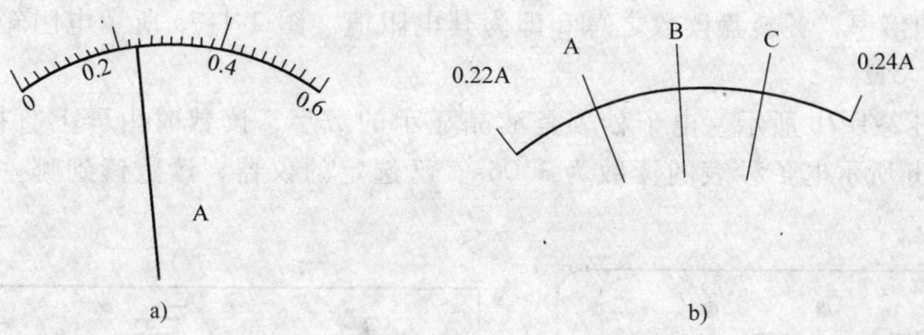

图　2-1-5
a）估读到1/2格值　b）刻度放大图

（2）不需估读仪器　对于那些可靠值与存疑值无法截然分开的仪器，读数时不需估读，具体可以分为两类：对准仪器和数字仪器。

a）对准仪器在读数时不必或不能估读。因为这类仪器主要由两部分组成：主尺和游标，主尺上可直接读出主尺最小刻度以下的数值，在读数时，需要找出游标的刻度线与主尺刻度线对齐的地方，这是一条确定的线，不能估读，如图2-1-6所示。例如，用50分度的游标卡尺测一物的长度，游标恰与主尺3cm刻线对准，如图2-1-6所示。50分度游标卡尺的分度值是0.002cm，这类仪器不估读，读数应读到厘米的千分位，测得值为3.000cm，有效位为4位，不可读成3cm。反过来，如果以为“对准”是准确无误，3后面的0有无穷多个也是错的，因为游标卡尺有一定的准确度，且“对准”也是在一定分辨能力限制下的对准。常用的这类仪器有：游标卡尺、分光计、旋光计等。

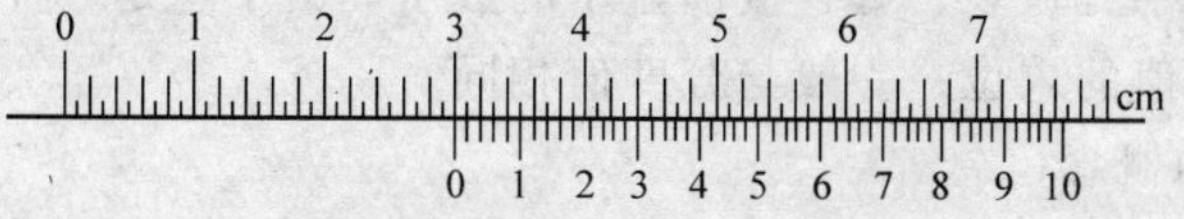

图2-1-6　游标卡尺对准刻度

b）数字仪器在读数时不需估读。因为这类仪器在显示读数时，仪器内部构造决定了它显示的数字只能是最小读数的整数部分，是一个精确和直观的、无须也无法进一步判断和衡量的数字（或刻度）。

这类仪器又包括两小类：一类是数显仪表，如电子秒表、数字万用表等；另一类是步进式标度盘的仪表，如旋转式电阻箱、直流电位差计等。这类仪器在读数时，由仪表上显示的数值直接读出，或由旋钮所在的具体位置进行读数。

如图 2-1-7a 所示。旋转式电阻箱内部的电阻分为数组且互相串联，每组由 9 个等值的电阻组成。在面板上有 4 ~6 个转盘，转盘上标有 0、1 、2、…9 等数字。各转盘旁边还有一个指向转盘的箭头，各箭头旁分别标有 ×0.1、×1、…等倍率符号。旋转各组的转盘可得到相应的读数，即将各转盘上箭头所指的数字乘以相应的倍率，各转盘读数之总和即为其电阻值。图 2-1-7a 所示电阻箱的读数为 87654.3Ω。

如图 2-1-7b 所示，电子秒表是液晶显示的数字，读数时由屏上直接读出。图 2-1-7b 所示电子秒表的读数为 3.06s。已选定的仪器，读数读到哪一位是确定的。

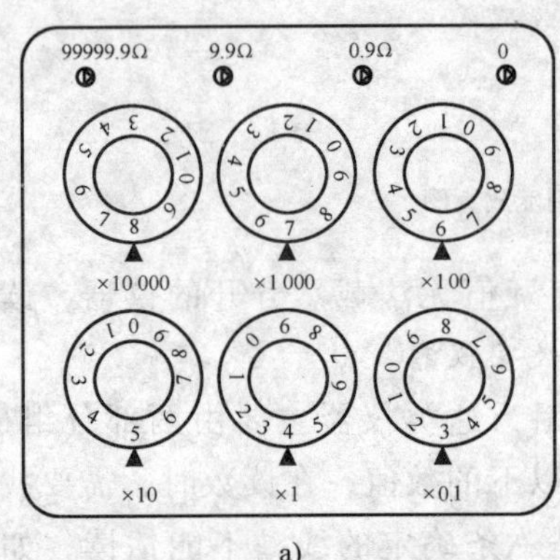

a)

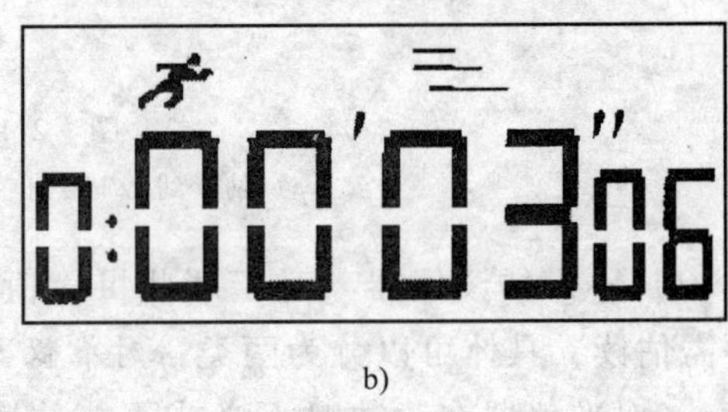

b)

图 2-1-7

a）旋转式电阻箱读数 b）电子秒表读数

由此可见，在每次测量之前，首先应记录所用仪器刻度的最小分度值，然后根据具体情况确定是否应当估读或估读到几分之一格值，必要时还要加以说明，使记录数据清楚明白。

另外，对数字式仪表，可直接读显示的数字。由于它是一种客观读数，其分辨限应是仪表示值的末位，一般与分度值相同。

3. 有效位的概念

（1）数字中无零的情况和数字间有零的情况　全部给出的数字均为有效数。例如：56.1474mm 这个量值，其有效数字共有 6 位；50.0074mm，其有效数字也有6位。

（2）小数末尾的零　全部为有效数字。例如：50.1400，有效位为6位。

（3）第一位非零数字左边的零　第一位非零数字左边的零称为无效零。例如：0.0504700，有效位为6位；0.000018只有2位有效数字。

（4）变换单位　变换单位而产生的零都不是有效数字。计量单位的不同选择可改变量值的数值，但决不应改变数值的有效位。例如：（下式有误）

$$4.30\text{cm}=\underline{0}.\underline{0}430\text{m}=4300\underline{0}\mu\text{m}=\underline{0}.\underline{0000}430\text{km}$$

带有横线的0是因为单位变化而出现的，它们只反应小数点的位置，都不是有效数字。上例中的43000μm还错误地反映了有效位。由此可见，小数点位置决定于所选用的单位，而有效数字位数反应测量的精度，两者毫无关系，绝不能将有效数字理解为小数点后取几位。在对同样大小的量用不同单位表示时，为了正确表达出有效数字，实验中常采用科学计数法，即用10的幂次表示，如：

$$4.30\text{cm}=4.30\times10^{-2}\text{m}=4.30\times10^{4}\mu\text{m}=4.30\times10^{-5}\text{km}$$

这种写法不仅简单明了，特别当数值很大和很小时突出了有效数字，而且还使数值计算和定位变得简单。

五、有效数字的运算规则

当测量值需要进行运算时，为使运算过程中不引入新的计算误差，在运算结果中不损失或不增加有效数字而影响运算结果的精度，规定一些有效数字的近似运算规则将有利于简便而合理地进行运算，并能保证运算结果的取位正确。

1. 有效数字运算的两个基本原则

（1）运算的最终结果只保留一位估计位。

这是因为这一位数字已是估计了，后面的数字更难肯定，再无保留的必要，不要以为数字保留越多越准确。

（2）去掉第二位估计数字时要用舍入法，即“四舍六入五凑偶法”：

① 凡最后一位有效位之后的一位数字是5（或大于5），5以后尚有其他非零的数字的，则舍弃5和5以后的数，并将最后一个有效数加1；

② 凡最后一位有效位之后的一位数字是4（或小于4），则不论这个4以后有没有数字，一律加以舍弃；

③ 若最后一位有效位之后的一位数字是5，而5以后没有其他非零的数字的话，那么舍弃这个5之后是否须要在最后一个有效数字上加1，要看这个数字是奇数或是偶数才能决定，是奇数则加1，偶数不加。这种舍入原则的出发点是使尾数舍与入的概率相等。

例如：对27.0250010，27.02499，27.035与27.025这四个数取四位有效数时，分别应是27.03，27.02，27.04，27.02。

2. 从以上两个基本原则出发可得下列有效数字加减法和乘除法运算规则

（1）加减法原则　几个有效数字相加减时，所得结果中只保留与其几个数中最前一位估计数字相对应的那位数字，多余的位数按“舍入法”处理。

如：10.1 + 4.178 = 14.3

只保留一位估计位取 14.3

$$\begin{array}{r} 10.1 \\ +)\ 4.17\underline{8} \\ \hline 14.\underline{\underline{278}} \end{array} \rightarrow 14.\underline{3}$$

如：10.1 − 4.178 = 5.9

只保留一位估计位取 5.9

$$\begin{array}{r} 10.1 \\ -)\ 4.17\underline{8} \\ \hline 5.922 \end{array} \rightarrow 5.\underline{9}$$

（2）乘除法原则　两数（或几数）相乘（或相除），其积（或商）的有效数字位数与两数（或几数）中有效位数最少的那个数的位数相同。

如：3.3 × 2.2 = 7.3

只保留一位估计位。

$$\begin{array}{r} 3.\underline{3} \\ \times)\ 2.\underline{2} \\ \hline 6\underline{6} \\ +)\ \underline{6}\,\underline{6} \\ \hline 7.2\,6 \end{array} \rightarrow 7.3$$

如：7.666 ÷ 2.3 = 3.3

只保留一位估计位。

$$\begin{array}{r} 3.\underline{3}\underline{3} \\ 2.\underline{3}\overline{)\,7.66\underline{6}} \\ 6.\underline{9} \\ \hline \underline{7}6 \\ 6\underline{9} \\ \hline \underline{7}\underline{6} \\ \underline{6}\underline{9} \\ \hline 7 \end{array}$$

（3）乘方开方　乘方开方的有效数字与其底的有效数字位数相等。

（4）测量值和常数相乘除　积和商以测量值的位数为准。

例如：7.24 × 3 = 21.7　因“3”不是测量值，以测量值 7.24 的位数为准。

（5）测量值和已知量（如 π、e 等）相乘除　一般将已知量比测量值至多取一位进行运算，其结果所取位数仍依测量值的位数为准。

（6）函数运算时的有效数字运算规则　末位差一法，即函数运算结果的有效数字可用测量值末位变化 1 时其结果在哪一位产生差异来确定应取的有效位数，这是一种最为原始而直观的方法。

例 1：ln543

$$\ln 543 = 6.29710932$$

$$\ln 544 = 6.298949247$$

比较此两计算结果，差异出现在第四位上，应取四位有效数字，$\ln 543 = 6.297$。

例 2：$\sin 60°16'$

同样认为测量值末位的读数误差位 1′，则计算：

$$\sin 60°15' = 0.868218228$$

$$\sin 60°16' = 0.868343121$$

$$\sin 60°17' = 0.868487354$$

两者差异出现在第四位上，为四位有效数字，故 $\sin 60°16' = 0.8683$。

如果用数学中的微分方法，则立即可定出有效位数末位的位置，仍以上面两例为例：

例 1 中：$d(\ln x) = dx/x$，$x = 543$，dx 为 1，则 $dx/x = 0.0018$，$\ln 543$ 可取到小数后第三位，$\ln 543 = 6.297$，取四位有效数字。

例 2 中：$d(\sin x) = \cos x \cdot dx$，$x = 60°16'$，$dx = 1'$，应化为弧度，$dx = 1' = \pi/(180 \times 60)$，则 $(\cos 60°16') \times \pi/(180 \times 60) = 0.00014$，$\sin 60°16'$可取到小数后第四位，$\sin 60°16' = 0.8683$，取四位有效数字。

可见，直观法和微分法结果一致。

（7）为了避免在运算过程中由于数字取舍而引入误差，对中间运算结果可比上述规则规定的多保留一位，以免因过多截取带来附加误差。

测量值的有效数字及其运算是每一个实验者都要遇到的问题，实验必须养成按有效数字及其运算规则进行读数、记录、处理和表示运算结果的习惯，并按此理解他人所表示的数据和结果。特别应该指出的是：在普遍使用电子计算器（机）的时代里，计算器（机）可以给出较多位的数字，但实验者应该清晰地知道运算结果该取到哪一位，切莫写出与实际情况不相符的荒谬可笑的结果来。

第二节　测量误差和不确定度

一、误差

从测量的要求来说，人们总希望测量的结果能很好地符合客观实际。但在实际测量过程中，由于测量仪器、测量方法、测量条件和测量人员的水平以及种种因素的局限，不可能使测量结果与客观存在的真值完全相同，我们所测得的只能是某物理量的近似值。也就是说，任何一种测量结果的量值与真值之间总会或多或少地存在一定的差值，将其称为测量值的测量误差，简称“误差”，误差的大小反映了测量的准确程度。测量误差的大小可以用绝对误差表示，测量结果的好坏则用相对误差来表示。

$$\text{绝对误差}(\delta) = |\text{测量值}(x_0) - \text{真值}(a)|$$

$$\text{相对误差}(E_r) = \frac{\text{绝对误差}(\delta)}{\text{真值}(a)} \times 100\%$$

测量总是存在着一定的误差，但实验者应该根据要求和误差限度来制订或选择合理的测量方案和仪器。不能不切合实际地要求实验仪器的精度越高越好，环境条件总是恒温、恒湿，越稳定越好，或者测量次数总是越多越好。一个优秀的实验工作者，应该是在一定的要求下，以最低的代价来取得最佳的实验结果。要做到既保证必要的实验精度，又合理地节省人力与物力。误差自始至终贯穿于整个测量过程中，为此必须分析测量中可能产生各种误差的因素，尽可能消除其影响，并对测量结果中未能消除的误差作出评价。

二、误差的分类

误差的产生有多方面的原因，从误差的来源和性质上可分为“系统误差”和“随机误差”两大类。

1. 系统误差

在相同条件下（指方法、仪器、环境、人员），多次测量同一物理量时，测量值对真值的偏离（包括大小和方向）总是相同的，当测量条件改变时，误差也按一定规律变化，这类误差称为系统误差。

系统误差的来源大致有以下几种：

（1）理论公式的近似性。例如：单摆的周期公式 $T = 2\pi\sqrt{\frac{l}{g}}$ 成立的条件之一是摆角趋于零，而在实验中，摆角为零的条件是不现实的。

（2）仪器结构不完善。例如：温度计的刻度不准，天平的两臂不等长，示零仪表存在灵敏阈等。

（3）环境条件的改变。例如：在 20℃ 条件下校准的仪器拿到 -2℃ 环境中使用。

（4）测量者生理心理因素的影响。例如：记录某一信号时有滞后或超前的倾向，对标准线读数时总是偏左或偏右、偏上或偏下等。

系统误差的特点是恒定性，不能用增加测量次数的方法使它减小。在实验中发现和消除系统误差是很重要的，因为它常常是影响实验结果准确程度的主要因素。能否用恰当的方法发现和消除系统误差，是测量者实验水平高低的反映，但是又没有一种普遍适用的方法去消除误差，主要靠对具体问题作具体分析与处理，要靠实验经验的积累。

2. 随机误差

在相同的条件下，多次测量同一物理量时误差时大时小，时正时负，以一种不可预定的方式随机变化着，这类误差称为随机误差。

它是由一系列随机的、不确定的因素所形成的：

(1) 人的感官判断力的随机性，在测量与读数时总难免存在时大时小的偏差。

(2) 外界因素的起伏不定，如温度的或高或低，电源电压的不稳定等。

(3) 仪器内部存在的一些偶然因素，如零部件配合的不稳定等。

在实验过程中，上述因素往往混杂出现，难以预知，难以控制，所以，对待随机误差，不可能像对系统误差那样，找出原因，一一加以分析处理。

习惯上，随机误差又被称为“偶然误差”，但在理解这一概念时要注意，所谓随机误差（偶然误差）仅仅是指在某一次具体的测量中，其误差的大小与正负带有偶然性（随机性），而不能理解为在测量过程中，这类误差只是偶然出现的，也不能理解为“随机误差是完全偶然的，随机性的，没有什么规律可循”。但对一个量进行足够多次的测量，则会发现它们的偶然误差是按一定的统计规律分布的，常见的分布有正态分布、均匀分布、T分布等。

常见的一种情况是：正方向误差和负方向误差出现的次数大体相等，数值较小的误差出现的次数较多，数值很大的误差在没有错误的情况下通常不出现。这一规律在测量次数越多时表现得越明显，它就是一种最典型的分布规律——正态分布规律。因此，可以用对同一测量值进行多次测量的方法来减小随机误差。

三、测量不确定度

1. 测量不确定度的概念

所谓不确定度，简单理解就是测量值不确定的程度，是对测量误差大小取值的测度，或者说，是对待测量的真值的可能范围的估计。不确定度是测量结果表述中的一个重要参数，此参数合理地说明测量值的分散程度和真值所在范围的可靠程度。不确定度亦可理解为，一定置信概率下误差限的绝对值，记作 u。

测量误差存在于一切测量中，由于测量误差的存在而对被测量值不能确定的程度即为测量的不确定度，它给出测量结果不能确定的误差范围，一个完整的测量结果不仅要标明其量值大小，还要标出测量的不确定度，以表明该测量结果的可信赖程度。

根据国际计量委员会（BIPM）所通过的关于“实验不确定度表示的说明建议书”精神，建议采用不确定度来评价测量的准确性，目前世界上已普遍采用不确定度来表示测量结果的误差，我国从1992年10月开始实施的《测量误差和数据处理技术规范》中，也规定了使用不确定度评定测量结果的误差。

不确定度和误差是两个不同的概念，它们之间既有联系，又有本质区别。误差是指测量值与真值之差，一般来说，它是未知的、无法确切表达的量。而不确定度是指误差可能存在的范围，这一范围的大小能够用数值表达。

通常不确定度按计算方法分为两类，即用统计方法对具有随机误差性质的测量值计算获得的 A 类分量 Δ_A，以及用非统计方法计算获得的 B 类分量 Δ_B，总的不确定度即为上述两种（A 类分量和 B 类分量的）合成。

2. 随机误差与不确定度的 A 类分量

(1) 随机误差的分布与标准偏差　偶然性是随机误差的特点。但是，在测量次数相当多的情况下，随机误差仍服从一定的统计规律。在物理实验中，多次独立测量得到的数据一般可近似看做为正态分布。正态分布的特征可以用正态分布曲线形象地表示出来，如图 2-2-1 所示。测量值 x 的正态分布函数为

$$f(x)=\frac{1}{\sigma\sqrt{2\pi}}\exp\left[-\frac{1}{2}\left(\frac{\chi-\mu}{\sigma}\right)^2\right] \tag{2-2-1}$$

令 $\chi-\mu=\delta$，其中 μ 表示 χ 出现概率最大的值，在消除系统误差后，μ 为真值，式（2-2-1）中的 σ 是一个与实验条件有关的常数，称之为标准误差。它反映了测量值的离散程度。

(2) 标准误差的物理意义　如图 2-2-2 所示按照概率理论，误差 σ 出现在区间（$-\infty$，$+\infty$）的事件是必然事件，所以 $\int_{-\infty}^{+\infty}f(\delta)\,\mathrm{d}\delta=1$，即曲线与横轴所包围的面积恒等于 1，当 $\delta=0$ 时，由式（2-2-1）得

$$f(\delta)=\frac{1}{\sigma\sqrt{2\pi}}e^{-\frac{\delta^2}{2\sigma^2}}\qquad f(0)=\frac{1}{\sigma\sqrt{2\pi}} \tag{2-2-2}$$

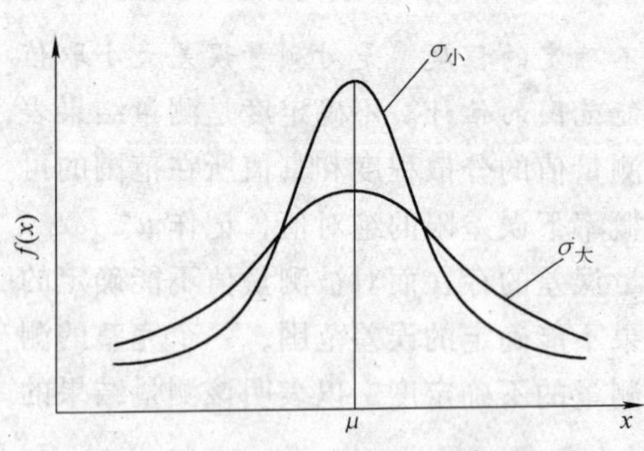

图 2-2-1　正态分布

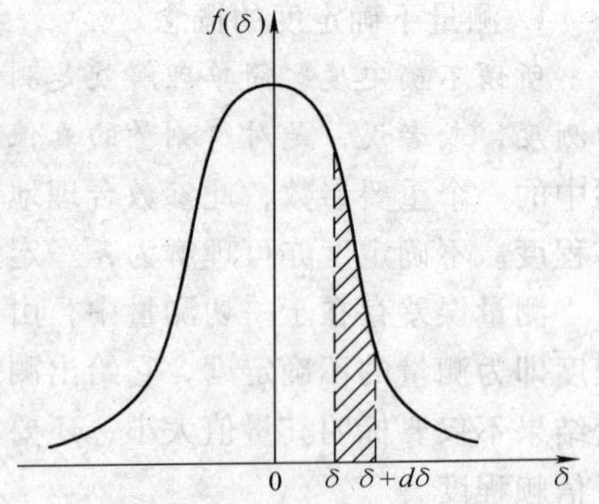

图 2-2-2　随机误差的正态分布曲线

由式（2-2-2）可见，若测量的标准误差 σ 很小，则必有 $f(0)$ 很大。由于曲线与横轴间围成的面积恒等于 1，所以如果曲线中间凸起较大，两侧下降较

快，相应的测量必然是绝对值小的随机误差出现较多，即测得值的离散性小，重复测量所得的结果相互接近，测量的精密度高；相反，如果 σ 很大，则 $f(0)$ 就很小，误差分布的范围就较宽，说明测得值得离散性大，测量的精密度低。这两种情况的正态分布曲线如图 2-2-3 所示。因为 σ 反映的是一组测量数据的离散程度，因此常称它为测量列的标准误差。它的数学表达式为

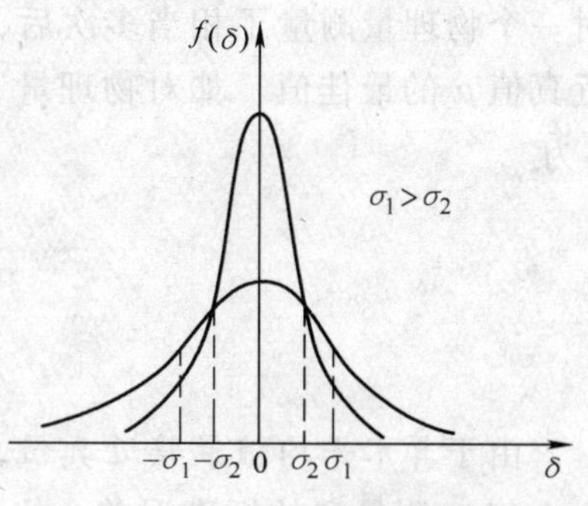

图 2-2-3　σ 与 δ 的离散性关系

$$\sigma = \lim_{n\to\infty}\sqrt{\frac{\sum_{i=1}^{n}(x_i-a)^2}{n}}$$

可以证明，$P(|\delta|<\sigma)=\int_{-\sigma}^{\sigma}f(\delta)\mathrm{d}\delta=0.682689\approx 68.3\%$，即由 σ 到 $-\sigma$ 之间正态分布曲线下的面积占总面积的 68.3%。这就是说，如果测量次数 n 很大，则在所测得的数据中，将有占总数 68.3% 的数据的误差落在区间（$-\sigma$，$+\sigma$）之内；也可以这样讲，在所测得的数据中，任一个数据 x_i 的误差 δ_i 落在区间（$-\sigma$，$+\sigma$）之内的概率为 68.3%。

也可证明，$P(|\delta|<3\sigma)=\int_{-3\sigma}^{3\sigma}f(\delta)\mathrm{d}\delta\approx 99.7\%$。这表明，在 1000 次测量中，随机误差超过“$\pm 3\sigma$”范围的测得值大约只出现 3 次左右。在一般的十几次测量中，几乎不可能出现。依据这点，可对多次重复测量中，由于过失引起的异常数据加以剔除。这被称为剔除异常数据“3σ”准则。它只能用于测量次数 $n>10$ 的重复测量中，对于测量次数较少的情况，需要采用另外的判别准则。

同时，由概率积分表可得如下一些典型数据：

$P(|\delta|<1.96\sigma)=0.9500$　　$P(|\delta|<2\sigma)=0.9545$

$P(|\delta|<2.58\sigma)=0.9901$　　$P(|\delta|<4\sigma)=0.9999$

由上知：标准差越大，测得值离散性越大，同时，置信概率也变大。

通过前面的讨论我们看到，误差一词有两重意义：一是它定义为测量值与真值之差，是确定的，但是一般不可能求出具体的数值；二是当它与某些词构成专用词组时（如标准误差），不指具体的误差值，而是用来描述误差分布的数值特征，表示和一定的置信概率相联系的误差范围。这个问题应引起初学者的注意。

3. 多次测量平均值的标准偏差

尽管一个物理量的真值 μ 是客观存在的，但由于随机误差的存在，企图得到真值的愿望仍不现实，我们只能估算 μ 值。根据偶然误差的特点，可以证明如果

对一个物理量测量了相当多次后，分布曲线趋于对称分布，其算术平均值就是接近真值 μ 的最佳值。如对物理量 x 测量 n 次，每一次测量值为 x_i，则算术平均值 $\bar{x}$ 为

$$\bar{x}=\frac{\sum_{i=1}^{n}x_i}{n}$$

由于算术平均值最接近真值，因此可用算术平均值参与对标准误差的估算。

(1) 测量列的标准误差　当测量次数为 n 时，任一测量值 x_i 的标准误差常用贝塞尔公式估算为

$$\sigma_x=\sqrt{\frac{\sum_{i=1}^{n}(x_i-\bar{x})^2}{n-1}}$$

上式说明，一组测量值中某次测量值的标准误差等于各次测量值 x_i 与算术平均值 $\bar{x}$ 之差的平方和除以测量次数 $n-1$ 后的平方根。

测得值 x_i 与平均值 $\bar{x}$ 之差称为测得值 x_i 的残余误差，简称残差，可用 v_i 表示。其意义为任一次测量的结果 x_i 落在 $\bar{x}-\sigma_{\bar{x}}$ 到 $\bar{x}+\sigma_{\bar{x}}$ 区间的概率为 0.683。

(2) 平均值的标准误差　由于算术平均值是测量结果的最佳值，最接近真值，因此我们更希望知道 $\bar{x}$ 对真值的离散程度。误差理论可以证明 $\bar{x}$ 的标准差为

$$\sigma_{\bar{x}}=\sqrt{\frac{\sum(\bar{x}-x_i)^2}{n(n-1)}}=\frac{\sigma_x}{\sqrt{n}}$$

上式说明，平均值的标准偏差是 n 次测量中任意一次测量值标准偏差的 $1/\sqrt{n}$，显然 $\sigma_{\bar{x}}$ 小于 σ_x。$\sigma_{\bar{x}}$ 的意义是待测物理量（真值）处于 $\bar{x}\pm\sigma_{\bar{x}}$ 区间内的概率为 0.683。从上式中可以看出，当 n 为无穷大时，$\sigma_{\bar{x}}=0$，即测量次数无穷多时，平均值就是真值。

值得注意的是测量次数相当多时，测量值才近似为正态分布，上述结果才成立。在测量次数较少的情况下，测量值将呈 t 分布。也就是说：测量次数较少时，t 分布偏离正态分布较多，当测量次数较多时（例如多于 10 次）t 分布趋于正态分布。t 分布时，$\bar{x}\pm\sigma_{\bar{x}}$ 的置信概率不是 0.683。这种情况下，$x=\bar{x}\pm t_{\xi}\sigma_{\bar{x}}=\bar{x}\pm t_{\xi}\sigma_x/\sqrt{n}$ 的置信概率是 ξ。在物理实验中，我们建议置信概率采用 0.95，$t_{0.95}$ 和 $t_{0.95}/\sqrt{n}$ 的值见表 2-2-1。

表 2-2-1 $t_{0.95}$ 和 $t_{0.95}/\sqrt{n}$ 的值

n	3	4	5	6	7	8	9	10	15	20	≥100
$t_{0.95}$	4.30	3.18	2.78	2.57	2.45	2.36	2.31	2.26	2.14	2.09	≤1.97
$\frac{t_{0.95}}{\sqrt{n}}$	2.48	1.59	1.204	1.05	0.926	0.834	0.770	0.715	0.533	0.467	≤0.139

不确定度的A类分量一般取为多次测量平均值的标准误差，一般取置信概率为0.95。从表中可以看出，当$6 \leqslant n \leqslant 10$时，$t_{0.95}/\sqrt{n} \approx 1$，取$\Delta_A = \sigma_x$，即在置信概率为0.95的前提下，A类不确定度$\Delta_A$可用测量值的标准误差$\sigma_x$估算，即

$$\Delta_A = \sigma_x = \sqrt{\frac{\sum_{i=1}^{n}(x_i - \bar{x})^2}{n-1}}$$

4. 仪器误差$\Delta_{仪}$与不确定度的B类分量

不确定度的B类分量是用非统计方法计算的分量，它应考虑到影响测量准确度的各种可能因素，因此，Δ_B通常是多项的。Δ_B的估计是测量不准确度估算中的难点，这有赖于实验者的学识、经验以及分析和判断能力。从物理实验教学的实际出发，我们通常主要考虑因素是仪器误差。

测量仪器和量具本身总是存在一定误差，我们习惯上称之为仪器误差，用符号$\Delta_{仪}$表示，它是指仪器在规定条件下使用时，所允许的误差限值。仪器误差是一个统称，对于具体的各类仪器和量具具有不同的表示方式。

(1) *游标卡尺和螺旋测微计的仪器误差用示值误差表示* 国家标准规定，量程1~300mm以下的游标卡尺，其示值误差在数值上等于该尺的最小分度值。螺旋测微计分零级、一级和二级三种精度级别，通常实验室使用的为一级螺旋测微计，其示值误差随量程而异。如：量程为0~25mm的一级螺旋测微计，示值误差为：±0.004mm。

(2) *对物理天平而言仪器误差用指示值变动性误差来表示天平称衡结果的可靠程度* 这是由于天平调节、操作、温差、气流以及振动等原因，致使重复称衡时各次平衡位置产生差异。按规定，合格天平的示值变动性误差不应大于该天平的最小分度值。

(3) 电表的仪器误差用准确度等级K表示 在规定条件下使用电表测量，其示值的误差限为电表量程与准确度等级百分数即$K\%$的乘积。可见，电表的仪器误差大小由电表准确度等级和电表量程二者决定。由所用仪器的量程和级别（或只用级别）就可算出仪器误差大小。可得电表的仪器误差公式为

$$\Delta_{仪} = \pm 量程 \times 准确度等级\% = \pm Xm \times S_n\%$$

例如：0.5级电压标量程为3V时，$\Delta_{仪} = \pm 3 \times \frac{0.5}{100}\text{V} = \pm 0.015\text{V}$

$\Delta_{仪}$可在仪器出厂说明书或仪器标牌上查到。对于精度较低的仪器，$\Delta_{仪}$可取为其最小分度值的一半。在工业和商业用途上，仪器误差的置信概率一般为0.95。

在大多数情况下，普通物理实验把$\Delta_{仪}$简化地直接当作总不确定度中用非统计方法估计的B类不确定分量Δ_B，即不确定度的B类分量Δ_B取仪器标定的最大允差$\Delta_{仪}$。

$$\Delta_B = \Delta_{仪}$$

某些常用实验仪器的最大允差$\Delta_{仪}$参见表2-2-2。

表2-2-2　某些常用实验仪器的最大允差

仪器名称	量　程	最小分度值	最大允差
钢板尺	150mm 500mm 1000mm	1mm 1mm 1mm	±0.10mm ±0.15mm ±0.20mm
钢卷尺	1m 2m	1mm 2mm	±0.8mm ±1.2mm
游标卡尺	125m	0.02mm 0.05mm	±0.02mm ±0.05mm
螺旋测微器(千分尺)	0~25mm	0.01mm	±0.004mm
七级天平(物理天平)	500g	0.05g	0.08g(接近满量程) 0.06g(1/2量程附近) 0.04g(1/3量程附近)
三级天平(分析天平)	200g	0.1mg	1.3mg(接近满量程) 1.0mg(1/2量程附近) 0.7mg(1/3量程附近)
普通温度计(水银或有机溶剂) 精密温度计(水银)	0~100℃ 0~100℃	1℃ 0.1℃	±1℃ ±0.2℃
电表(0.5级) 电表(0.1级)			0.5%×量程 0.1%×量程
数字万用表			$\alpha\% \cdot U_x + \beta\% \cdot U_m$(其中$U_x$表示测量值即读数，$U_m$表示满度值即量程，$\alpha,\beta$对不同的测量功能有不同的数值)

在大学物理实验中，根据国家计量规范取约定概率$P=0.95$，且测量次数通常满足$6 \leqslant n \leqslant 10$时，则可对A类分量和B类分量进行简化：

$\Delta_A = \sigma_x$测量列中任一次测量值 x_i 的标准误差

$\Delta_B = \Delta_{仪}$仪器的未定系统误差

4. 合成不确定度

合成不确定度 u 由 A 类不确定度 Δ_A 和 B 类不确定度 Δ_B 采用“方和根”合成方式得到，即

$$u = \sqrt{\Delta_A^2 + \Delta_B^2}$$

若 A 类分量有 m 个，B 类分量有 n 个，且具有相同量纲，那么合成不确定度为

$$u = \sqrt{\sum_{i=1}^{m} \Delta_{A_i}^2 + \sum_{j=1}^{n} \Delta_{B_j}^2}$$

第三节　直接测量结果的表示

一、测量结果的表示

若用不确定度表征测量结果的可靠程度，则测量结果写成下列标准形式：

$$\begin{cases} x = (\bar{x} \pm u)\text{单位} \\ u_r = \dfrac{u}{\bar{x}} \times 100\% \end{cases}$$

式中，$\bar{x}$ 为多次测量的平均值；u 为合成不确定度；u_r 为相对不确定度。它实际上就是相对误差范围的估计值。

二、直接单次测量结果的表示

单次测量时，大体有三种情况：

(1) 仪器精度较低，偶然误差很小，多次测量读数相同，不必进行多次测量；

(2) 对测量的准确程度要求不高，只测一次就够了；

(3) 因测量条件的限制，不可能多次重复测量。

单次测量的结果也应以 $x = x_{测} \pm \Delta_{仪}$ 表示测量结果。用单次测量值 $x_{测}$ 作为被测量的最佳估计值。测量值的不确定度与所用测量仪器的精度、测量者的估读能力以及测量条件等很多因素有关。这时 u 常用极限误差 Δ 表示。Δ 的取法一般有两种：一种是仪器标定的最大允差 $\Delta_{仪}$；另一种是根据不同仪器、测量对象、环境条件、仪器灵敏阈等估计一个极限误差。两者中取数值较大的作为 Δ 值。

在一般情况下，对随机误差很小的测量，可以只估计不确定度的 B 类分量，

用仪器误差 $\Delta_{仪}$ 作为 $x_{测}$ 的总不确定度，测量结果表示为

$$x = x_{测} \pm \Delta_{仪} \quad u_r = \frac{\Delta_{仪}}{x_{测}} \times 100\%$$

三、直接多次测量结果的表示

多次测量时，不确定度以下面的过程进行计算：

(1) 求测量数据的算术平均值：$\bar{x} = \frac{\sum x_i}{n}$

(2) 用贝塞尔公式计算标准差：$\sigma_x = \sqrt{\frac{\sum (\bar{x} - x_i)^2}{n-1}}$

(3) 若测量次数 $n=6$，取 $t_{0.95}/\sqrt{n}=1$，则 $\Delta_A = \sigma_x$

(4) 根据仪器标定的最大允差 $\Delta_{仪}$ 确定：$\Delta_B = \Delta_{仪}$

(5) 由 Δ_A、Δ_B 合成不确定度：$u = \sqrt{\Delta_A^2 + \Delta_B^2}$

(6) 计算相对不确定度：$u_r = \frac{u}{\bar{x}} \times 100\%$

(7) 给出测量结果：$\begin{cases} x = (\bar{x} \pm u) \text{ 单位} \\ u_r = \frac{u}{\bar{x}} \times 100\% \end{cases}$

注：利用计算器的统计计算功能，将多次测量结果输入后，可直接求得 $\bar{x}$ 及 σ_x。

四、测量结果中测量值与不确定度的取位与舍入规则

(1) 不确定度一般保留 1 ~ 2 位数字，当首位数字等于或大于 3 时，取一位；小于 3 时，则取两位，其后面的数字采用进位法舍去。相对不确定度的取位也采用相同规则（参见清华大学出版社丁慎训主编《物理实验教程》第 2 版，相对不确定度一般取两位数）。

(2) 对于不确定度主要考虑的是不要估计不足，因此，对其尾数一律只进不舍。例如，算得不确定度为 0.32mm，可以化为 0.4mm。

(3) 测量值取几位由不确定度来决定，即测量值的保留位数与不确定度的保留位数相等，后面的尾数则采用“小于 5 舍，大于 5 进，等于 5 将保留的数字凑成偶数”的原则取舍。如测量结果正确的表示形式：$x = (46.18 \pm 0.25) \times 10^{-3}$m，$V = (28.86 \pm 0.05)\text{mm}^3$。

例 1：用量程为 0 ~ 25mm 的一级螺旋测微计（$\Delta_{仪} = 0.004$mm）对一铁板的厚度进行了 8 次重复测量，以 mm 单位，测量数据为：3.784，3.779，3.786，3.781，3.778，3.782，3.780，3.778，求测量结果。

解：可求得 $\bar{L} = 3.781\text{mm}$

$$\sigma_L = 0.0029\text{mm}$$

$$\sigma_{\bar{L}} = \frac{\sigma_L}{\sqrt{n}} = 0.0011\text{mm}$$

查表 2-2-1 知，$n = 8$ 时，$t = 2.36$，计算得

A 类不确定度分量：　$\Delta_A = t\sigma_{\bar{L}} = 0.0025\text{mm}$

B 类不确定度分量：　$\Delta_B = \Delta_{仪} = 0.004\text{mm}$

总不确定度：　$u_L = \sqrt{\Delta_A^2 + \Delta_B^2} = 0.005\text{mm}$

测量结果为

$$L = \bar{L} \pm u_L = (3.781 \pm 0.005)\text{mm}$$

$$u_{rL} = \frac{u_L}{\bar{L}} \times 100\% = 0.13\%$$

例 2：在室温 23℃下，用共振干涉法测量超声波在空气中传播时的波长，所得数据如表 2-3-1 所示：

表　2-3-1

N	1	2	3	4	5	6
λ/cm	0.6872	0.6854	0.6840	0.6880	0.6820	0.6880

试用不确定度表示测量结果。

解：波长 λ 的平均值为 $\bar{\lambda} = \frac{1}{6}\sum_{1}^{6}\lambda_i = 0.6858\text{cm}$

任意一次波长测量值的标准差为

$$\sigma_\lambda = \sqrt{\frac{\sum_{1}^{6}(\bar{\lambda} - \lambda_i)^2}{(6-1)}} = \sqrt{\frac{2.9 \times 10^3 \times 10^{-8}}{5}} \approx 0.0024\text{cm}$$

实验装置的游标示值误差为　$\Delta_{仪} = 0.002\text{cm}$

波长不确定度的A 类分量为　$\Delta_A = \sigma_\lambda = 0.0024\text{cm}$

B 类分量为　$\Delta_B = \Delta_{仪} = 0.002\text{cm}$

于是，波长的合成不确定度为

$$u_\lambda = u = \sqrt{\Delta_A^2 + \Delta_B^2} = \sqrt{(0.0024)^2 + (0.002)^2} \approx 0.0031\text{cm} = 0.004\text{cm}$$

相对不确定度为　$u_{r\lambda} = \frac{u_\lambda}{\bar{\lambda}} \times 100\% = 0.5\%$

测量结果表达为　$\lambda = (0.686 \pm 0.004)\text{cm}$

$$u_{r\lambda} = 0.5\%$$

第四节　间接测量结果的表示和不确定度的合成

一、间接测量量的不确定度计算

在很多实验中进行的测量都是间接测量，间接测量量是由直接测量量根据一定的函数公式计算出来的。这样，直接测量量的不确定度就必然影响到间接测量量，这种影响的大小可以由相应的数学公式计算出来。

设间接测量所用的数学公式可表示为如下的函数形式：

$$N = F(x, y, z, \cdots)$$

式中，N 是间接测量量；x，y，z，…是直接测量量，它们是互相独立的量。其最佳估计值分别为 $\bar{x}$，$\bar{y}$，$\bar{z}$，…，间接测量量的最佳估计值为 $\bar{N} = F(\bar{x}, \bar{y}, \bar{z}, \cdots)$，将各直接测量量的最佳估计值代入函数关系式可得到间接测量量的最佳估计值。设 x，y，z，…的不确定度分别为 u_x，u_y，u_z，…，它们必然影响间接测量量，使 N 值也有相应的不确定度。由于不确定度都是微小的量，相当于数学中的“增量”，因此间接测量的不确定度的计算公式与数学公式中的全微分公式基本相同。不同之处是：要用不确定度 u_x 等替代微分 $\mathrm{d}x$ 等，同时要考虑到不确定度合成的统计性质，一般是用“方、和、根”的方式进行合成。

在大学物理实验中用以下两式来简化地计算不确定度：

$$u_N = \sqrt{\left(\frac{\partial F}{\partial x}\right)^2 (u_x)^2 + \left(\frac{\partial F}{\partial y}\right)^2 (u_y)^2 + \left(\frac{\partial F}{\partial z}\right)^2 (u_z)^2 + \cdots}$$

$$u_r = \frac{u_N}{N} = \sqrt{\left(\frac{\partial \ln F}{\partial x}\right)^2 (u_x)^2 + \left(\frac{\partial \ln F}{\partial y}\right)^2 (u_y)^2 + \left(\frac{\partial \ln F}{\partial z}\right)^2 (u_z)^2 + \cdots}$$

前一式适用于 N 是和差形式的函数及一般函数的计算，是间接测量量的总不确定度传递公式。后一式适用于 N 是积商形式的函数，是间接测量量的相对不确定度的合成（传递）公式。

1. 常用函数的不确定度传递公式

从上面的讨论中可以看出：

（1）对加减法运算，总是先算不确定度，和差的不确定度的平方总是等于参与运算的各量的不确定度的平方和。

（2）对乘除法运算，总是先算相对不确定度，积商的相对不确定度的平方总是等于参与运算的各量的相对不确定度的平方和。

以上所述的加减运算或乘除运算，均指独立测量量间的运算，若是稍复杂些的四则运算，或一般的函数运算，则应根据间接量不确定度计算公式进行运算。

2. 间接测量量不确定度的计算

间接测量的不确定度计算过程如下：

（1）按照直接测量量的数据处理程序求出各直接测量量的结果：

$$x=\bar{x}\pm u_x，\ y=\bar{y}\pm u_y$$

（2）将各直接测量量的最佳估计值代入函数式关系中，求得间接测量量的最佳估计值：

$$\bar{N}=F(\bar{x},\bar{y},\bar{z}\cdots)$$

（3）计算不确定度：

① 对常用函数关系式其间接量的不确定度直接用各直接测量量的不确定度传递公式进行计算。（见表2-4-1）

表2-4-1　常用函数的不确定度传递公式

测量关系	不确定度传递公式
$N=x+y$	$u_N=\sqrt{u_x^2+u_y^2}$
$N=x-y$	$u_N=\sqrt{u_x^2+u_y^2}$
$N=ky$	$u_N=ku_y, u_{rN}=\frac{u_y}{\bar{y}}$
$N=\sqrt[k]{x}$	$u_{rN}=\frac{1}{k}\cdot\frac{u_x}{\bar{x}}$
$N=xy$	$u_{rN}=\frac{u_N}{N}=\sqrt{u_{rx}^2+u_{ry}^2}$
$N=\frac{x}{y}$	$u_{rN}=\frac{u_N}{N}=\sqrt{u_{rx}^2+u_{ry}^2}$
$N=\frac{x^k y^m}{z^n}$	$u_{rN}=\frac{u_N}{N}=\sqrt{(ku_{rx})^2+(mu_{ry})^2+(nu_{rz})^2}$
$N=\sin x$	$u_N=\|\cos x\|u_x$
$N=\ln x$	$u_N=u_{rx}$

② 对和差形式间接测量量的总不确定度用

$$u=\sqrt{\left(\frac{\partial F}{\partial x}\right)^2(u_x)^2+\left(\frac{\partial F}{\partial y}\right)^2(u_y)^2+\cdots}$$

计算。

③ 对积商形式间接测量量的相对不确定度 u_r 用

$$u_r=\frac{u_N}{N}=\sqrt{\left(\frac{\partial \ln F}{\partial x}\right)^2(u_x)^2+\left(\frac{\partial \ln F}{\partial y}\right)^2(u_y)^2+\cdots}$$

计算。

④ 对①、②再求相对不确定度 $u_r=\frac{u}{N}$；对③再求 $u=\bar{N}\cdot u_r$。

(4) 给出实验结果：$\begin{cases} x=(\bar{x}\pm u)\ \text{单位} \\ u_r=\dfrac{u}{\bar{x}}\times 100\% \end{cases}$

例 3：用流体静力称衡法测固体密度，$\rho=\dfrac{m}{m-m_1}\rho_0$，测得

$$m=(2.706\pm 0.002)\times 10\mathrm{g},\ m_1=(1.703\pm 0.002)\times 10\mathrm{g}$$

$$\rho_0=(9.997\pm 0.003)\times 10^{-1}\mathrm{g/cm^3}$$

求固体密度的测量结果。

解：由已知条件得

$$\bar{\rho}=\frac{\bar{m}}{\bar{m}-\bar{m}_1}\bar{\rho}_0=2.697\mathrm{g/cm^3}$$

（再求 ρ 的不确定度）

对函数式 $\rho=\dfrac{m}{m-m_1}\rho_0$ 先取对数，再求全微分：

$$\ln\rho=\ln m-\ln(m-m_1)+\ln\rho_0$$

$$\frac{\mathrm{d}\rho}{\rho}=\frac{\mathrm{d}m}{m}-\frac{\mathrm{d}m-\mathrm{d}m_1}{m-m_1}+\frac{\mathrm{d}\rho_0}{\rho_0}$$

合并同一变量的系数：

$$\frac{\mathrm{d}\rho}{\rho}=-\frac{m_1}{m(m-m_1)}\mathrm{d}m+\frac{1}{m-m_1}\mathrm{d}m_1+\frac{1}{\rho_0}\mathrm{d}\rho_0$$

用不确定度替代微分，再平方和开根合成：

$$u_{r\rho}=\frac{u_\rho}{\bar{\rho}}=\sqrt{\left[\frac{\bar{m}_1}{\bar{m}(\bar{m}-\bar{m}_1)}\right]^2u_m^2+\left(\frac{1}{\bar{m}-\bar{m}_1}\right)^2u_{m1}^2+\left(\frac{1}{\bar{\rho}_0}\right)^2u_\rho^2}$$

（常量的不确定度为零）

代入已知条件，得相对不确定度为

$$u_{r\rho}=\frac{u_\rho}{\bar{\rho}}=0.29\%\text{（首位小于3，取2位有效数字）}$$

密度的不确定度为

$$u_\rho=\bar{\rho}\times 0.29\%=7.8\times 10^{-3}\mathrm{g/cm^3}\approx 0.008\mathrm{g/cm^3}$$

（首位大于3，取1位有效数字，其尾数只进不舍）

最后实验结果表示为

$$u_\rho=(2.697\pm 0.008)\mathrm{g/cm^3},\ u_r=0.29\%$$

例 4：已知金属环的内径 $D_1=(2.880\pm 0.004)\mathrm{cm}$，外径 $D_2=(3.600\pm 0.004)\mathrm{cm}$，高度 $H=(2.575\pm 0.004)\mathrm{cm}$，求金属环的体积，并用不确定度表示实验结果。

解：金属的体积最佳值

$$\overline{V}=\frac{\pi}{4}(D_2^2-D_1^2)H=\frac{\pi}{4}\times(3.600^2-2.880^2)\times2.575=9.436\text{cm}^3$$

求偏导：

$$\frac{\partial\ln V}{\partial D_2}=\frac{2D_2}{D_2^2-D_1^2}$$

$$\frac{\partial\ln V}{\partial D_1}=\frac{-2D_1}{D_2^2-D_1^2}$$

$$\frac{\partial\ln V}{\partial H}=\frac{1}{H}$$

$$u_{rv}=\frac{u_v}{\overline{V}}=\sqrt{\left[\frac{2D_2u_{D_2}}{D_2^2-D_1^2}\right]^2+\left[\frac{-2D_1u_{D_1}}{D_2^2-D_1^2}\right]^2+\left[\frac{u_H}{H}\right]^2}=0.008=0.8\%$$

求 $u_v=\overline{V}u_{rv}=9.436\times0.008\approx0.08\text{cm}^3$

实验结果：$\begin{cases}V=(9.44\pm0.08)\text{cm}^3\\ u_{rv}=0.8\%\end{cases}$

例 5：已知一圆柱体的质量 $m=(14.06\pm0.01)$g，高 $H=(6.715\pm0.005)$ cm，用螺旋测微计测得直径 D 的数据，如表 2-4-2 所示。

表　2-4-2

次　数	1	2	3	4	5	6
D_i/cm	0.5642	0.5648	0.5643	0.5640	0.5649	0.5646

求其密度 ρ 的测量结果。

解：此题分以下两大部分：

(1) 先求直径（直接测量量）的不确定度表达方式。

$$\overline{D}=\frac{1}{n}\sum D_i\approx0.56447\text{cm}$$

将 6 次测量的标准差作为不确定度 A 类分量，即

$$\Delta_A=\sigma_D=\sqrt{\frac{\sum(D_i-\overline{D})^2}{n-1}}\approx0.00036\text{cm}\approx0.0004\text{cm}=0.004\text{mm}$$

将仪器标准误差作为不确定度 B 类分量，即 $\Delta_B=\Delta_{仪}=0.004$mm（见 P_{22} 表 2-2-2）。

$$\Delta=\sqrt{\Delta_A^2+\Delta_B^2}\approx5.65\times10^{-4}\text{cm}\approx0.0006\text{cm}$$

$$D=(0.5645\pm0.0006)\text{cm}$$

(2) 再根据圆柱体的密度公式，求密度（间接测量量）的表达方式：

由 $$\overline{\rho}=\frac{4\overline{m}}{\pi\overline{D}^2\overline{H}}$$

得密度最佳值为

$$\overline{\rho}=\frac{4\times14.06}{3.1416\times0.5645^2\times6.715}\text{g/cm}^3\approx8.366\text{g/cm}^3$$

根据传递公式，密度的相对不确定度为

$$u_{r\rho}=\frac{u_\rho}{\overline{\rho}}=\sqrt{\left(\frac{u_m}{\overline{m}}\right)^2+\left(\frac{2u_D}{\overline{D}}\right)^2+\left(\frac{u_H}{\overline{H}}\right)^2}$$

$$=\sqrt{\left(\frac{0.01}{14.06}\right)^2+\left(\frac{2\times0.0006}{0.5645}\right)^2+\left(\frac{0.005}{6.715}\right)^2}$$

$\approx2.36\times10^{-3}\approx0.24\%$（首位小于3，取2位有效数字，其尾数只进不舍）

密度的总不确定度为

$$u_\rho=u_{r\rho}\times\overline{\rho}=0.24\%\times8.366\approx0.020\text{g/cm}^3$$

故测量结果应表示为

$$\rho=(8.366\pm0.020)\text{g/cm}^3,\ u_{r\rho}=0.24\%$$

第五节　数据处理的基本方法

实验研究不总是单纯的对某一物理量进行测量，大量的实际问题还是要研究物理量之间的相依关系、变化规律，以便从中找出它们的内在联系和确定关系。因此，在函数关系测量中，至少应包括两个物理量：一个是“自变量”；另一个是“因变量”，它是“自变量”对应的函数值。数据处理的方法有：列表法、图解法和解析法三种。其中尤以列表法和图解法最为简单明了，本节将介绍这两种方法的一般原则，对于解析法，只局限于讨论线性函数的情况。

一、列表法

在记录和处理数据时，将数据排列成表格形式，既有条不紊，又简单醒目；既有助于表示出物理量之间的对应关系，也有助于检验和发现实验中的问题。列表记录、处理数据是一种良好的科学工作习惯。对初学者来说，要设计一个项目清楚、行列分明的表格虽不是很难办到的事，但也不是一蹴而就的，需要不断地训练，逐渐形成习惯。

数据在列表处理时，应该遵循下列原则：

（1）各项目（纵或横）均应标明名称及单位，若名称用自定的符号，则需加以说明。

（2）列入表中的数据主要应是原始测量数据，处理过程中的一些重要中间结果也应列入表中。

（3）项目的顺序应充分注意数据间的联系和计算的程序，力求简明、齐全、有条理。

（4）若是函数测量关系的数据表，则应按自变量由小到大或由大到小的顺序排列。

下面以使用螺旋测微计测量钢球直径 D 为例，列表记录和处理数据（见表 2-5-1）。

表 2-5-1　测钢球直径 D（使用仪器：0～100mm 一级螺旋测微计，$\Delta_{仪}=\pm 0.004\text{mm}$）

测量次序	初读数 /mm	末读数 /mm	直径 D_i /mm	残差 $V_i=(D_i-\overline{D})$/mm	$V_i^2/\times 10^{-8}\text{mm}^2$
1	0.004	6.002	5.998	+0.0013	169
2	0.003	6.000	5.997	+0.0003	9
3	0.004	6.000	5.996	-0.0007	49
4	0.004	6.001	5.997	+0.0003	9
5	0.005	6.001	5.996	-0.0007	49
6	0.004	6.000	5.996	-0.0007	49
7	0.004	6.001	5.997	+0.0003	9
8	0.003	6.002	5.999	+0.0023	529
9	0.005	6.000	5.995	-0.0017	289
10	0.004	6.000	5.996	-0.0007	49
平均			$\overline{D}=5.9967$	$\sum V_i=0$	$\sum V_i^2=1210\times 10^{-8}$ $\sigma_{\overline{D}}=0.0004\text{mm}$

若用计算器计算 $\overline{D}$，$\sigma_{\overline{D}}$，则后两列可省。

由 P_{220} 表 A-1 可查得 $t_{0.683}=1.06(n=10)$，A 类不确定度 $\Delta_A=t_{0.683}\cdot\sigma_{\overline{D}}=0.00042\text{mm}$，B 类不确定 $\Delta_B=0.683\cdot\Delta_{仪}=0.0027\text{mm}$。合成不确定 $u=\sqrt{\Delta_A{}^2+\Delta_B{}^2}=0.0027\text{mm}$。

最后结果：$D=\overline{D}\pm u=(5.996\pm 0.0027)\text{mm}$　$(P=0.683)$

上列表格中数据在计算 D 的平均值时多保留一位，一般处理时中间过程往往多保留一位，以使运算中不至于失之过多，最后仍应按有效数字有关规则取舍。

二、图解法

在自然科学和工程技术问题中，将具有函数关系的测量结果绘制成图线，是一种普遍使用的方法。它的优点是直观简明，应用方便，能以最醒目的方式显示出测量量之间的变化规律。特别是对于那些尚未找到适当解析表达式的实验结果，用图线来表示实验结果的函数关系就更为重要。

制作一幅完整而精确的图线应该遵循众多的原则，它们包括：图纸的选择、坐标的分度和标记、标点与连线、注解和说明等。

1. 图纸的选择

图纸通常有线性直角坐标纸（毫米方格纸）、对数坐标纸、半对数坐标纸、极坐标纸等，应根据具体实验情况选取合适的坐标纸。

因为图线中直线最易绘制，也便于使用，所以在绘制图线时最好通过变量变换将某种函数关系曲线改画成直线，例如：

（1）$y=a+bx$，无需作变量变换，y 与 x 是线性关系。

（2）$y=a+b/x$，则令 $u=1/x$，得 $y=a+bu$，y 与 u 为线性关系。

（3）$y=ax^b$，两边取对数，得 $\log y=\log a+b\log x$，$\log y$ 与 $\log x$ 为线性关系。

（4）$y=ae^{bx}$，取自然对数，得 $\ln y=\ln a+bx$，$\ln y$ 与 x 为线性关系（亦可取对数得 $\log y=\log a+b'x$，$\log y$ 与 x 为线性关系，但系数 b' 有异于 b）。

对于（1），选用线性直角坐标纸就可得直线；对于（2），若用 u 作坐标，则在线性直角坐标纸上也是一条直线；对于（3），在选用了对数坐标纸后，无需对 x、y 作对数计算就能将 $y=ax^b$ 的关系曲线变换成直线；对于（4），则应选择半对数坐标纸作图。如果手头只有线性直角坐标纸而要作（3）、（4）图线时，则应先将相应的测量值进行对数运算并列成表格后再作图。

2. 坐标的分度和标记

绘制图线时，总是以自变量作横坐标，以因变量作纵坐标，并应标明各坐标轴所代表的物理量，即轴名（可用符号表示）及其单位。

坐标的分度要根据实验数据的有效数字和对结果的要求来定。原则上，数据误差位正好对应图中一小格内的估读位，即数据中的可靠位在图中也应是可靠的。但这并非一条严格的定则，特别是当两个量的有效数字位数相差悬殊的时候，往往以它们中位数较少的为准，适当扩大它的坐标比例（例如扩大 2 倍等），以使图线的斜率接近于 1 为宜。

在坐标轴上每隔一定间距应均匀地标出坐标值；坐标的分度应以不用计算便能确定点的坐标为原则，通常只采用 1、2、5 进行分度，禁忌用 3、7 等进行分度。

坐标分度不一定从零开始，可以用低于测量值中最小的某一整数作为坐标分度的起点，用高于测量值中最大值的某一整数作为终点，以使图线能充满所用的坐标纸。

3. 标点和连线

根据测量数据，用“＋”记号标出各测点在坐标纸上的位置，记号的交点应是测量点的坐标位置，横、竖线段可以表示测量点的误差范围。

连线必需使用工具（直尺、曲线尺、曲线板等），所作图线必须光滑匀整。

在作一条平滑曲线（包括直线）时，应尽可能地通过较多的测点，但这应该是自然地而不是牵强地通过；还应使不在线上的点较均匀地分布在所画图线的两侧，而不一定必须通过两端测点的任一点。（仪器仪表的校正曲线除外，它必须将相邻两点连成直线，整个校正曲线呈折线形式。）

4. 注释和说明

在图线的明显位置处应写清图的名称，在图名下方可写上必不可少的实验条件和图注。当需要从图线上读取点值时，应在图线上用特殊的记号标明该点的位置，并在其旁标明它的坐标值（x，y）。

下面以测量弹簧受力与伸长关系为例进行列表和图解。

例 6：用图 2-5-1 实验装置测量弹簧受力与伸长的关系，以获得弹簧的劲度系数 k。作用于弹簧的拉力是砝码的重力，在弹簧的弹性范围内，其伸长与所受的拉力成正比；所以，弹簧指标线处的读数 y 与砝码盘中砝码的质量 m 有下列关系：

$$y = y_0 + F/k = y_0 + mg/k$$

式中，k 是弹簧的劲度系数；y_0是未加砝码时弹簧指标线在米尺上的位置（称初始位置）；g 为重力加速度（上海地区 $g = 9.794\mathrm{m/s^2}$）。实验测得的数据列于表 2-5-2中。

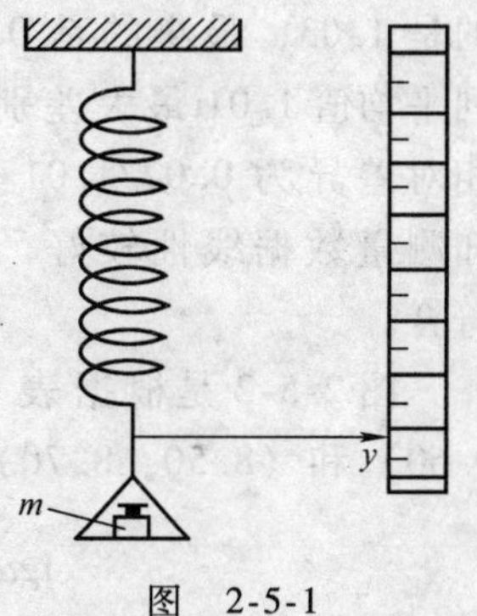

图　2-5-1

表　2-5-2

i	m_i/g	y_i/cm	$(y_{i+1} - y_i)$/cm
1	0	0.14	1.00
2	1	1.14	1.03
3	2	2.17	1.01
4	3	3.18	1.01
5	4	4.19	0.99
6	5	5.18	1.02
7	6	6.20	1.00
8	7	7.20	1.02
9	8	8.22	1.00
10	9	9.22	—

表中第四列是相邻两个 y 值之差；由于本实验中砝码质量 m 是以 1g 为间隔等间隔地增加的，因而 $y_{i+1} - y_i$便是每变化 1g 砝码重力下的弹簧伸长量，根据受力与伸长为线性关系的理论结论，可以预估到它也是一个恒定量；然而，由于

存在着测量误差，各 $y_{i+1}-y_i$ 可能会有差异，但也不会差别太大，如果出现较大差别，则说明实验中可能存在着错误（作错、测错、读错等），此时就应该停下实验来复核和检查，所以它是帮助实验者检查实验进行是否正常与测量是否有误的强有力手段。今后，凡遇到线性函数测量关系的实验，且自变量与本例一样是等间隔变化的，实验者务必在实验过程中及时地计算表中的第四列，以便实时地检查自己的实验工作。从表2-5-2中可见，本实验 $y_{i+1}-y_i$ 中最大的是1.03，最小的是0.99，相对于该列平均值1.01最大差别为0.02，最大相对差异为 $0.02/1.01=2\%$，因而得知测量数据线性较好，与理论预言相符合。

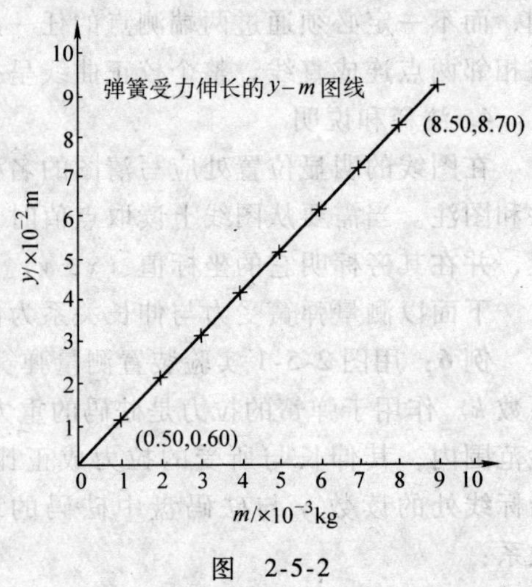

图 2-5-2

图2-5-2是根据表2-5-2数据所作的 $y-m$ 图线。由线上两点：（0.50，0.60）和（8.50，8.70），可得该直线的斜率 b：

$$\mathrm{tg}\alpha=b=\frac{\Delta_y}{\Delta_m}=\frac{[(8.70-0.60)\times10^{-2}]}{(8.50-0.50)\times10^{-3}}$$

所以，弹簧的劲度系数 k 为

$$k=\frac{g}{b}=\frac{g\Delta_m}{\Delta_y}=\frac{(8.50-0.50)\times10^{-3}\times9.794}{(8.70-0.60)\times10^{-2}}=0.967\mathrm{N/m}$$

由于作图时图纸的不均匀性、连线的任意性、线的粗细等因素，不可避免地会带入“误差”，所以从图上去计算测量误差就没有多大意义，一般在正确分度情况下只用有效数字表示计算结果，如要确定测量误差的概率范围，则需应用解析方法。

应该指出：在报道实验结果时，一张精良的图线胜过数百个文字的描述，它能够使人对实验中的各物理量之间的关系一目了然。所以，实验结果应该尽可能表示成图线形式。

三、逐差法

逐差法是物理实验中常用的数据处理方法之一。特别是在被测变量之间存在多项式函数关系，自变量等间距变化的实验中，更有其独特的优点。它把实验测量数据进行逐项相减，或者分成高、低两组实行对应项相减。前者可以验证被测量之间的函数关系，后者可以充分利用数据，具有对数据取平均和减少相对误差的效果。

例如：对于一次函数形式，可用逐差法求因变量变化的平均值，具体做法是将测量值分成前后两组，将对应项分别相减，然后取平均值求得结果。举例说明如下，如用受力拉伸法测定弹簧劲度系数 k，在弹性限度内，伸长量 Δx 与受拉力 F 间满足 $F=kx$ 关系，等间距地改变拉力（负荷），测得数据如表 2-5-3 所示。

表 2-5-3　伸长量 Δx 与受拉力 F 对应关系

次　数	拉力/$\times10^{-3}$N	伸长量/$\times10^{-2}$m
1	0	0.00
2	2×9.8	1.50
3	4×9.8	3.02
4	6×9.8	4.50
5	8×9.8	6.01
6	10×9.8	7.50
7	12×9.8	9.00
8	14×9.8	10.50

（1）逐项相减得：$\Delta x_i = x_{i+1} - x_i$，分别为 1.50，1.52，1.48，1.51，1.49，1.50，1.50。可判断出 Δx_i 基本相等，验证了 Δx_i 与 F 的线性关系。实际上，这一“逐差验证”工作，在实验测量过程中可随即进行，以判断测量是否正确。

但是，如果求弹簧负荷 $2\times9.8\times10^{-3}$N 的平均伸长量 $\overline{\Delta x_i}$，用上述逐项相减再求平均值时，有

$$\overline{\Delta x_i} = \frac{\sum_{i=1}^{n}\Delta x_i}{n} = \frac{(x_2-x_1)+(x_3-x_2)+(x_4-x_3)+\cdots+(x_7-x_6)+(x_8-x_7)}{7}$$

$$=\frac{x_8-x_1}{7}=\frac{(10.50-0.00)\times10^{-2}}{7}\text{m}=1.50\times10^{-2}\text{m}$$

中间值全部无用，只有始、末两次测量值起作用。与负荷 $14\times9.8\times10^{-3}$N 的单次测量等价。

（2）若改用多项间隔逐差，将上述数据分成高组（x_8，x_7，x_6，x_5）和低组（x_4，x_3，x_2，x_1），然后对应项相减求平均值，得

$$\overline{\Delta x} = \frac{1}{4}[(x_8-x_4)+(x_7-x_3)+(x_6-x_2)+(x_5-x_1)]$$

于是各个数据全部都用上了。相当于重复测量了 4 次，每次负荷 $8\times9.8\times10^{-3}$N。这样处理可以充分利用数据，体现出多次测量的优点，减小了测量误差。

$$k=\frac{\overline{F}}{\overline{\Delta x}}=\frac{8\times 9.8\times 10^{-3}}{\overline{\Delta x}}$$

四、最小二乘法处理数据

测量值的数据处理，一般包括两部分，即计算和图解。测量值的计算包括误差和确定精确度。最小二乘法是一系列近似计算中最为准确的一种，是所有从事科学研究的人员应该具备的必要知识。采用最小二乘法能从一组等精度的测量值中确定最佳值，该最佳值是各测量值的误差的平方和为最小的那个值。采用最小二乘法还能使估计曲线最好地拟合于各测量点。最小二乘法的原理和计算都比较繁杂，在我们的物理实验中仅要求一般性的了解和掌握，这里仅介绍如何应用最小二乘法进行实验曲线的拟合。

实验曲线的拟合分两类，一是已知函数 $y=f(x)$ 的形式，要确定其中未定参量的最佳值；二是先确定函数 $y=f(x)$ 和具体形式，即确定表示函数关系的经验公式，然后再确定其中参量的最佳值。实际上，处理第二类曲线拟合问题所采用的方法仍与第一类相似。不同的地方是，首先要根据理论或从实验数据分布的变化趋势推测和选择合适的函数形式，然后再确定其中未定参量的最佳值。在物理实验中的曲线拟合大多属于第一类，因此下面仅介绍已知函数关系，确定未定参量最佳值的方法。

设已知函数的形式为

$$y=b_0+b_1x$$

式中，自变量只有 x 一个，故称一元线性回归。实验得到的一组数据为

$x=x_1$、x_2、…、x_i；$y=y_1$、y_2、…、y_i。

如果实验没有误差，把 $(x_1,\ y_1)$，$(x_2,\ y_2)$，…，$(x_i,\ y_i)$ 代入函数式时，方程左右两边应该相等。但实际上，测量总存在误差，我们把这归结为 y 的测量偏差，并记作 ε_1、ε_2、…、ε_i。这样，公式就应改写成

$$\left.\begin{aligned} y_1-b_0-b_1x_1&=\varepsilon_1\\ y_2-b_0-b_1x_2&=\varepsilon_2\\ &\vdots\\ y_i-b_0-b_ix_i&=\varepsilon_i \end{aligned}\right\}(i=1,2,\cdots,k)$$

这样做的目的是利用方程组来确定未定参量 b_0 和 b_1，同时希望总的偏差 ε 为最小。根据误差理论可以推证：要满足以上要求，必须使各偏差的平方和为最小，即 $\sum\limits_{i=1}^{k}\varepsilon_i^2$ 最小。把各式平方相加，得

$$S=\sum_{i=1}^{k}\varepsilon_i^2=\sum_{i=1}^{k}(y_i-b_0-b_1x_i)^2$$

为求 $\sum_{i=1}^{k} \varepsilon_i^2$ 的最小值，把上式对 b_0 和 b_1 分别求偏微商，可以得到：

（1）回归直线的斜率和截距的最佳估计值。

$$b_1 = \frac{\overline{xy} - \overline{x}\,\overline{y}}{\overline{x^2} - \overline{x}^2},\ b_0 = \overline{y} - b_1\overline{x}$$

（2）各参量的标准误差。

测量值 y 的标准偏差为

$$\sigma_y = \sqrt{\frac{\sum_{i=1}^{k} \varepsilon_i^2}{k - n}}$$

式中，k 为测量次数；n 为未知量个数。

b_1 的标准误差为 $\sigma_{b_1} = \dfrac{\sigma_y}{\sqrt{\overline{x^2} - \overline{x}^2}}$。

b_0 的标准误差为 $\sigma_{b_0} = \sqrt{\overline{x^2}}\,\sigma_{b_1}$。

（3）检验。

在待定参量确定以后，还要算一下相关系数。对于一元线性回归，如果实验要通过 x，y 的测量值来寻求经验公式，还应判断回归方程是否恰当，定义为

$$\gamma = \frac{\overline{xy} - \overline{x}\,\overline{y}}{\sqrt{(\overline{x^2} - \overline{x}^2)(\overline{y^2} - \overline{y}^2)}}$$

γ 值总是在 0 与 ±1 之间。γ 值越接近 1，说明实验数据越符合求得的直线，或说明用线性函数进行回归比较合理。相反，如果 γ 值远小于 1 而接近于 0，说明用线性函数回归不妥，x 与 y 完全不相关，必须用其他函数重新试探。$\gamma > 0$ 回归直线的斜率为正，称为正相关；$\gamma < 0$ 回归直线的斜率为负，称为负相关。

第六节 练 习 题

习题的目的是要通过解题进一步掌握题中涉及的物理原理、原则等方面内容，所以在做每一道题之前，务必看一看书中的有关部分，然后完成下列各习题。

1. 试读出图 2-6-1 中箭头所指出的读数，先标明分度值及读数误差，然后再进行读数，最后说明这些读数的有效数字位数。

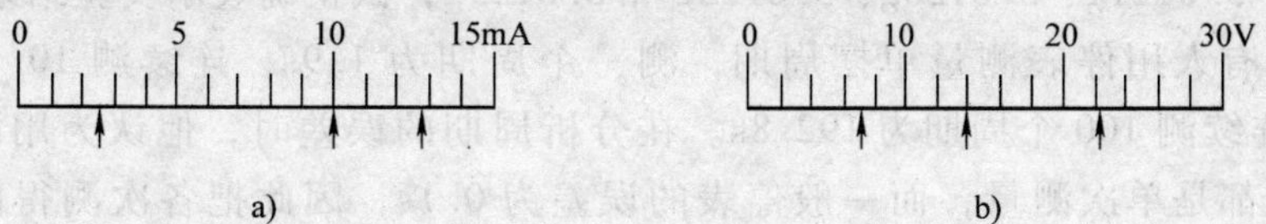

图 2-6-1

2. 试读出图 2-6-2 中电表的测量值。读数前应先记明分度值和读数误差，然后再进行读数。电表表盘右下角的数字表示电表的准确度等级，试根据它确定测量值的未定系统误差 Δ。

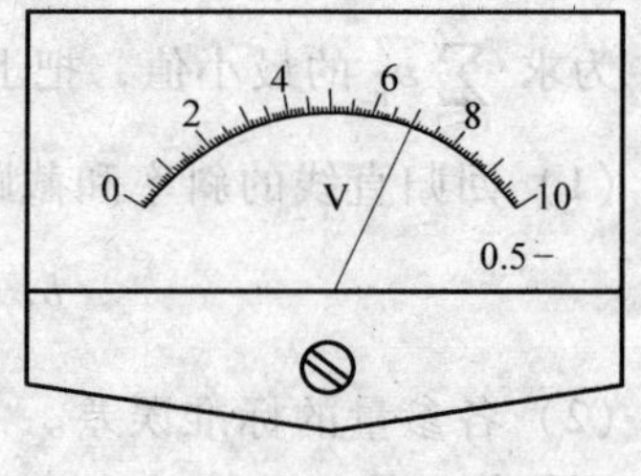

图 2-6-2

3. 说明下列测量值的有效数字位数，若取三位有效数字并用科学表示法书写该如何表示？

(1) 34.506cm；(2) 2.545s；(3) 8.735g；(4) 0.005065kg；(5) 5893×10^{-10}m；(6) 3.141592654s^{-2}。

4. 有效数字的运算。

(1) 试完成下列测量值的有效数字运算：

① sin20°6′ ② lg480.3 ③ $e^{3.250}$

(2) 间接测量的函数关系为 $y=x_1+x_2$，其中 x_1，x_2为实验值。

若① $x_1=(1.1\pm0.3)\text{cm}$，$x_2=(2.387\pm0.004)\text{cm}$；

② $x_1=(37.13\pm0.06)\text{mm}$，$x_2=(0.623\pm0.005)\text{mm}$

试计算出 y 的实验结果。

(3) ① $z=\alpha\beta/\gamma$。其中，$\alpha=(1.218\pm0.003)\Omega$；$\beta=(2.1\pm0.5)\Omega$；

$\gamma=(2.140\pm0.003)\Omega$，试计算出 z 的实验结果。

② $U=IR$，今测得 $I=(1.00\pm0.05)\text{A}$，$R=(1.00\pm0.03)\Omega$，试算出 U 的实验结果。

(4) 试利用有效数字运算法则，计算下列各式的结果（写出每一步简化情况）：

① $\dfrac{76.000}{40.00-2.0}$ ② $\dfrac{50.00\times(18.30-16.3)}{(103-3.0)(1.00+0.001)}$

5. 实验中直接测量结果表示：

(1) 用1m 的钢卷尺通过自准法测某凸透镜的焦距 f 值 8 次，测量结果分别为：116.5mm、116.8mm、116.5mm、116.4mm、116.6mm、116.5mm、116.7mm 和 116.2mm，试计算并表示出该凸透镜焦距的实验结果。

(2) 用精密三级天平称一物体的质量 m，共称 6 次，结果分别为 3.6127g、3.6122g、3.6121g、3.6120g、3.6123g 和 3.6125g，试正确表示实验结果。

(3) 有人用停表测量单摆周期，测一个周期为 1.9s，连续测 10 个周期为 19.3s，连续测 100 个周期为 192.8s。在分析周期的误差时，他认为用的同一只停表，又都是单次测量，而一般停表的误差为 0.1s，因此把各次测得的周期的误差均应取为 0.2s。你的意见如何？理由是什么？如连续测 10 个周期数。数据

（单位：s）10 次各为 19.3、19.2、19.4、19.5、19.3、19.1、19.2、19.5、19.4、19.5，该组数据的实验结果应为多少？

6. 单摆法测重力加速度 g，得如下实测值：

摆长 L/cm	61.5	71.2	81.0	89.5	95.5
周期 T/s	1.571	1.696	1.806	1.902	1.965

请按作图规则作 L-T 图线和 L-T^2 图线，并求出 g 值。

7. 某实验样品（液体）的温度（单位：℃）重复测量 10 次，得如下数据：20.42、20.43、20.40、20.43、20.42、20.43、20.39、19.20、20.40、20.43；试计算平均值，并判断其中有无过失误差存在。

8. 试推出下列间接测量的不确定度的传递公式：

（1）$\rho = \dfrac{m}{\dfrac{\pi}{6}D^3}$（球体），　（2）$y = AX^B$，　（3）$N = \dfrac{\sin\dfrac{A+D}{2}}{\sin\dfrac{A}{2}}$，

（4）$E = Mgl/\pi r^2 L$，　（5）$R_x = \left(\dfrac{R_1}{R_2}\right)R$，　（6）$N = 5 + x$

9. 试指出下列实验结果表示中的错处，并写出正确的表达式：

（1）$l = 8.524\text{m} \pm 50\text{cm}$，　（2）$t = 3.75\text{h} \pm 15\text{min}$，

（3）$g = (9.812 \pm 14 \times 10^{-2})\text{m/s}^2$，　（4）$S = \left(25.400 \pm \dfrac{1}{30}\right)\text{mm}$

（5）$m = (31690 \pm 200)\text{kg}$，　（6）$L = (10.0 \pm 0.095)\text{mm}$

10. 实验测得圆柱体质量 $m = (162.38 \pm 0.01)\text{g}$，直径 $D = (24.927 \pm 0.005)\text{cm}$，高度 $H = (39.92 \pm 0.02)\text{cm}$，试计算圆柱体的密度 $\rho = \dfrac{4M}{\pi D^2 H}$和不确定度，写出测量结果表达式。并分析直接测量值 m、D 和 H 的不确定度对间接测量值 ρ 的影响（即不确定度传递公式中哪一个单项不确定度的影响大）。

11. 由 $R = R_0(1 + \alpha t)$ 测一金属导体的电阻温度关系，其中 α 为电阻温度系数；R_0为该导体在 0℃时的电阻，实验测得的 R、t 数据如下表所示

t/℃	15.0	20.0	25.0	30.0	35.0	40.0	45.0	50.0
R/Ω	28.05	28.52	29.10	29.56	30.10	30.57	31.00	31.62

试分别用作图法、逐差法和最小二乘法求电阻，确定出电阻温度关系的经验方程。

练习题部分参考答案

1. 答：(a) 分度值 1mA，1/10 估读，读数误差 $1 \times \dfrac{1}{10} = 0.1\text{mA}$

读数：2.5mA，10.0mA，12.8mA。

(b) 分度值2V，1/2 估读，读数误差 $2\times\frac{1}{2}=1\text{V}$

读数：7V，14V，22V。

2. 答：分度值0.5V，1/5 估读，读数误差：$0.5\times\frac{1}{5}=0.1\text{V}$

读数：7.0V，基准线上加零。

$$\Delta_{仪}=\pm 量程\times K\%=\pm 10\times 0.5\%=\pm 0.05\text{V}$$

3. 答：(1) 5 位，$3.45\times 10\text{cm}$；(3) 4 位，8.74g；(5) 4 位，$5.89\times 10^{-7}\text{m}$

4. (1) 答：末位差一法，其 $\sin 20°6'$ 和 $\sin 20°7'$ 或 $\sin 20°6'$ 和 $\sin 20°5'$ 两者结果变化位为测量值的有效数字运算结果的最后一位。

$\sin 20°6'=\sin 20.1°=0.343\ \underline{6}59694$

$\sin 20°7'=\sin 20.12°=0.343987479$

故：$\sin 20°6'=0.3437$

(2) ①答：$\bar{y}=\bar{x}_1+\bar{x}_2=1.1+2.387\approx 3.5\text{cm}$ (3.487cm)

由不确定度传递公式 $u_y=\sqrt{u_{x_1}^2+u_{x_2}^2}=\sqrt{0.3^2+0.004^2}=\sqrt{0.09+0.000016}=0.3\text{cm}$

$$y=\bar{y}\pm u_y=(3.5\pm 0.3)\text{cm}$$

$$u_{ry}=\frac{u_y}{\bar{y}}\times 100\%=8.57\%\approx 9\%$$

(3) ① 答：$\bar{z}=\frac{\overline{\alpha\beta}}{\bar{\gamma}}=\frac{1.218\times 2.1}{2.140}=\frac{2.56}{2.140}=1.196\Omega\approx 1.2\Omega$

$$u_{rz}=\sqrt{u_{r\alpha}^2+u_{r\beta}^2+u_{r\gamma}^2}=\sqrt{\left(\frac{0.003}{1.218}\right)^2+\left(\frac{0.5}{2.1}\right)^2+\left(\frac{0.003}{2.140}\right)^2}=\sqrt{0.0025^2+0.24^2+0.0014^2}$$

$$=\sqrt{6.2\times 10^{-6}+5.8\times 10^{-2}+2.0\times 10^{-6}}=\sqrt{0.058}=0.24=24\%$$

$$u_z=\bar{z}u_{rz}=0.288\Omega\approx 0.29\Omega$$

$$z=\bar{z}\pm u_z=(1.20\pm 0.29)\Omega$$

(4) ① 答：$\frac{76.000}{40.00-2.0}$

$$=\frac{76.000}{38.00}=2.00$$

5. (2) 答：$\bar{m}=\sum m_i/6=3.6123\text{g}$

$$\Delta_A=\sigma_m=\sqrt{\frac{\sum(m_i-\bar{m})^2}{N-1}}=2.6\times 10^{-4}\text{g}$$

$$\Delta_B=0.7\times 10^{-3}\text{g}(查表得)$$

$$u=\sqrt{(2.6\times10^{-4})^2+(0.7\times10^{-3})^2}=8\times10^{-4}\mathrm{g}$$

$$m=\overline{m}\pm u=(3.6123\pm0.0008)\mathrm{g}$$

$$u_{\mathrm{r}}=\frac{u}{\overline{m}}\times100\%=0.0221\%=0.23\%$$

9. (1) 答：单位不统一，不确定度只能取 1 位，（首位数 5 大于 3），$l=(8.5\pm0.5)\mathrm{m}$

9. (3) 答：末位未对齐，$g=(9.81\pm0.14)\mathrm{m/s^2}$

9. (5) 答：不确定度多一位，不确定度首位小于 3，取两位，$m=(3.169\pm0.020)\times10^4\mathrm{kg}$

10. 答：$\overline{\rho}=\dfrac{4\overline{m}}{\pi\overline{D}^2\overline{H}}=\dfrac{4\times162.38}{3.1416\times24.927^2\times39.92}\mathrm{g/cm^3}=8.335\times10^{-3}\mathrm{g/cm^3}$

由常用函数的不确定度传递公式（表 2-4-1）得

$$\underline{u_{\mathrm{r}\rho}}=\frac{u_\rho}{\overline{\rho}}=\sqrt{u_{\mathrm{r}m}^2+(2u_{\mathrm{r}D})^2+u_{\mathrm{r}H}^2}=\sqrt{\left(\frac{0.01}{162.38}\right)^2+\left(2\times\frac{0.005}{24.927}\right)^2+\left(\frac{0.02}{39.92}\right)^2}$$

$$=\sqrt{(6.2\times10^{-5})^2+(4.0\times10^{-4})^2+(5.0\times10^{-4})^2}$$

$$=\sqrt{[(0.62)^2+(4.0)^2+(5.0)^2]\times(10^{-4})^2}$$

$$=\sqrt{41.4}\times10^{-4}=6.43\times10^{-4}\approx0.0007\approx0.07\%,$$

$$\underline{u_\rho}=\overline{\rho}u_{\mathrm{r}\rho}=8.335\times10^{-3}\times0.0007\mathrm{g/cm^3}$$

$$\approx\underline{0.0058\times10^{-3}\mathrm{g/cm^3}\approx0.006\times10^{-3}(\mathrm{g/cm^3})}$$

$$\rho=\underline{(8.335\pm0.006)\times10^{-3}\mathrm{g/cm^3}}$$

$$\underline{u_{\mathrm{r}\rho}}=\frac{u_\rho}{\overline{\rho}}=\underline{0.07\%}$$

第三章　基础性实验

第一部分　力、热学实验

实验一　弹性模量的测定

弹性模量是描述金属材料抗形变的重要物理量。它是选定机械构件金属材料的依据之一，是工程技术中常用的基本参数。

本实验主要采用光杠杆装置测量钢丝的弹性模量。光杠杆装置是一种用光放大原理测量被测微小长度变化的装置。它的特点是直观、简单、精度高，可以实现非直接接触式的放大测量，还能用来显示微小角度的变化，光杠杆装置已经被广泛应用于高灵敏度的测量仪器（如灵敏电流计、冲击电流计、光点电流计、光点检流计等）和其他测量技术中。

一、实验目的

1. 掌握用光杠杆装置测量微小长度变化的原理和调节方法。
2. 学会用拉伸法测量金属丝的弹性模量。
3. 学会用逐差法和作图法处理数据。

二、实验仪器

弹性模量测定装置、砝码组、光杠杆装置（光杠杆、望远镜及标尺）、螺旋测微器（千分尺）、游标卡尺、米尺、CCD 成像系统。

三、实验原理

（一）劲度系数和弹性模量

当物体受到外力作用时，都要发生程度不同的体积和形状的改变，称为形变。若外力作用停止后形变也随之消失，则称其为弹性形变。物体最基本的一种形变是拉伸形变，即如图 3-1-1 所示，物体在拉伸力 F 作用下只产生长度改变而形状保持不变；若形变在弹性范围内，按胡克定律，形变量 ΔL 与作用力成正比，即有

$$F = K\Delta L$$

K 是常数（如弹簧的劲度系数），它不仅与构成物体的材料有关，而且与物体的几何尺寸（长度 L_0、截面积 S）有关，所以它只是具体物体的一个常数，而不是物体材料的特性量。

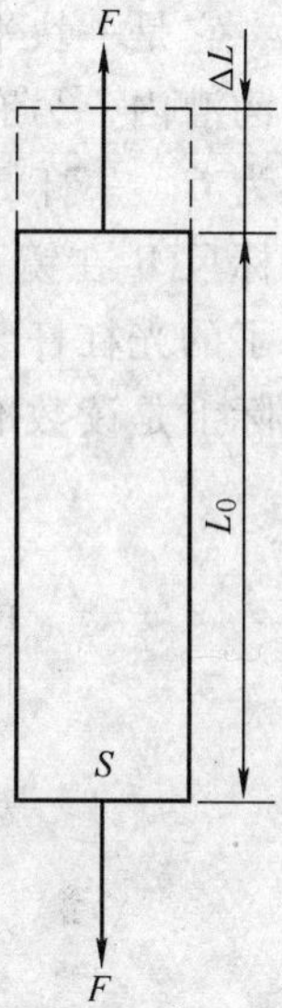

可以设想两个材料相同、截面积相同而长度不同的物体，要使这两物体同样伸长 ΔL 显然不是同样容易的，但实验证明在相同力作用下的相对伸长 $\Delta L/L_0$ 却是相同的。同样，两个材料相同、长度相同而截面积不同的物体，在相同力 F 作用下，截面积 S 越大其相对伸长 $\Delta L/L_0$ 就越小。因此，胡克定律应该表示为在弹性形变范围内应变 $\Delta L/L_0$ 和所受应力 F/S 成正比，即

$$\frac{F}{S} = E\frac{\Delta L}{L_0} \tag{3-1-1}$$

式中，比例系数 E 才是仅仅取决于物体材料性质的常数，称为材料的弹性模量（杨氏模量）。

图 3-1-1

（注意：$K = (S/L_0)E$）

本实验将用金属丝受拉伸后产生伸长形变来测量金属丝材料的弹性模量：

$$Y = \frac{FL_0}{S\Delta L}$$

式中，加于金属丝的拉伸力 F 可用砝码的重力 mg 来确定；金属丝的长度 L_0 可用米尺进行测量；而截面积 S 则可通过测量金属丝的直径 d 来获得；唯有伸长量 ΔL 由于小而难以测量（约 1 ~2mm 左右），所以实验采用光杠杆装置进行测量，实际上它是一种长度改变量的放大器。

（二）光杠杆镜尺法的原理及钢丝弹性模量的测量

光杠杆装置包括光杠杆镜架、望远镜和标尺等部分。图 3-1-2a 为光杠杆镜

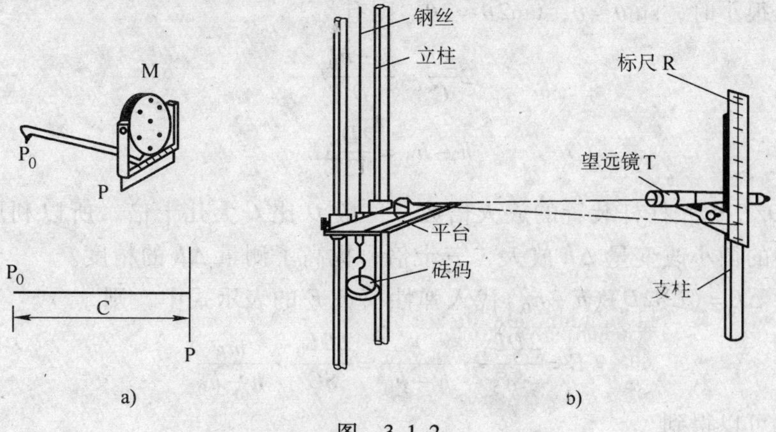

图 3-1-2

架，它是一块平面反射镜 M，其底部的刀口 P 放置在图 3-1-2b 装置的固定平台的沟漕内，另有一尖足 P_0 放置在能随被测长度改变的夹具上，P_0 到 P 的垂直距离为 C。一杆标尺 R 被放置在离反射镜 M 为 D 的距离处，望远镜 T 则是用来观测标尺 R 在镜 M 中的像的。图 3-1-3 为光杠杆测量微小伸长量的原理图，调整好了的光杠杆装置应该从望远镜中能清晰看到望远镜内的十字线（也称叉丝，实际上是读数准线）和标尺 R 的像，并得到读数 h_0。

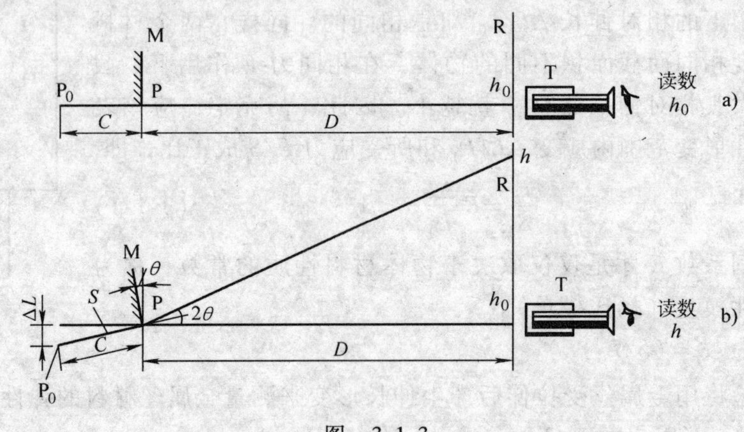

图 3-1-3

当长度发生 ΔL 改变时，P_0将随之变动，因而使平面镜 M 的法线转过了 θ 角（如图 3-1-3b 所示），此时入射光线和反射光线的夹角为 2θ，望远镜中的读数为 h，由图中关系得到

$$\sin\theta = \frac{\Delta L}{C}$$

$$\tan 2\theta = \frac{h - h_0}{D}$$

当 θ 很小时，$\sin\theta \approx \theta$，$\tan 2\theta \approx 2\theta$，则有

$$2\frac{\Delta L}{C} = \frac{h - h_0}{D}$$

$$h - h_0 = \frac{2D}{C}\Delta L \tag{3-1-2}$$

式中，$2D/C$ 称光杠杆装置的放大倍数，一般 D 比 C 大几十倍，所以利用该装置可将长度的微小改变量 ΔL 放大二三十倍，提高了测量 ΔL 的精度。

现将 $\Delta L = (C/2D)(h - h_0)$ 代入弹性模量 E 的表示式中，则

$$E = \frac{2DL_0}{SC} \cdot \frac{F}{h - h_0} = \frac{2DL_0}{SC} \cdot \frac{mg}{h - h_0}$$

由此可以得到

$$h = h_0 + \frac{2DL_0 g}{SCE} m \tag{3-1-3}$$

光杠杆中的测量值 h 和所加砝码的质量 m 是线性关系，其直线的斜率为

$$b = \frac{2DL_0 g}{SCE} = \frac{8DL_0 g}{\pi d^2 CE}$$

$$E = \frac{8DL_0 g}{\pi d^2 Cb} \tag{3-1-4}$$

即：

$$E = \frac{8mgDL_0}{\pi d^2 Ch} \tag{3-1-5}$$

式中，D 是光杠杆装置的反射镜与标尺之间的水平距离；C 是光杠杆镜架的尖足 P_0 至刀口 P 的距离；L_0 是金属丝的长度；d 是金属丝的直径；g 为重力加速度（上海地区 $g = 9.794\mathrm{m/s^2}$）；E 是待测金属丝材料的弹性模量。

（三）CCD 成像系统

1. CCD 弹性模量测量仪原理装置如图 3-1-4 所示。

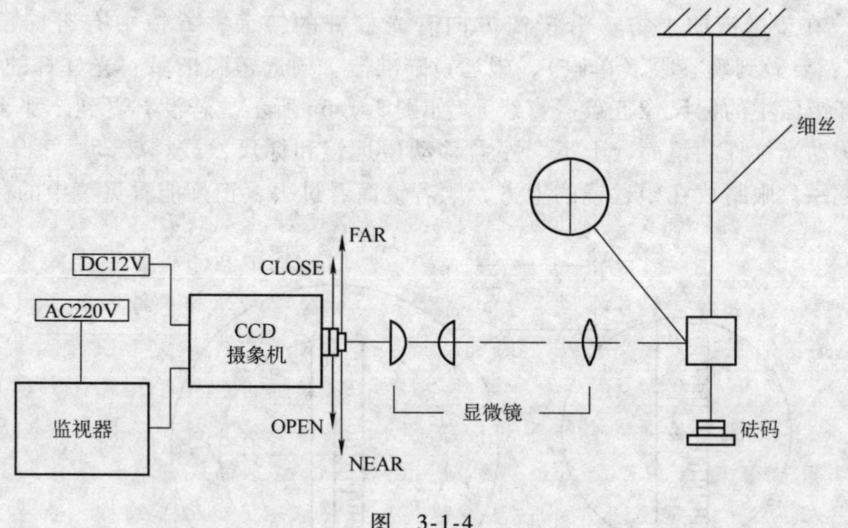

图　3-1-4

它是传统的弹性模量测量仪加上 CCD 成像系统。采用 CCD 系统代替眼睛更便于观测，并且能够减轻视疲劳：CCD 摄像机的镜头将显微镜的光学图像会聚到 CCD（电荷耦合器件）上，再变成视频电信号，经视频电缆传送到图文监视器，即可供几个人同时观测。

2. CCD 弹性模量实际使用见图 3-1-5。

（四）光杠杆镜尺法的调节方法

1. 把光杠杆二前支点放在固定支架的凹槽中，后支点放在待测物的顶端，

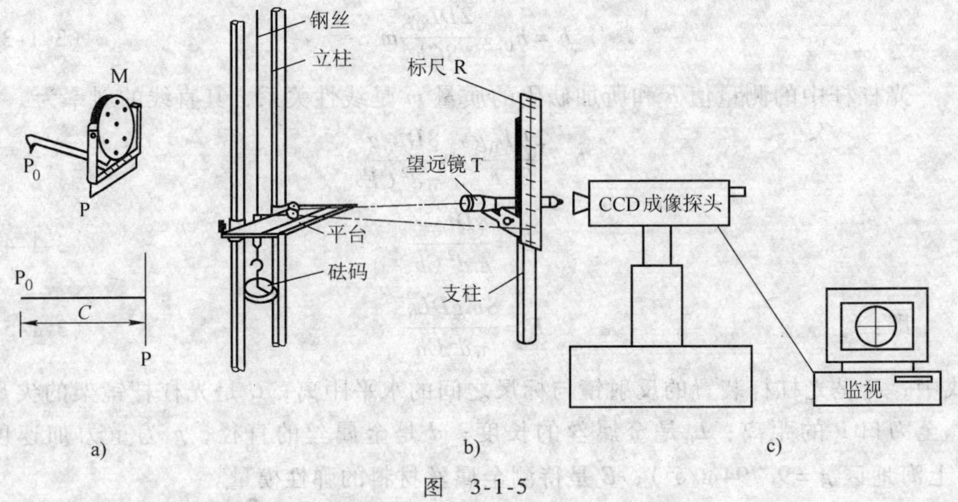

图 3-1-5

并使镜面基本垂直。

2. 使望远镜水平地对准光杠杆，标尺与望远镜垂直。

3. 在望远镜的上方，沿镜筒方向看光杠杆的镜面，看镜中有否标尺的像（注意：要做到观察眼（单眼）、望远镜瞄准器、望远镜瞄准星、光杠杆的镜面、光杠杆镜面中的标尺像五点一直线），如图 3-1-6a 所示。若没有看到，那么必须上下移动光杠杆的镜面，上下、左右移动望远镜和标尺，或稍转动一下望远镜，直到把一只眼睛放在望远镜的上方，顺着镜筒看过去，正好能看见镜中的标尺像为止。

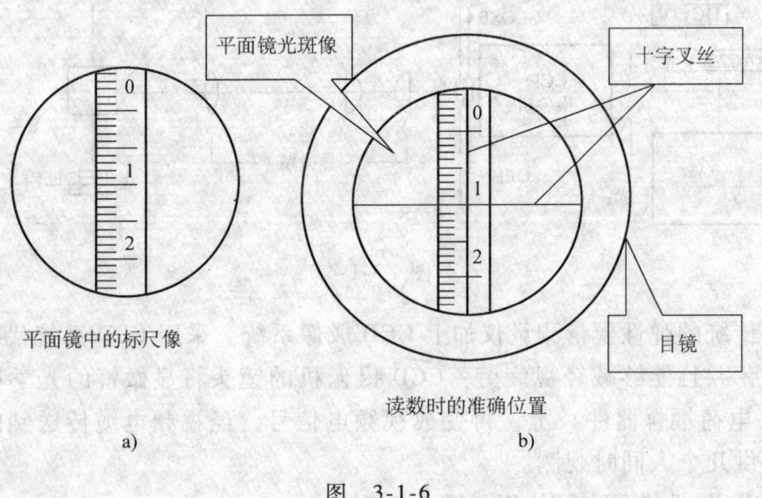

图 3-1-6

4. 旋转目镜，调节目镜与十字叉丝间的间距，使能看到清晰的十字叉丝，并使十字叉丝的一根沿水平方向，另一根沿竖直方向；调节目镜和物镜的间距

（即调节物距），使从望远镜中能够清晰地看到标尺像为止，见图 3-1-6b。

眼睛上下移动时，会看到标尺像与十字叉丝有相对移动，这样读数时会有视差，它表明标尺像与十字叉丝不在同一平面上。为了消除视差，采用二分之一调节法，即微调目镜与物镜焦距各一半，反复仔细调解，直到标尺像与十字叉丝无相对移动为止。

四、实验步骤

（一）内容

1. 调整弹性模量测定装置至铅直状态。

2. 调整光杠杆装置：（1）标尺铅直，平面镜铅直，望远镜水平；（2）望远镜与反射镜中心同高；（3）望远镜目镜看清十字叉丝（测量准线）；（4）如何调整装置时望远镜中能见到标尺清晰的像，并应是图 3-1-3a 所示的状态？

3. CCD 成像系统的调节：

（1）将 CCD 摄像机安装上 8mm 镜头，把视频电缆线的一端接摄像机视频输出端子（Video out），另一端接监视器的视频输入端子（Video in），将 CCD 专用的 12V 直流电源接到摄像机上的（power）孔，并将直流电源和监视器分别接到 220V 交流电源上。仔细调整 CCD 位置及镜头光圈和焦距，就可在监视器上观察到清晰的分化板像。

（2）视频监视器的调节：屏幕正下方有 4 个旋钮，自左至右依次调节水平扫描、垂直扫描、亮度和对比度。将监视器背后的电源插头插到 220V 插座内，并按一下屏幕右下方的开关之后，几秒钟内显示屏即出现图像。调节水平和垂直扫描使图像稳定。实验中对比度宜大些，而亮度以适中为好。

为了使图像清晰还须适当调节摄像镜头（参见图 3-1-4）：先调节聚焦，顺时针方向为远（FAR），逆时针方向为近（NEAR）。然后调光阑：顺时针方向为关小（CLOSE），逆时针方向为开大（OPEN）。

4. 用受力伸长法测量钢丝在受砝码重力 mg 作用下光杠杆内的测量值 h（每个砝码的质量为 0.5kg），画出 h 与 F 的关系图线（或 h 与 m 的关系图线）。

由于弹性形变与受力时间有关，受力后形变不是随之立即完全变形，撤去外力形变又不能立即完全消失，这就是所谓物体具有的弹性滞后效应。为了减小该效应引入的误差，采用等量递加和等量递减砝码各测一组（$i=1, 2, \cdots, n$）值，然后取相同砝码重量 F_i 作用下光杠杆的测量值。

为防止钢丝可能出现的弯曲，在砝码托盘上挂有 1 ~ 2kg 的大砝码以拉直钢丝，它像砝码托盘本身有重量一样，对实验没有影响。

5. 用逐差法对 h 和 m 进行处理。

6. 对原理关系式中 L_0、D、C、d 各量进行测量，其中钢丝直径 d 必须在不同部位作多次测量，然后计算出钢丝弹性模量的测量结果。

(二) 步骤

调节弹性模量仪支架底脚螺栓，使平台上的水准仪中的气泡居中。

1. 在活动钢丝夹具下的砝码挂钩上挂砝码盘和1kg砝码（砝码盘和砝码不应计入所加的作用力内），使钢丝拉直。

2. 安装光杠杆，调好望远镜和CCD成像系统，在监视器上读出钢丝没被拉长时望远镜中标尺的读数 h_0 以及以后在砝码盘中每加0.5kg砝码时望远镜中标尺的读数 h'_i，砝码从0.5kg开始到5.5kg为止。然后，把砝码逐次减少0.5kg，相应地读出望远镜的读数 h''_i。对应于同一负载的 h_i 值取 $(h'_i+h''_i)/2$。

3. 用螺旋测微计测钢丝直径，取钢丝的不同处，重复测七次，取平均值。

4. 用钢皮尺测量光杠杆镜面到标尺的垂直距离 D。

5. 记录小平台上已有的数据：钢丝长 L_0。

6. 把光杠杆放在平坦的纸上，印得三足印，用游标卡尺测得后足印至前二足印连线的距离 C。

7. 用逐差法求 $h=h_{i+6}-h_i$。由此计算出弹性模量 E，相对误差 E_Y 及结构表达式。

8. 用图解法画出 h 与 F 的关系图线（或 h 与 m 的关系图线）。

(三) 技能要求

1. 弹性模量测定装置的铅直调整。写出方法及判据。

2. 光杠杆系统（包括望远镜）的调整及判别。

3. 各量的正确测量（包括测量工具的选用）。

五、实验数据记录和处理

(一) L_0、D、C 的测量仪器条件和测量数据记录

测量值	L_0	D	C
单位	mm	mm	mm
测量工具	米尺	米尺	150mm电子数显卡尺
分度值	1	1	0.01
读数误差	0.1	0.1	0.00
$u=\Delta$	0.5	0.5	0.20 $(\Delta_{C仪}=0.03, \Delta_{C估}=0.20)$
测量结果			

L_0、D、C 的测量结果

$L_0=$ ± m

$D=$ ± m

$C=$ ± m

（二）钢丝直径 d 的测量仪器条件和测量数据记录

1. 测量仪器：电子数显千分尺，分度值：0.001mm，读数误差：0.001mm，Δ：0.002mm

2. 测量数据记录

次数 i	1	2	3	4	5	6	7	平均
d_i/mm								
$(\bar{d}-d_i)$/mm								—
$(\bar{d}-d_i)^2$/mm²								—

$$\sigma_d=\sqrt{\frac{(\bar{d}-d_1)^2+(\bar{d}-d_2)^2+(\bar{d}-d_3)^2+(\bar{d}-d_4)^2+(\bar{d}-d_5)^2+(\bar{d}-d_6)^2+(\bar{d}-d_7)^2}{7-1}}$$

$=$

$U_d=\sqrt{\sigma_d^2+\Delta^2}=$ ；d 的测量结果：$d=$

（三）钢丝受力与光杠杆读数的关系测量记录

1. 测量仪器：光杠杆装置，钢板尺；分度值：1mm，读数误差：0.1mm，$\Delta_{读}$：0.15mm；Δ_h：0.2mm

2. 测量关系数据记录

i	m_i/kg	h'_i/cm	h''_i/cm	$h_i=(h'_i+h''_i)/2$/cm
0				
1				
2				
3				
4				
5				
6				
7				
8				
9				
10				
11				

（四）实验数据处理、计算

1. 用逐差法求 E

1）h 的测量结果：

$$\bar{h}=\frac{1}{6}[\,|\bar{h}_6-\bar{h}_0|+|\bar{h}_7-\bar{h}_1|+|\bar{h}_8-\bar{h}_2| + |\bar{h}_9-\bar{h}_3|+|\bar{h}_{10}-\bar{h}_4|+|\bar{h}_{11}-\bar{h}_5|\,]$$

记：

$$\bar{h}_{6,0}=|\bar{h}_6-\bar{h}_0|;\ \bar{h}_{7,1}=|\bar{h}_7-\bar{h}_1|;\ \bar{h}_{8,2}=|\bar{h}_8-\bar{h}_2|;$$
$$\bar{h}_{9,3}=|\bar{h}_9-\bar{h}_3|;\ \bar{h}_{10,4}=|\bar{h}_{10}-\bar{h}_4|;\ \bar{h}_{11,5}=|\bar{h}_{11}-\bar{h}_5|$$

$$\sigma_h=\sqrt{\frac{(\bar{h}-\bar{h}_{6,0})^2+(\bar{h}-\bar{h}_{7,1})^2+(\bar{h}-\bar{h}_{8,2})^2+(\bar{h}-\bar{h}_{9,3})^2+(\bar{h}-\bar{h}_{10,4})^2+(\bar{h}-\bar{h}_{11,5})^2}{6-1}}$$

$=$

$u_h=\sqrt{\sigma_h^2+\Delta_h^2}=\qquad\qquad$；

h 的测量结果为：$h=$

2）d 的测量结果为：$d=$

3）E 的计算和表示：

由 $E=\dfrac{8mgL_0D}{\pi d^2Ch}$（思考 m 取多少千克？） 得 $\bar{E}=\dfrac{8mgL_0\bar{D}}{\pi\bar{d}^2\bar{C}\bar{h}}=\qquad$ N/m²

$$u_{rY}=\sqrt{u_{rD}^2+u_{rL0}^2+u_{rC}^2+4u_{rd}^2+u_{rh}^2}\times100\%$$
$$=\sqrt{\left(\frac{u_D}{\bar{D}}\right)^2+\left(\frac{u_{L_0}}{L_0}\right)^2+\left(\frac{u_C}{\bar{C}}\right)^2+4\left(\frac{u_d}{\bar{d}}\right)^2+\left(\frac{u_h}{\bar{h}}\right)^2}\times100\%=\qquad\%$$

由 $u_{rY}=\dfrac{u_Y}{\bar{E}}\times100\%$ 得 $u_Y=u_{rY}\times\bar{E}=\quad$ N/m²

所以 E 的测量结果为 $E=(\qquad\pm\qquad)$ N/m²

2. 作 m_i-h_i 图线计算 E（选做）

1）作 m_i-h_i 图线（以 m_i 为纵坐标、h_i 为横坐标），求斜率 α

2）先计算 β（$\beta=8gL_0D/(\pi d^2C)$，再计算出 E 的值（$E=\alpha\beta$）

3. 求 $y=a+bx$ 的计算机计算结果（选做）

（y 表示：________；x 表示：________；$b=$________）

1）结果记录：

$a=\qquad\qquad\qquad$；$U_a=$

$b=\qquad\qquad\qquad$；$U_b=$

2）a、b 的计算结果：

3）E 的测量结果：

六、观察与思考

1. 如果弹性模量测定仪未调成铅直，会产生什么影响？

2. 为增大光杠杆的放大倍数，增加标尺与平面反射镜的距离试试。

3. 用误差分析的方法讨论实验中哪些量的测量误差对结果影响较大？

4. 如何由增、减砝码的数据中说明确实存在着弹性滞后效应？

5. 当砝码组全部加上时，钢丝实际伸长了多少？直径可能变细多少？

附：实验一数据记录处理样例（注：此部分仅供读者参考数据处理方法，数据本身大小不作为参考，下同）

（一）L_0、D、C 的测量仪器条件和测量数据记录

测量值	L_0	D	C
单位	mm	mm	mm
测量工具	米尺	米尺	150mm 电子数显卡尺
分度值	1	1	0.01
读数误差	0.1	0.1	0.00
$u=\Delta$	0.5	0.5	0.20 ($\Delta_{C仪}=0.03,\Delta_{C估}=0.20$)
测量结果	(1085.5 ± 0.5)mm	(1890.0 ± 0.5)mm	(79.87 ± 0.20)mm

（二）钢丝直径 d 的测量仪器条件和测量数据记录

1. 测量仪器：电子数显千分尺，分度值：0.001mm，读数误差：0.001mm，Δ：0.002mm

2. 测量数据记录

次数 i	1	2	3	4	5	6	7	平均
d_i/mm	0.507	0.507	0.510	0.507	0.508	0.509	0.508	0.509
$(\bar{d}-d_i)$/mm	0.002	0.002	0.001	0.002	0.001	0.000	0.001	—
$(\bar{d}-d_i)^2$/mm²	4×10^{-6}	4×10^{-6}	1×10^{-6}	4×10^{-6}	1×10^{-6}	0	1×10^{-6}	—

$$\sigma_d=\sqrt{\frac{\sum_{i=1}^{7}(\bar{d}-d_i)^2}{7-1}}=0.003\text{mm}$$

$U_d=\sqrt{\sigma_d^2+\Delta^2}=0.004$mm；$d$ 的测量结果：$d=(0.509\pm0.004)$mm

（三）钢丝受力与光杠杆读数的关系测量记录

1. 测量仪器：光杠杆装置，钢板尺；分度值：1mm，读数误差：0.1mm，$\Delta_{读}$：0.15mm；Δ_h：0.2mm

2. 测量关系数据记录

i	m_i/kg	h'_i/cm	h''_i/cm	$h_i=(h'_i+h''_i)/2$/cm
0	0	5.43	5.25	5.34
1	0.5	4.02	4.00	4.01
2	1.0	3.01	2.79	2.90
3	1.5	2.02	2.13	2.18
4	2.0	1.38	1.22	1.30
5	2.5	0.72	0.45	0.58
6	3.0	0.06	-0.12	-0.03
7	3.5	-0.60	-0.80	-0.70
8	4.0	-1.41	-1.45	-1.43
9	4.5	-2.08	-2.10	-2.09
10	5.0	-2.73	-2.78	-2.76
11	5.5	-3.42	-3.40	-3.41

（四）实验数据处理、计算

1. 用逐差法求 E

1）h 的测量结果（m 对应取 3kg）

$$\overline{h}=\frac{1}{6}\left[\,|\overline{h}_6-\overline{h}_0|+|\overline{h}_7-\overline{h}_1|+|\overline{h}_8-\overline{h}_2|\right.$$
$$\left.+|\overline{h}_9-\overline{h}_3|+|\overline{h}_{10}-\overline{h}_4|+|\overline{h}_{11}-\overline{h}_5|\,\right]=0.045\text{m}$$

记

$$\overline{h}_{6,0}=|\overline{h}_6-\overline{h}_0|;\ \overline{h}_{7,1}=|\overline{h}_7-\overline{h}_1|;\ \overline{h}_{8,2}=|\overline{h}_8-\overline{h}_2|;$$
$$\overline{h}_{9,3}=|\overline{h}_9-\overline{h}_3|;\ \overline{h}_{10,4}=|\overline{h}_{10}-\overline{h}_4|;\ \overline{h}_{11,5}=|\overline{h}_{11}-\overline{h}_5|$$

$$\sigma_h=\sqrt{\frac{(\overline{h}-\overline{h}_{6,0})^2+(\overline{h}-\overline{h}_{7,1})^2+(\overline{h}-\overline{h}_{8,2})^2+(\overline{h}-\overline{h}_{9,3})^2+(\overline{h}-\overline{h}_{10,4})^2+(\overline{h}-\overline{h}_{11,5})^2}{6-1}}$$

$=0.51\text{cm}$

$$u_h=\sqrt{\sigma_h^2+\Delta_h^2}=0.51\text{cm};\ h\text{ 的测量结果为}:h=(0.045\pm0.006)\text{m}$$

2）d 的测量结果为：$d=(0.509\pm0.003)\times10^{-3}\text{m}$

2. E 的计算和表示：

$$\overline{E}=\frac{8mgL_0D}{\pi\,\overline{d}^2C\,\overline{h}}=1.67\times10^{11}\quad\text{N/m}^2$$

$$u_{rY}=\sqrt{u_{rD}^2+u_{rL0}^2+u_{rC}^2+4u_{rd}^2+u_{rh}^2}\times100\%$$
$$=\sqrt{\left(\frac{u_D}{D}\right)^2+\left(\frac{u_{L_0}}{L_0}\right)^2+\left(\frac{u_C}{C}\right)^2+4\left(\frac{u_d}{\overline{d}}\right)^2+\left(\frac{u_h}{\overline{h}}\right)^2}\times100\%$$
$$=\sqrt{\left(\frac{0.5}{189.0}\right)^2+\left(\frac{0.5}{1085.5}\right)^2+\left(\frac{0.20}{79.87}\right)^2+4\times\left(\frac{0.004}{0.509}\right)^2+\left(\frac{0.006}{0.045}\right)^2}$$
$$\approx13\%$$

由

$$u_{rY}=\frac{u_Y}{E}\times100\%$$

得　　　　$u_Y = u_{rY} \times E = 0.22 \times 10^{11}\ \text{N/m}^2$

所以 E 的测量结果为：

$$E = (1.67 \pm 0.22) \times 10^{11}\ \text{N/m}^2$$

$$u_{rY} = 13\%$$

实验二　落球法测量液体粘度

测量液体粘度的方法有多种，落球法（又称斯托克斯法）是最基本的一种，本实验用落体法测量粘度较大的液体。此实验改变以往是用眼睛观察小球在液体中下落位置的传统方法，而用半导体激光瞄击小球，从而提高了测量小球在液体中下落的时间的精度。

一、实验目的

1. 观察液体的内摩擦现象。
2. 学会用落球法测量液体的粘度。
3. 学会用半导体激光传感器测量小球在液体中下落的时间。

二、实验仪器

测量仪、秒表、米尺、小铁球、游标卡尺、螺旋测微仪、蓖麻油。

仪器外形示意图如图 3-2-1 所示。

实验仪器介绍：

在玻璃量筒外 A 和 B 处放置半导体激光发射器，如图 3-2-2 所示，它们发射

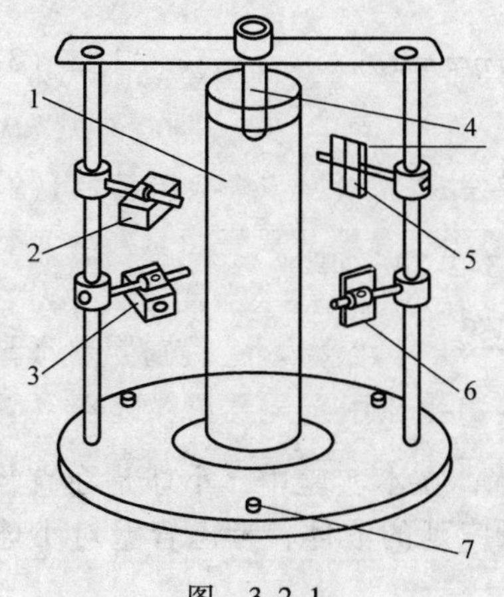

图　3-2-1

1—盛液量桶　2—激光发射盒 A　3—激光发射盒 B　4—导向管　5—挡板 A　6—挡板 B　7—实验架水平（盛液量桶垂直）调节螺丝

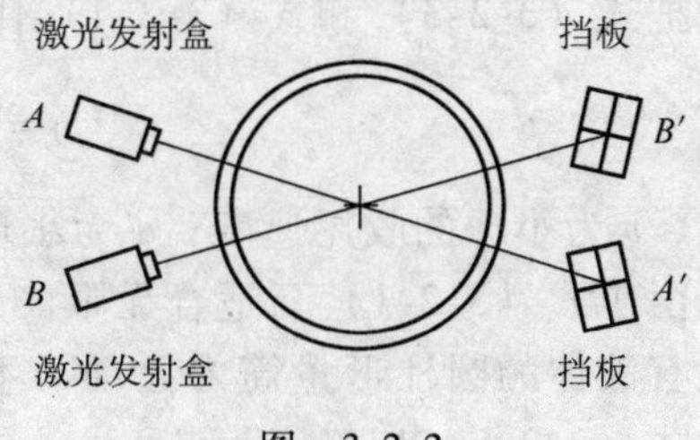

图　3-2-2

的激光束沿着量筒的直径方向透过液体，到达挡板的十字刻线。小球下落经过 AA'时，将阻断激光束，这是计时开始点；小球下落经过 BB'时又将阻断激光束，这是计时停止点。计时器显示的时间即为下落 S 路程的时间。

三、实验原理

在稳定流动的液体中，由于各层的液体流速不同，互相接触的两层液体之间存在相互作用，快的一层给慢的一层以阻力，这一对力称为流体的内磨擦力或粘滞力。

实验证明：若以液层垂直的方向作为 x 轴方向，则相邻两个流层之间的内摩擦力 F 与所取流层的面积 S 及流层间速度的空间变化率$\frac{\mathrm{d}v}{\mathrm{d}x}$的乘积成正比，即

$$F = \eta \frac{\mathrm{d}v}{\mathrm{d}x} S \tag{3-2-1}$$

式中，η 称为液体的滞度，它取决于液体的性质和温度。粘滞性随着温度升高而减小。如果液体是无限广延的，液体的粘滞性较大，小球的半径很小，且在运动时不产生旋涡。根据斯托克斯定律，小球受到的粘滞力 F 为

$$F = 6\pi\eta rv \tag{3-2-2}$$

式中，η 称为液体的滞度，r 为小球半径；v 为小球运动的速度。若小球在无限广延的液体中下落，受到的粘滞力为 F，重力为 ρVg，这里 V 为小球的体积；ρ 与 ρ_0分别为小球和液体的密度；g 为重力加速度。小球开始下降时速度较小，相应的粘滞力也较小，小球作加速运动。随着速度的增加，粘滞力也增加，最后球的重力、浮力及粘滞力三力达到平衡，小球作匀速运动，此时的速度称为收尾速度，即为

$$\rho Vg - \rho_0 Vg - 6\pi\eta rv = 0 \tag{3-2-3}$$

小球的体积为

$$V = \frac{4}{3}\pi r^3 = \frac{1}{6}\pi d^3 \tag{3-2-4}$$

把式（3-2-3）和式（3-2-4）代入式（3-2-2），得

$$\eta = \frac{(\rho - \rho_0) g d^3}{18v} \tag{3-2-5}$$

式中，v 为小球的收尾速度；d 为小球的直径。

由于式（3-2-1）只适合无限广延的液体，在本实验中，小球是在直径为 D 的装有液体的圆柱形量筒内运动，不是无限广延的液体，考虑管壁对小球的影响，式（3-2-5）应修正为

$$\eta = \frac{(\rho - \rho_0) g d^2}{18v_0 \left(1 + K \frac{d}{D}\right)} \tag{3-2-6}$$

式中，v_0为实验条件下的收尾速度；D 为量筒的内直径；K 为修正系数，一般取 2.4。收尾速度 v_0可以通过测量玻璃量筒外两个标号线 A 和 B 的距离 S 和小球经过 S 距离的时间得到，即 $v_0 = S/t$。

四、实验步骤

1. 如图 3-2-3 所示，调节玻璃量筒，使其中心轴处于铅直位置。

2. 用游标卡尺测量量筒的内直径 D，用钢皮尺测量量筒上标线 A、B 之间的距 S。

3. 用螺旋测微仪测量小钢球的直径 d，共测 6 个钢球，并记下螺旋测微仪的初读数 d_0。

4. 把两个激光发射器分别放在量筒标号线 A、B 处，激光接收器放在 $A'B'$ 处，使一小球（用没量直径的小球试）沿量筒轴线下落。观察小球能否阻断 AA'和 BB'处的激光束，若没有阻断激光束，则调发射器的水平位置和垂直位置，使小球能阻断激光束。

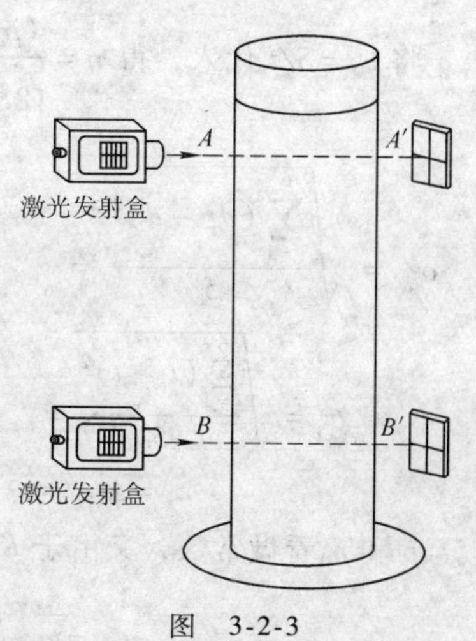

图 3-2-3

5. 用镊子夹起小钢球，为了使其表面完全被所测的油浸润，先将小在油中浸一下，然后放在玻璃圆筒中央，当小球经过标号线 A 上时，小球挡光开始记录时间，当小球经过标号线 B 上时，小球再次挡光记录结束时间。

6. 重复 5 步骤，连续测量 6 次小球下落时间。

7. 记下室温 T。

五、数据记录及处理

量筒内直径 $D =$　　　　　　　　AB 间距离 $S =$

液体密度 $\rho_0 = 0.9550 g/cm^3$　　　　钢珠的密度 $\rho = 7.800 g/cm^3$

室温 $T =$　　　　　　　　螺旋测微计的初读数 $d_0 =$

（一）测钢球直径

实验序号	1	2	3	4	5	6	$\overline{d}$
小钢珠直径　末读 d/mm							/
小钢珠直径 $d_i = d - d_0$/mm							

（二）测钢球下落时间

实验序号	1	2	3	4	5	6	$\bar{t}$
小钢珠在液体中下落的时间 t_i/s							

（三）液体粘度的计算

将 $v_0 = S/t$ 代入，得 $\eta = \dfrac{(\rho-\rho_0)g\,\bar{d}^2\bar{t}}{18S\left(1+K\dfrac{\bar{d}}{D}\right)}$　$(K=2.4)$

$$\sigma_d = \sqrt{\frac{\sum_{i=1}^{6}(d_i-\bar{d})^2}{5}} = \qquad ;\Delta_{d仪} = 0.004\text{mm};\ u_d = \sqrt{\sigma_d^2+\Delta_{d仪}^2} =$$

$$\sigma_t = \sqrt{\frac{\sum_{i=1}^{6}(t_i-\bar{t})^2}{5}} = \qquad ;\Delta_{t仪} = 0.001\text{s};\ u_t = \sqrt{\sigma_t^2+\Delta_{t仪}^2} =$$

$$u_s = \Delta_{s仪} = \qquad ;\ g = 9.794\text{m/s}^2$$

ρ 和 ρ_0 看做常数，又由于 $\overline{Kd/D} \leqslant 1$，所以不确度近似为

$$u_\eta = \bar{\eta}\sqrt{\left(\frac{u_s}{S}\right)^2+\left(\frac{u_t}{t}\right)^2+4\left(\frac{u_d}{d}\right)^2} =$$

实验结果：$\eta = \bar{\eta} \pm U_\eta =$

六、注意事项

1. 如果小球下落经过 AA' 或经过 BB' 时未能遮挡激光束，这表明激光束不沿着量筒直径方向，致使小球没有阻断激光束，这时需要调整激光发射器的位置。

2. 用秒表计时，视线要保持水平。

七、观察与思考

1. 试分折选用不同的密度和不同半径的小球做此实验时，对实验结果有何影响？

2. 在特定的液体中，当小球的半径减小时，它的收尾速度如何变化？当小球的速度增加时，又将如何变化？

附：实验二数据记录处理样例

量筒内直径 $D = (4.932 \pm 0.002)$cm　　AB 间距离 $S = (17.40 \pm 0.05)$cm

液体密度 $\rho_0 = 0.9550\text{g/cm}^3$　　钢珠的密度 $\rho = 7.800\text{g/cm}^3$

室温 $T=(18.0\pm 0.5)$℃　　　　螺旋测微计的初读数 $d_0=0.001\text{mm}$

(一) 测钢球直径

实验序号	1	2	3	4	5	6	$\bar{d}$
小钢珠直径末读 d/mm	2.505	2.467	2.475	2.500	2.449	2.469	/
小钢珠直径 $d_i=(d-d_0)$/mm	2.504	2.466	2.474	2.499	2.448	2.468	2.476

(二) 测钢球下落时间

实验序号	1	2	3	4	5	6	$\bar{t}$
小钢珠在液体中下落的时间 t_i/s	5.97	6.00	5.94	5.94	5.91	5.87	5.94

(三) 计算

将 $v_0=S/t$ 代入，得 $\eta=\dfrac{(\rho-\rho_0)g\bar{d}^2\bar{t}}{18S\left(1+K\dfrac{\bar{d}}{D}\right)}=5.52\times 10^{-1}\text{Pa}\cdot\text{s}\ (K=2.4)$

$$\sigma_d=\sqrt{\frac{\sum_{i=1}^{6}(d_i-\bar{d})^2}{5}}=2.2\times 10^{-3}cm;\ \Delta_{d仪}=0.004\text{mm};$$

$$u_d=\sqrt{\sigma_d^2+\Delta_{d仪}^2}=2.3\times 10^{-3}\text{cm}$$

$$\sigma_t=\sqrt{\frac{\sum_{i=1}^{6}(t_i-\bar{t})^2}{5}}=5.0\times 10^{-2}\text{s};\ \Delta_{t仪}=0.001\text{s};$$

$$u_t=\sqrt{\sigma_t^2+\Delta_{t仪}^2}=6\times 10^{-2}\text{s}$$

$u_s=\Delta_{s仪}=0.01\text{cm}$；$g=9.794\text{m/s}^2$；$u_\eta=\bar{\eta}\sqrt{\left(\dfrac{u_s}{S}\right)^2+\left(\dfrac{u_t}{t}\right)^2+4\left(\dfrac{u_d}{d}\right)^2}$
$=0.12\times 10^{-1}\text{Pa}\cdot\text{s}$

实验结果：$\eta=\bar{\eta}\pm U_\eta=(5.52\pm 0.12)\times 10^{-1}\text{Pa}\cdot\text{s}$，$u_{r\eta}=\dfrac{u_\eta}{\eta}=\dfrac{0.12}{5.52}\times$
$100\%=2.2\%$

实验三　弦线上的驻波实验

弦线上横波传播规律的研究是力学中的一个重要实验，利用驻波原理测量横波波长的方法不仅在力学中有重要应用，在声学、无线电学和光学等学科的实验中都有许多应用。本实验重点观测在弦线上形成的驻波，并用实验确定弦振动时，驻波波长与张力的关系、驻波波长与振动频率的关系、以及驻波波长与弦线密度的关系，掌握驻波原理测量横波波长的方法。

一、实验目的

1. 观察在弦上形成的驻波，并用实验确定弦线振动时驻波波长与张力的关系。

2. 在弦线张力不变时，用实验确定弦线振动时驻波波长与振动频率的关系。

3. 学习对数作图或最小二乘法进行数据处理。

二、实验仪器

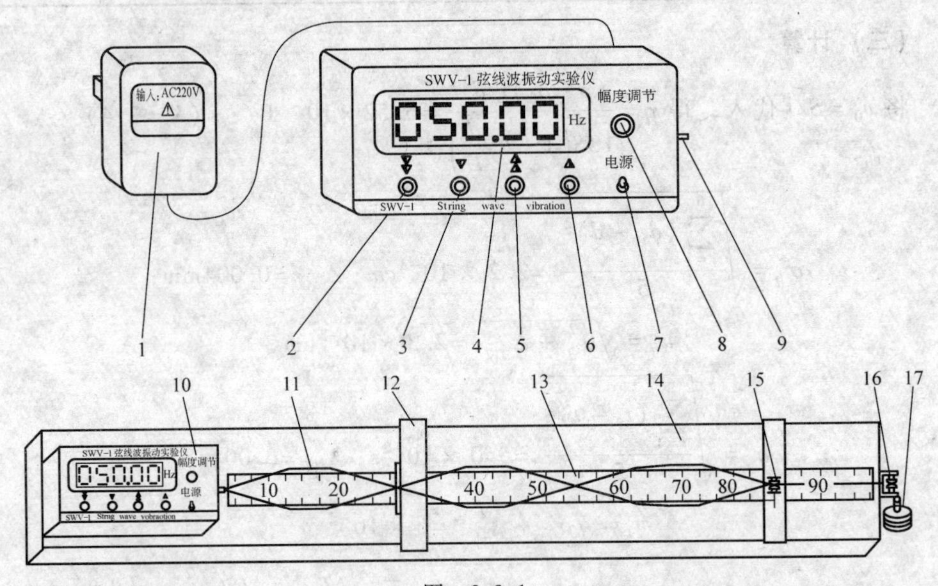

图 3-3-1

1—电源变压器 2—频率快速下调按钮，下调 10.00Hz/Setp 3—频率精细下调按钮，下调 0.01Hz/Setp 4—振动频率显示窗 5—频率快速上调按钮，上调 10.00Hz/Setp 6—频率精细上调按钮，上调 0.01Hz/Setp 7—电源开关，向上接通电源 8—振幅调节电位器 9—振动片，弦线振动端与其连接 10—振动信号源机箱 11—铜质弦线振动时的轨迹 12—可移动刀口支架，刀口侧面平齐标尺示值读数 13—标尺，长度 1m 14—实验平台 15—可移动滑轮支架 16—固定滑轮 17—砝码架和砝码

三、实验原理

在一根拉紧的弦线上，若其张力为 T，线密度为 μ，则沿弦线传播的横波应

满足下述运动方程：

$$\frac{\partial^2 y}{\partial t^2}=\frac{T}{\mu}\cdot\frac{\partial^2 y}{\partial x^2} \tag{3-3-1}$$

式中，x 为波在传播方向与弦线平行的位置坐标；y 为振动位移。将式（3-3-1）与典型的波动方程

$$\frac{\partial^2 y}{\partial t^2}=v^2\frac{\partial^2 y}{\partial x^2}$$

相比较，即可得到波的传播速度

$$v=\sqrt{\frac{T}{\mu}} \tag{3-3-2}$$

若波源的振动频率为 f，横波波长为 λ，由于 $v=f\lambda$，故波长与张力及线密度之间的关系为

$$\lambda=\frac{1}{f}\sqrt{\frac{T}{\mu}} \tag{3-3-3}$$

为了用实验证明公式（3-3-3）成立，将该式两边取对数，得

$$\ln\lambda=\frac{1}{2}\ln T-\frac{1}{2}\ln\mu-\ln f \tag{3-3-4}$$

若固定频率 f 及线密度 μ，而改变张力 T，并测出各相应波长 λ，可作 $\ln\lambda$-$\ln T$ 图，如得到一直线，再计算其斜率，如斜率为 0.5，则证明了 $\lambda\propto T^{1/2}$ 的关系成立。同理固定张力 T 及线密度 μ，而改变频率 f，测相应波长 λ，作 $\ln\lambda$-$\ln f$ 图，如得斜率为-1 的直线，就验证了 $\lambda\propto f^{-1}$。

为了测定波长 λ，实验时采用在弦线上形成驻波的方法。如图 3-3-1 所示，将弦线的一端固定在振动片 A 上，另一端绕过滑轮 B 而挂有砝码 W，使弦中产生一张力。调节振动频率和输出幅度，振动片 A 遂以固定的频率驱动该端的弦线引起振动，即有一横波沿弦线向右传播，到达滑轮 B 处而反射。于是弦线上同时有前进波和反射波，这两列波的振动方向相同、频率相同、振幅相等、传播方向相反，是满足相干条件的相干波，在波的重叠区将会发生波的干涉现象。如果弦线张力大小适当或调节适当的振动频率，则两列波叠加而形成驻波，此时弦线分段振动，弦线上有些点振动的振幅最大，称为波腹；有些点振动的振幅为零，称为波节。两个相邻的波节（或波腹）间的距离等于波长的一半，可以证明，若弦线长度 L 为半波长的整数倍，即

$$L=n\frac{\lambda}{2}\,(n=1,2,3,\cdots)$$

式中 n 为驻波波腹数，即驻波半波长的数目。此时弦线上形成的驻波振幅最大而且最稳定。振动片对弦线做的有效功最大，实验中为了做到这点，本实验仪提供了以下方法：

1. 固定张力 T 和弦线长度，改变振动频率 f；

2. 固定振动频率和弦线长度，改变张力 T。

四、实验步骤

（一）内容：

1. 验证横波的波长与弦线中的张力的关系

固定一个波源振动的频率，在砝码盘上添加不同质量的砝码，以改变同一弦上的张力。每改变一次张力（即增加一次砝码），均要左右移动可动滑轮的位置，使弦线出现振幅较大而且稳定的驻波。用实验平台上的标尺测量 L 值，即可根据式（3-3-3）算出波长 λ。作 $\log\lambda$-$\log T$ 图，求其斜率。

2. 验证横波的波长与波源振动频率的关系

在砝码盘上放上一定质量的砝码，以固定弦线上所受的张力，改变波源振动的频率，用驻波法测量各相应的波长，作 $\log\lambda$-$\log f$ 图，求斜率。最后得出弦线上波传播的规律结论。

（二）步骤：

1. 实验时，将变压器（黑色壳）输入插头与 220V 交流电源接通，打开数显振动源面板上的电源开关，面板上数码管显示振动源振动频率 050.00Hz。根据实验要求，由快速调节和精细调节按键调节振动频率，快速调节按一次可变化 10.00Hz，精细调节按键按一次可变化 0.01Hz，依振幅适当调节面板上幅度调节旋钮，使振动源有振动输出；当不需要振动源振动时，关小振幅调节电位器。

2. 在某些频率，由于振动簧片共振使振幅过大，此时应逆时针旋转面板上的旋钮以减小振幅，便于实验进行。不在共振频率点工作时，可调节面板上幅度旋钮到输出最大。

3. 固定振动源的频率，在砝码盘上添加不同质量的砝码，以改变弦线上的张力。每改变一次张力，均要调节可移动滑轮支架的位置，使平台上的弦线出现振幅较大且稳定的驻波。此时，记录振动频率、砝码质量、产生整数倍半波长的弦线长度及半波波数。

4. 用同样的方法，可固定砝码盘上的砝码质量，改变振动源频率，进行类似的实验。

五、实验数据记录和处理

实验中铜丝的线密度 $\mu = 8.06 \times 10^{-3}$ g/cm

1. 控制 f 不变，$f = 100$Hz，不断改变张力 T，测出不同 λ（自行列表）。利用公式（3-3-3）求出平均的 f'，并算出 f' 与 f 的百分误差。

2. 利用 λ 与 M 关系，作 $\ln\lambda$-$\ln M$ 的图。

3. 控制张力 T 不变，改变 f，求 f 与 λ 的关系。(选做)

六、注意事项

1. 要准确求得驻波的波长，必须在弦线上调出振幅较大且稳定的驻波。在固定频率和张力的条件下，可沿弦线方向左、右移动可动滑轮的位置，找出“近似驻波状态”，然后细细移动可动滑轮位置，逐步逼近，最终使弦线出现振幅较大且稳定的驻波。

2. 实验调试测量和记录数据时，务必确认弦线的振动在水平面，且仅在水平面方向前后振动，无上下振动，即一维振动。这时与弦线相同高度水平方向观察振动着的弦线时，弦线呈一直线。若非一维振动，必须仔细调节。

3. 调节振动频率，当振簧片达到某一频率（或其整数倍频率）时，会引起整个振动源（包括弦线）的机械共振，从而引起振动不稳定。此时，可逆时针旋转面板上的输出信号幅度旋钮，减小振幅，或避开共振频率进行实验。

七、观察与思考

1. 测量驻波的半波长 $\lambda/2$ 时，选单个测量好还是多个测量好？
2. 为使作图时点子分布均匀，各张力如何选择？
3. 弦线的粗细和弹性对于实验各有什么影响，应如何选择？

附：实验三数据记录处理样例

(一) 验证横波的波长 λ 与弦线中的张力 T 的关系

波源振动频率 $f=100.00\text{Hz}$；m 为砝码加挂钩的质量；L 为产生驻波的弦线长度；n 为在 L 长度内半波的波数，实验结果如表 3-3-1 所示。(注：n 的个数取决于所选弦线的密度 μ，以下实验数据为实验室教师采集，仅供参考)

表 3-3-1　给定频率的实验数据表

$m/10^{-3}\text{kg}$	44.64	89.96	135.33	180.69	226.01	271.35	316.69
$L/10^{-2}\text{m}$	74.30	68.80	84.20	71.90	80.70	61.20	65.90
n	6	4	4	3	3	2	2

由表 3-3-1 计算所得结果如表 3-3-2 所示。

表 3-3-2　波长与弦线中张力的关系

$\lambda/10^{-2}\text{m}$	24.77	34.40	42.10	47.93	53.8	61.20	65.90
T/N	0.4372	0.8811	1.325	1.770	2.214	2.658	3.102
$\lg\lambda$	−0.6061	−0.4634	−0.376	−0.319	−0.269	−0.213	−0.181
$\lg T$	−0.3593	−0.0549	0.1222	0.2480	0.3452	0.4246	0.4916

经最小二乘法拟合得 $\lg\lambda$-$\lg T$ 的斜率为：0.498，相关系数为：0.999

（二）验证横波的波长 λ 与波源振动频率 f 的关系

砝码加上挂钩的总质量 $m = 135.33 \times 10^{-3}$ kg；上海地区的重力加速度 $g = 9.794\text{m/s}^2$；张力 $T = 135.33 \times 10^{-3} \times 9.794\text{N} = 1.325\text{N}$，实验结果如表 3-3-3、表 3-3-4 所示。

表 3-3-3 给定张力的实验数据表

f/Hz	45.00	60.00	80.00	100.00	125.00	150.00	175.00
$L/\times10^{-2}$m	44.80	34.20	54.80	84.60	66.30	55.10	71.30
n	1	1	2	4	4	4	6

表 3-3-4 波长与频率的关系

$\lambda/10^{-2}$m	89.60	68.40	54.80	42.30	33.15	27.55	23.77
$\lg\lambda/10^{-2}$	-4.769	-16.49	-26.12	-37.37	-47.95	-55.99	-62.40
$\lg f$	1.653	1.778	1.903	2.000	2.097	2.176	2.243

经最小二乘法拟合得 $\lg\lambda - \lg f$ 的斜率为：-0.988，相关系数为：0.999。

实验结果得到 $\lg\lambda - \lg T$ 的斜率非常接近 0.5；$\lg\lambda - \lg f$ 的斜率接近 -1。验证了弦线上横波的传播规律，即横波的波长 λ 与弦线张力 T 的平方根成正比，与波源的振动频率 f 成反比。

实验四 空气比热容比的测定

空气比热容比 r（亦称等熵指数）是一个重要的热力学参量。测量比热容比 r 的方法有多种，绝热膨胀测量 r 是一种重要的方法。一般用 U 形水银压强计和水银温度计测量气体的压强和温度，测量结果较为粗略。而本实验采用高精度、高灵敏度的硅压力传感器和电流型集成温度传感器分别测量气体的压强和温度，克服了原来实验中的不足，实验时能更明显地观察分析热力学现象，实验结果较为准确。

一、实验目的

1. 了解绝热、等容的热力学过程及有关状态方程。

2. 测定空气的比热容比。

3. 了解压力传感器和电流型集成温度传感器的工作原理并掌握其使用方法。

二、实验仪器

NCD-1空气比热容比测定仪、玻璃贮气瓶（压力传感器、温度传感器、进气阀、出气阀连接电缆固定于瓶盖）、充气球（打气球）和温度采样电阻(实验装置见图3-4-1)。

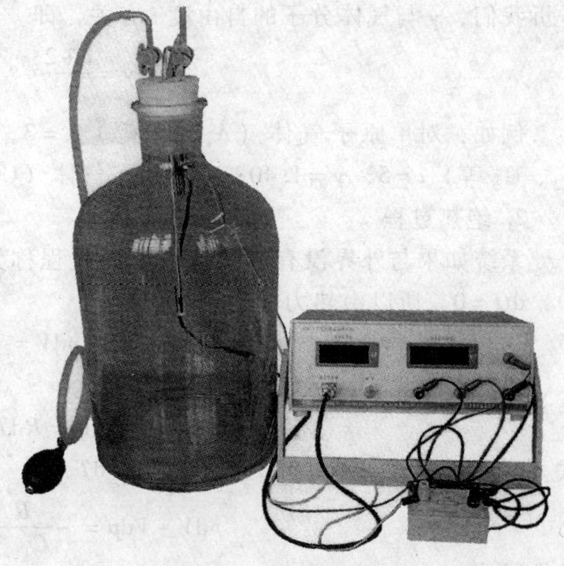

图3-4-1　实验装置图

三、实验原理

1. 热力学第一定律及摩尔定容热容和摩尔定压热容

热力学第一定律：系统从外界吸收的热量等于系统内能的增加和系统对外做功之和。考虑在准静态情况下气体由于膨胀对外做功为 $dA = pdV$，所以热力学第一定律的微分形式为

$$dQ = dE + dA = dE + pdV \tag{3-4-1}$$

摩尔定容热容 $C_{V,m}$ 是指1mol的理想气体在保持体积不变的情况下，温度升高（或降低）1K所吸收（或放出）的热量。由于体积不变，那么由式（3-4-1）可知，这时吸收的热量也就是内能的增加（$dQ = dE$），所以

$$C_{V,m} = \left(\frac{dQ}{dT}\right)_V = \frac{dE}{dT} \tag{3-4-2}$$

由于理想气体的内能只是温度的函数，所以上述定义虽然是在等容过程中给出，实际上任何过程中内能的变化都可以写成 $dE = C_{V,m}dT$

摩尔定压热容 $C_{p,m}$ 是指1mol的理想气体在保持压强不变的情况下，温度升高（或降低）1K所吸收（或放出）的热量。即

$$C_{p,m} = \left(\frac{dQ}{dT}\right)_p \tag{3-4-3}$$

由热力学第一定律式（3-4-1），考虑在定压过程，就有

$$\left(\frac{dQ}{dT}\right)_p = \left(\frac{dE}{dT}\right)_p + p\frac{dV}{dT} \tag{3-4-4}$$

由理想气体的状态方程 $pV = RT$ 可知，在定压过程中 $\frac{dV}{dT} = \frac{R}{p}$，又利用 $\frac{dE}{dT} = C_{V,m}$ 代入式（3-4-4），就得到摩尔定压热容与摩尔定容热容的关系：

$$C_{p,m} = C_{V,m} + R \tag{3-4-5}$$

R 是普适气体常数，为 8.31J/mol · K，引入比热容比 γ 为

$$\gamma = C_{p,\mathrm{m}}/C_{V,\mathrm{m}} \tag{3-4-6}$$

在热力学中，比热容比是一个重要的物理量，它与温度无关。气体运动理论告诉我们，γ 与气体分子的自由度 i 有关，即

$$\gamma = \frac{i+2}{i} \tag{3-4-7}$$

例如：对单原子气体（A_r、H_e 等）$i=3$，$\gamma=1.67$；对双原子气体（N_2、H_2、O_2 等）$i=5$，$\gamma=1.40$；对多原子气体（CO_2、CH_4 等）$i=6$，$\gamma=1.33$。

2. 绝热过程

系统如果与外界没有热交换，这种过程称为绝热过程，因此，在绝热过程中，$\mathrm{d}Q=0$。所以由热力学第一定律有

$$\mathrm{d}A = -\mathrm{d}E \quad 或 \quad p\mathrm{d}V = -C_{V,\mathrm{m}}\mathrm{d}T \tag{3-4-8}$$

由气态方程 $pV=RT$，两边微分，得

$$p\mathrm{d}V + V\mathrm{d}p = R\mathrm{d}T \tag{3-4-9}$$

式（3-4-8）、式（3-4-9）两式中消去 $\mathrm{d}T$，得

$$p\mathrm{d}V + V\mathrm{d}p = -\frac{R}{C_{V,\mathrm{m}}}\frac{\mathrm{d}V}{V}$$

两边除以 pV，即得

$$\frac{\mathrm{d}p}{p} + \gamma\frac{\mathrm{d}V}{V} = 0 \tag{3-4-10}$$

对式（3-4-10）积分，就得到绝热过程的状态方程

$$pV^{\gamma} = 常数 \tag{3-4-11}$$

利用气态方程 $pV=RT$，还可以得到绝热过程状态方程的另外两种形式，即

$$TV^{\gamma-1} = 常数 \tag{3-4-12}$$

$$p^{\gamma-1}T^{-\gamma} = 常数 \tag{3-4-13}$$

四、实验步骤

用一个大玻璃瓶作为贮气瓶（见图 3-4-2）。

1. 实验开始时，先打开放气阀 A 和进气阀 B，打开充气开关（左旋充气球阀门 C），使贮气与大气相通。将仪器显示的气压差数调零（注意，仪器显示的是贮气瓶内气压与大气压 p_0 的差）。

2. 然后关闭放气阀 A，关闭充气开关（右旋拧紧气阀 C），用打气球向瓶内送气，使瓶内气压上升，瓶中空气的温度也上升。当瓶内气压比大气压高 5 ~ 6kPa 时（瓶内气压与大气压之差由比热容比测定仪上显示），关闭进气阀 B。这时瓶内气温略高于环境温度，因此瓶内空气与环境有热交换，使瓶内的气压与温

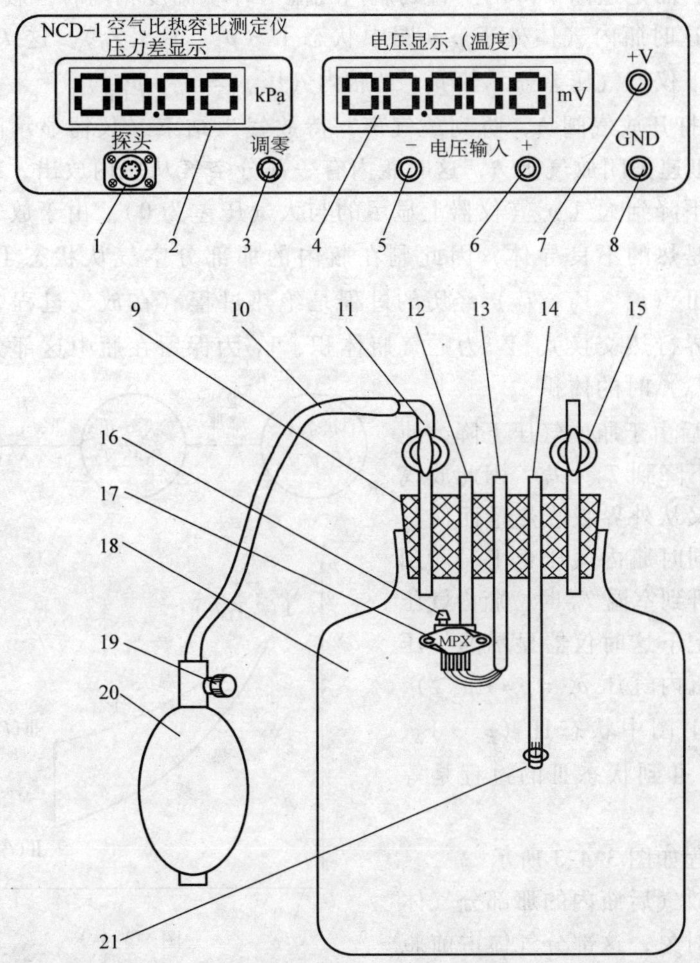

图 3-4-2

1—压力传感器连接航空插座 2—压力差显示窗 3—压力传感器调零旋钮 4—电压显示窗（显示温度变化） 5—电压测量输入（－）接线柱 6—电压测量输入（＋）接线柱 7—稳压电源（＋）输出接线柱，＋6V 输出 8—稳压电源 GND（－）输出接线柱 9—贮气瓶橡皮塞 10—塑料管 11—进气阀门（气阀 B），玻璃柄垂直时为通（开）；玻璃柄水平时为断（关） 12—传感器压力（气压）输入口（管），与环境大气相通作参考基准 13—传感器信号连接电缆，另一端为航空插头 14—测温传感器固定管和连接线，红线接 AD590 的（＋）极，黄线接 AD590 的（－）极 15—放气阀门（气阀 A），玻璃柄垂直时为通（开）；玻璃柄水平时为断（关） 16—压力传感器测量压力输入口 17—压力传感器 MPX10DP 18—玻璃贮气瓶 19—充气开关（气阀 C），（左旋放气，打气时须右旋拧紧） 20—充气球（打气球） 21—测温传感器 AD590

度都不稳定，而是逐渐下降的。直到瓶内气温与环境温度相同时，瓶内气压趋于稳定值 p_1，这时瓶内气体处于 p-v 图中状态Ⅰ（p_1、V_1、T_0）。这 T_0 为环境温度。这时记下仪器气压差显示值 $p_{1示}$（瓶内气压 $p_1 = p_0 + p_{1示}$）。

3. 然后打开放气阀 A，听到放气声，待放气声结束（仪器显示的气压差值为 0）立即迅速关闭放气阀 A，这时瓶内有一部分空气从瓶内放出，剩余在瓶内的空气气压下降到大气 p_0（仪器上显示的与大气压差为 0）。由于放气过程极迅速，空气又是热的不良导体，因此剩在瓶内的那部分空气从状态Ⅰ（p_1、V_1、T_0）到状态Ⅱ（p_0、V_2、T_2）经历的过程是绝热过程（在放气过程中瓶内空气来不及与外界行热交换）。V_2 为贮气瓶体积，V_1 为保留在瓶中这部分气体在状态Ⅰ（p_1、T_0）时的体积。

4. 放气后由于瓶内气压下降，使瓶内气温也下降到 $T_2 < T_0$，因此放气后瓶内空气又从外界吸收热量而使其温度上升，同时瓶内气压也上升。到瓶内温度上升到室温 T_0 时，瓶内气压趋于稳定。记下这时仪器显示的气压差值 $p_{2示}$（瓶内气压 $p_2 = p_0 + p_{2示}$），气体处于 p-V 图中状态Ⅲ（p_2、V_2、T_0），从状态Ⅱ到状态Ⅲ的过程是等容过程。

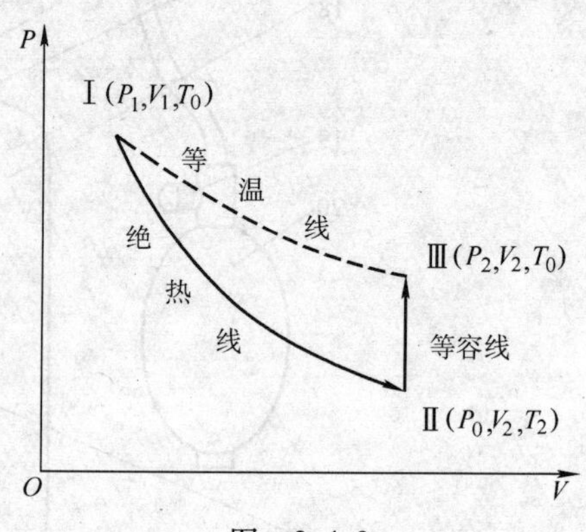

图 3-4-3

上述过程如图 3-4-3 所示。

我们以放气后瓶内的那部分气体作为考虑的对象，这部分气体占前瓶内的大部分，但不是全部。这部分气体在状态Ⅰ时压强为 p_1，温度为 T_0，而放气后压强降为 p_0（大气压），温度降为 T_2（$<T_0$），Ⅰ到Ⅱ的过程是绝热过程，用绝热的状态方程式（3-4-13）有

$$p_1^{\gamma-1}T_0^{-\gamma} = p_0^{\gamma-1}T_2^{-\gamma} \quad 即 \left(\frac{p_1}{p_0}\right)^{\gamma-1} = \left(\frac{T_2}{T_0}\right)^{-\gamma} \tag{3-4-14}$$

Ⅱ到Ⅲ过程是等容过程，在这过程中瓶内气温又从 T_2 升到环境温度 T_0，气压上升到 p_2。根据等容过程的状态方程，有

$$\frac{T_0}{T_2} = \frac{p_2}{p_0} \tag{3-4-15}$$

联合式（3-4-14）、式（3-4-15）有

$$\left(\frac{p_1}{p_0}\right)^{\gamma-1}=\left(\frac{p_2}{p_0}\right)^{\gamma}$$

两边取对数，即可解出

$$\gamma=\frac{\ln p_1-\ln p_0}{\ln p_1-\ln p_2} \tag{3-4-16}$$

五、实验数据记录和处理

1. 数据记录（表 3-4-1）：

要注意，仪器中压力传感器的示值是瓶内空气与大气的压力差，因此式（3-4-13）~式（3-4-16）中 p_1、p_2 应该是仪器示值 $p_{1示}$、$p_{2示}$ 加上 p_0，即

$$\gamma=\frac{\ln(p_{1示}+p_0)-\ln p_0}{\ln(p_{1示}+p_0)-\ln(p_{2示}+p_0)} \tag{3-4-17}$$

$$p_0=103\text{kPa}\quad T_0=$$

表 3-4-1　数据记录表

单位 kPa	1	2	3	4	5	6
$p_1=$ $p_0+p_{1示}$						
$p_2=$ $p_0+p_{2示}$						
γ						

实验中电阻箱取 5kΩ，则温度为仪器中温度示值（实际上是温度传感器上的电压）除电阻箱阻值 5kΩ。例如 $T_0=1453.9/5\text{K}=290.5\text{K}=17.5℃$。

γ 的理论值为 1.402。仪器气压示值的仪器误差为 0.01kPa。

2. 数据处理：

由第一组数据计算出 γ_1 值，根据式（3-4-16）计算 γ_1 的不确定值：

$$\frac{\partial\gamma}{\partial p_1}=\frac{\ln p_0-\ln p_2}{p_1(\ln p_1-\ln p_2)^2},\ \frac{\partial\gamma}{\partial p_2}=\frac{\ln p_1-\ln p_0}{p_2(\ln p_1-\ln p_2)^2} \tag{3-4-18}$$

为了简化计算，把 p_0 看做常数，于是有

$$U_\gamma=\sqrt{\left[\frac{\ln p_0-\ln p_2}{p_1(\ln p_1-\ln p_2)^2}\right]^2U_{p_1}^2+\left[\frac{\ln p_1-\ln p_0}{p_2(\ln p_1-\ln p_2)^2}\right]^2U_{p_2}^2} \tag{3-4-19}$$

式中，$U_{p_1}=U_{p_2}=0.01\text{kPa}$。

由 6 次测量分别计算出 6 个 γ 值，有效数字位数由上述不确定度 U_γ 定位，再求出 $\overline{\gamma}$。

3. 实验结果：

$$\overline{\gamma} =$$

$$百分误差\ \eta = \frac{\left|\overline{\gamma} - \gamma_{理}\right|}{\gamma_{理}} \times 100\% =$$

六、注意事项

1. 状态Ⅰ的记录要注意向瓶内压入空气后关闭进气阀门B，等气压稳定后（即容器内温度下降到室温时）才读出 $p_{1示}$。实际上只要等 $p_{1示}$ 值稳定即可读出。

2. 放气的过程应该特别小心，打开A阀后，瓶内空气达到大气压时应立即关闭A阀。

3. 状态Ⅲ的压强 $p_{2示}$ 要等到窝器内气温达到室温时记录瓶内气压，实际上只要等 $p_{2示}$ 值稳定即可读出。

4. 关、开气阀时应用手扶住玻璃阀门，以防折断。

七、观察与思考

1. 什么是摩尔定压热容？什么是摩尔定容热容？

2. 本实验中瓶内的气体经历了哪几种热力学过程，写出这些过程的气态方程。

3. 如果在放气后关闭气阀不及时，对测量结果的有何影响？

4. 推导比热容比 γ 的不确定度表达式。

附1：MPX10DP压力传感器

MPX10DP是扩散硅压阻式差压传感器，表3-4-2列出了它的一些特性参数。它有两个压力入口，四个电气引脚，其外形和应用电路如图3-4-4所示，其中引脚（1）和（3）为电源输入，可以是恒压源或恒流源；引脚（2）和（4）为电压输出，或称电桥输出，其输出与二个压力入口的压强差成正比；与电源电压或

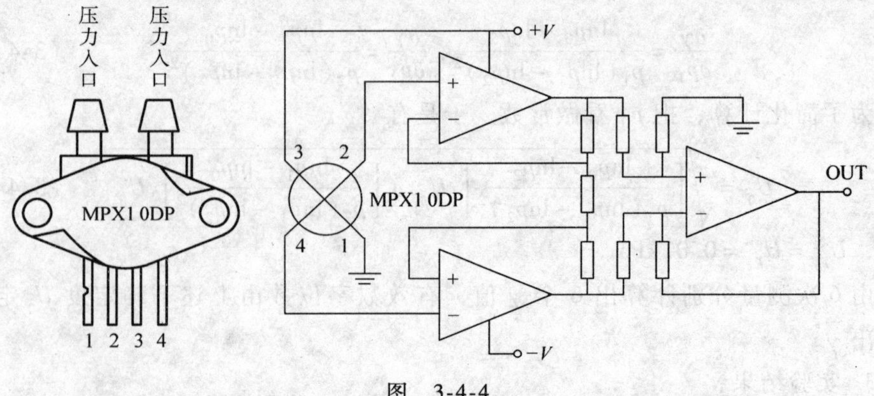

图 3-4-4

电流成正比。MPX 系列压力传感器线性输出，在 -40 ~ +125℃温度范围内，失调电压小于 1mV，因此广泛用于数字气压计、液位控制、航船速度测量、压力开关和生物医药制造和计量测试等领域。

表 3-4-2　MPX10DP 参数　$V_S = 3.0V$　$T_A = 25℃$

特　性	符　号	最小	典型	最大
差压量程	p_{op}/kPa	0		10
电源电压	V_S/V		3	6
电源电流	I_o/mA		6	
满量程输出电压	V_{FS}/mV	20	35	50
零位失调电压	V_{off}/mV	0	20	35
灵敏度	(mV/kPa)		3.5	
线性度	(%/FS)	-1.0		1.0
压力迟滞(0 ~ 10kPa)	%FS		±0.1	
温度迟滞(-40 ~ 125℃)	%FS		±0.5	
满量程温漂	TCV_{FS}/(%/℃)	-0.22		-0.16
零位温漂	TCV_{off}/(μV/℃)		±15	
电阻温度系数	TCR/(%/℃)	0.21		0.27
输入阻抗	Z_{in}/Ω	400		550
响应时间(10% ~ 90%)	t_R/mS		1.0	
最大压力($p_1 > p_2$)	p_{MAX}/KPa			100
存储温度	T_{stg}/℃	-50		+150
工作温度	T_A/℃	-40		+125

附 2：AD590 集成温度传感器

AD590 是一种新型的电流输出型温度传感器，测温范围为 -55 ~ 150℃。当施加 +4 ~ +30V 的激励电压时，这种传感器起恒流源的作用，其输出电流与传感器所处的热力学温度 T（单位为 K）成正比，且转换系数 $K = 1\mu A/K$ 或 $1\mu A/℃$。如用摄氏度 t_C 表示温度，测输出电流为

$$I = K_C t_C + 273.15\mu A$$

AD590 输出的电流可以在远距离处通过一个适当阻值的电阻 R，转化为一个电压 U，并由 $I = U/R$ 算出 AD590 输出的电流，从而算出温度值。

AD590 的外形如图 3-4-5 所示。

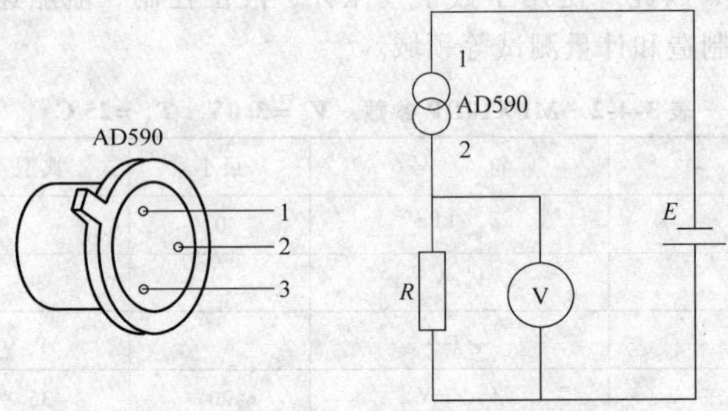

图 3-4-5

AD590 适用于环境温度快速变化的测量以及温度传感遥测，由于高阻抗电流输出，在长线上电压降不敏感，它可工作在几百英尺以上进行温度测量和控制。AD590 两端器件实现电压输入/电流输出，采用激光修正，具有 0.5℃校准精度、极好的线性特点，且传感器引脚与外壳绝缘，所以使用特别方便，其常见技术参数列于表 3-4-3 中。

表 3-4-3 技术参数（$T_A = 25℃$，$V = 5V$）

参数	值	参数	值
最大正向电压（+V 至 -V）	+44V	重复性/℃	±0.1
最大反向电压（+V 至 -V）	-20V	长期温度漂移/（℃/月）	±0.1
存储温度	-65 ~ +150℃	电源电压	4 ~ 30V
推荐荐工作温度	-55 ~ +150℃	反向偏压压漏电流/pA	10
引线温度（10S）	300℃	有效并联电容/pF	100
击穿电压（壳体与 +V 或 -V）	200V	电接通时间/μS	20
输出电流/μA	298.2	电源抑制比/（μA/V）	
温度系数/（μA/K）	1.0	$+4V < V_+ < +5V$	0.5
校准误差/℃	±5.0	$+5V < V_+ < +15V$	0.2
绝对误差/℃	±10.0	$+15V < V_+ < +30V$	0.1
非线性/℃	< ±1.5	壳体与引线绝缘/Ω	10^{10}

实验五 固体线胀系数的测量

绝大多数物质都具有“热胀冷缩”的特性，这是由于物体内部分子热运动加剧或减弱造成的。材料的线膨胀是材料受热膨胀时，在一维方向上的伸长，线胀系数是选用材料的一项重要指标。特别是研制新材料时少不了要对材料线胀系数作测定。本实验采用干涉量度法测量试件微小的长度变化，进而测得线胀系数（线膨胀率）。实验装置具有结构紧凑、功耗小、准确度高的特点。

一、实验目的

1. 了解用迈克耳孙的干涉量度法测线胀系数的原理。
2. 掌握调整迈克耳孙装置的基本要领。

二、实验仪器（见图 3-5-1）

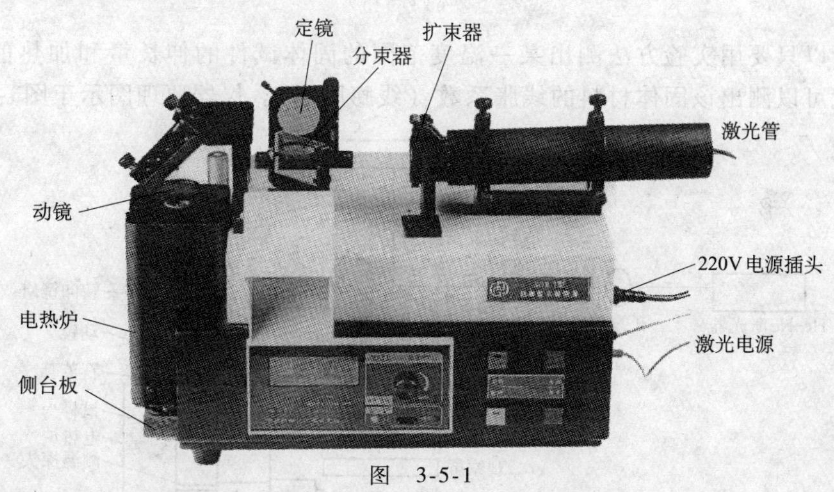

图 3-5-1

He-Ne 激光器：功率约 1mW，波长 632.8nm

分束器光圈数：$N=2$

平面镜光圈数：$N=2$

数字测温最小分度：0.1℃

试件品种：硬铝（LY12）$\alpha=22.7\times10^{-6}$/℃，（20~100℃）

黄铜（H62）$\alpha=20.6\times10^{-6}$/℃，（25~300℃）

钢（45） $\alpha=11.59\times10^{-6}$/℃，（20~100℃）

试件尺寸：$l=150\text{mm}$，$\phi=18\text{mm}$

适宜升温范围：室温~60℃

温控仪工作环境：温度 0~50℃，湿度 85% 以下，

无腐蚀性气体

线膨胀装置系统误差：<3%

耗电功率：约 50W

重量（含附件）：17.25kg

三、实验原理

长度为 l_0 的待测固体试件被电热炉加热，当温度从 t_0 上升至 t 时，试件因

线膨胀伸长到 l，同时推动迈克耳孙干涉仪的动镜，使干涉条纹发生 N 个环的变化，则

$$l - l_0 = \Delta l = N\frac{\lambda}{2} \tag{3-5-1}$$

而线胀系数（或称线膨胀率）

$$\alpha = \frac{l - l_0}{l_0(t - t_0)} \tag{3-5-2}$$

所以只要用实验方法测出某一温度范围的固体试件的伸长量和加热前的长度，就可以测出该固体材料的线胀系数（线膨胀率）。仪器原理图示于图3-5-2。

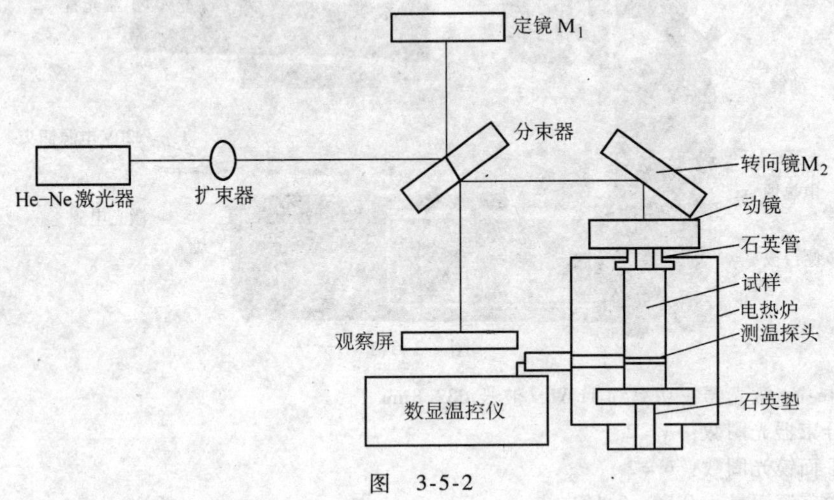

图 3-5-2

数显温控仪的测温探头通过铂热电阻，取得代表温度信号的阻值，经电桥放大器和非线性补偿器转换成与被测温度成正比的信号；而温度设定值使用“设定旋钮”（见图 3-5-3）调节，两个信号经选择开关和 A/D 转换器，可在数码管

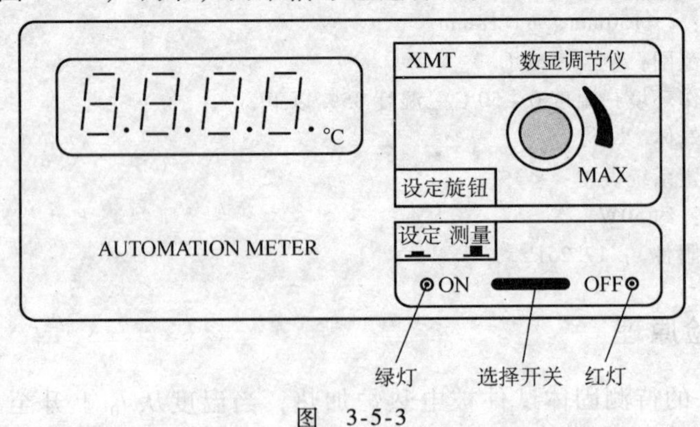

图 3-5-3

上分别显示测量温度和设定温度。仪器加热接近设定温度，通过继电器自动断开加热电路；在测量状态，显示当前探测到的温度。

四、实验步骤

（一）安放试件

先用 M4 长螺钉旋入试件一端的螺纹孔内，从试件架上提拉出来，横放在实验台上，再用卡尺测量并记录试件长度 l_0，将电热炉从仪器侧面的台板上平移取下，手提 M4 螺钉把试件送进电热炉（注意：试件的测温孔与炉侧面的圆孔一定要对准）。然后卸下螺丝，用平面镜背面石英管一端的螺纹件将平面镜与试件联接起来。在炉体复位（从台板开口向里推到头）后，务必将测温探头穿过炉壁插入试件下半截的测温孔内，测温器手柄应紧靠电热炉的外壳。从炉内电阻丝引出的电缆插头应插入炉旁的插座上（见图 3-5-4）。炉体下部与侧台板之间用两个手钮锁紧。

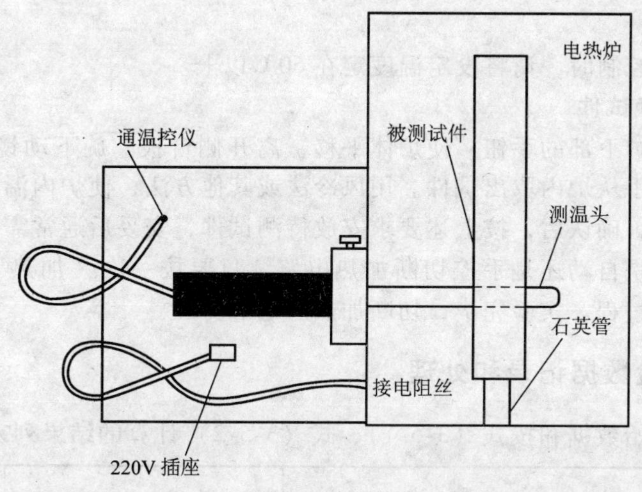

图　3-5-4

（二）调节迈克耳孙干涉光路

接好激光器的线路（正负不可颠倒），再接通仪器的总电源，按“激光”开关，拨开扩束器之后，调节 M1 和 M2 两个平面镜背后的螺丝，使观察屏上的两组光点中的两个最强的重合。然后把扩束器转到光路中，屏上即出现干涉条纹，这时微调平面镜的方位，可将椭圆干涉环的环心调到视场的适中位置。对扩束器作二维调节，可纠正观察屏上光照的不均匀。

（三）测量方法

可以采用按升高一定的温度（例如 10℃）测量试件伸长量的方法，也可以采用按试件一定的伸长量（例如由 50 或 100 个干涉环变化算出的光程差）测出所需升高温度的方法。测量前，先将温控仪选择开关置于“设定”，转动设定旋钮，直到显示出预定温度值。如果用第二种方法，就黄铜 H62 和硬铝 LY12 而言，每计数 100 个干涉环，在加热前温度基础上，温升应在 10.5℃和 9.5℃以内；对 45 号钢，每计数 50 个干涉环，温升应在 9.4℃以内。此外，在准备自动控制加热温度时，还应考虑到，在测量范围内通常在比设定温度大约低 2.8℃时，加热电路被切断。所以，可做如下估算：

设定温度 = 基础温度 + 温升 + 2.8℃

设定温度后，将选择开关置于“测量”，记录试件初始温度 t_0，认准干涉图样中心的形态，按“加热”键，同时仔细默数环的变化量。待达到预定数（例如 50 环或 100 环）时，记录温度显示值 t。当接近和达到设定温度时，红灯亮（绿灯闪灭），加热电路自动切断。一种样品测试完毕后，直接按“暂停”键，手控停止加热最便捷。

当室温低于试件的线性变化温度范围时，可加热至所需温度，再开始实验测量。

不用自动控制时，请将设定温度定在 60℃以上。

（四）更换试件

松开加热炉下部的手钮，使炉体平移，离开侧台板。旋下动镜拔下测温头，再换上螺丝提手从炉内取出试件。用风冷法或其他方法，使炉内温度降到最接近室温的稳定值，确认后，按上述要求安放待测试件，安妥后通常需要重新调节光路。无论以前是自动还是手控切断加热电路，只要按一次“加热”键，即开始新一轮的加热过程。实验完毕，切断加热炉电源。

五、实验数据记录和处理

将实验原始数据和按式（3-5-1）、式（3-5-2）计算的结果列入下表。

试件	牌号	实测长度 l_0 /mm	温度(℃)		干涉环变化数 N	试件伸长量 $\Delta l = N\frac{632.8}{2}$nm	线胀系数（线膨胀率）$\alpha/(\times10^{-6}/℃)$
			t_0	t			
硬铝	LY12						
黄铜	H62						
钢	45						

六、注意事项

1. 实验室环境

本仪器宜在低照度实验室使用，室内应避免强烈的空气流动。地面和台面不可有较强的震动。实验室应保持安静。

2. 实验过程

非必须时，实验前不要按“加热”开关，以免为恢复加热前温度而延误实验时间，或因短时间内温度忽升忽降而影响实验测量的准确度。实验中，每次加热前都需要静置一段时间观察温度显示，耐心等待试件入炉后的热平衡状态。

为了避免体温传热对炉内外热平衡扰动的影响，不要用手抓握待测试件。

3. 仪器的维护与保养

在平面镜与铜螺丝之间粘接的石英细管质脆易损，不能承受较大的扭力和拉力；炉底上的石英垫不能承受试件落体的冲击；试样入炉与出炉必须用 M4 长螺钉做辅助工具。

仪器分束器、扩束器和平面镜，在一般情况下，无须特殊照料。但在湿热季节或海滨地区则应注意关照、及时用脱脂棉浸乙醇乙醚混合液清除各种污染。若长时间不用，可卸下来放进干燥器内保存。

4. 安全防护

使用 He-Ne 激光器做实验，须注意保护眼睛，不要正面直接注视激光光束或激光干涉图样，以免视网膜受到损伤。

实验六　液体比汽化热的测量

物质由液态向气态转化的过程称为汽化，液体的汽化有蒸发和沸腾两种不同的形式。不管是哪种汽化过程，它的物理过程都是液体中一些热运动动能较大的分子飞离表面成为气体分子，而随着这些热运动较大分子的逸出，液体的温度将要下将，若要保持温度不变，在汽化过程中就要供给热量。通常定义单位质量的液体在温度保持不变的情况下转化为气体时所吸收的热量为该液体的比汽化热。

本实验对传统的液体比汽化热实验中的加热、输汽装置进行了改进，避免蒸汽在传输过程中的热量损失，减小了实验误差。对加热电炉增加温控控制电路，便于控制水过激沸腾，并保证水蒸气输入量热器的速率达到实验要求。实验测量的准确性和可靠性均很好。

一、实验目的

1. 了解量热器的使用方法，测量水的比汽化热。

2. 熟悉集成电路温度传感器的特性及定标。

二、实验仪器

实验装置如图 3-6-1 所示。

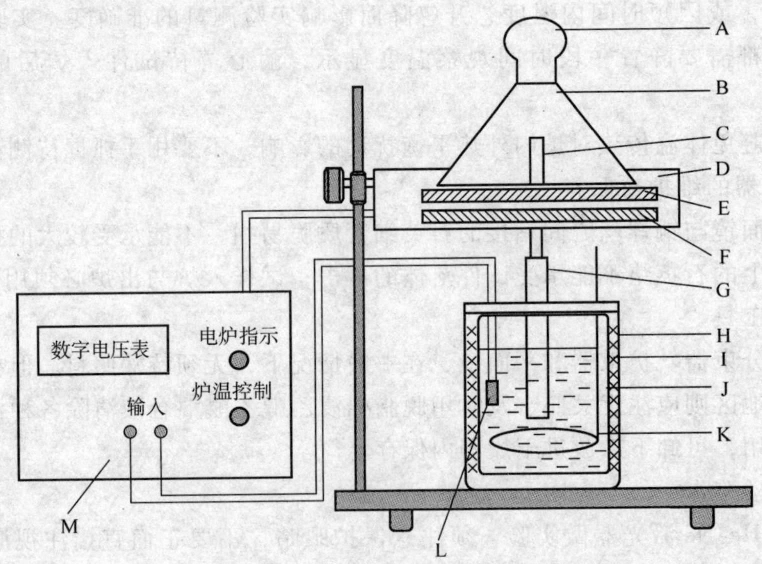

图 3-6-1 实验装置图

A—烧瓶盖；B—烧瓶；C—通汽玻璃管；D—托盘；E—电炉；F—绝热板；G—橡皮管；H—量热器外壳；I—绝热材料；J—量热器内杯；K—铝搅拌器；L—AD590；M—温控和测量仪表

本仪表同时可用于冰的熔解热、液氮比汽化热等潜热的测量。

技术指标：

1. 交流输入：200V ±10%

功率：四位半电源加电炉 300W，305W。

2. 炉温电压：从 0 ~ 200V 连续可调。

3. 仪器重量：

4. 数字电压表：四位半数字电压表；量程：0 ~ 2V；

分辨率：0.1mV；准确度：±0.03%；读数 ±5 字满量程。

5. 集成温度传感器：AD590

线性工作电压：4.5 ~ 20V；灵敏度：1μA/℃。

6. 取样电阻 1000(1 ±1%) Ω 或 (1000 ±10) Ω。

7. 测量水等液体比汽化热与公认值百分差小于 5%。

三、实验原理

单位质量的液体在温度保持不变的情况下转化为气体时所吸收的热量称为该

液体的比汽化热。液体的比汽化热不但和液体的种类有关，而且和汽化时的温度有关，因为温度升高，液相中分子和气相中分子的能量差别将逐渐减小，因而温度升高液体的比汽化热减小。

物质由气态转化为液态的过程称为凝结，凝结时将释放出在同一条件下汽化所吸收的相同的热量，因而，可以通过测量凝结时放出的热量来测量液体汽化时的比汽化热。

本实验采用混合法测定水的比汽化热。方法是将烧瓶中接近100℃的水蒸气，通过短的玻璃管加接一段很短的橡皮管（或乳胶管）插入到量热器内杯中。如果水和量热器内杯的初始温度为 θ_1℃，而质量为 m' 的水蒸气进入量热器的水中被凝结成水，当水和量热器内杯温度均一时，其温度值为 θ_2℃，那么水的比汽化热可由下式得到：

$$m'L + m'C_W(\theta_3 - \theta_2) = (mC_W + m_1C_{A1} + m_2C_{A1})(\theta_2 - \theta_1) \qquad (3\text{-}6\text{-}1)$$

式中，C_W 为水的比热容；m 为原先在量热器中水的质量；C_{A1} 为铝的比热容；m_1 和 m_2 分别为铝量热器和铝搅拌器的质量；θ_3 为水蒸气的温度；L 为水的比汽化热。

集成电路温度传感器AD590是由多个参数相同的三极管和电阻组成。该器件的两引出端当加有某一定直流工作电压时（一般工作电压可在4.5～20V范围内），如果该温度传感器的温度升高或降低1℃，那么传感器的输出电流增加或减少1μA，它的输出电流的变化与温度变化满足如下关系：

$$I = B\theta + A \qquad (3\text{-}6\text{-}2)$$

式中，I 为AD590的输出电流，单位μA；θ 为摄氏温度，B 为斜率，A 为摄氏零度时的电流值，该值恰好与冰点的热力学温度273K相对应（实际使用时，应放在冰点温度时进行确定）。利用AD590集成电路温度传感器的上述特性，可以制成各种用途的温度计。在通常实验时，采取测量取样电阻 R 上的电压求得电流 I。

四、实验步骤

（一）集成电路温度传感器AD590的定标

每个集成电路温度传感的灵敏度有所不同，在实验前，应将其定标。按图3-6-2要求接（实际在我们提供的测量仪器中已经接好电阻为1000（1±1%）Ω，数字电压表为四位半，传感器加电源电压为6V。只要把AD590的红黑接线分别插入面板中的输入孔即可进行定标或测量）。把实验数据用最小二乘法进行直线拟合，求得斜率 B、截距 A 和相关系数 r。

（二）水汽化热的实验

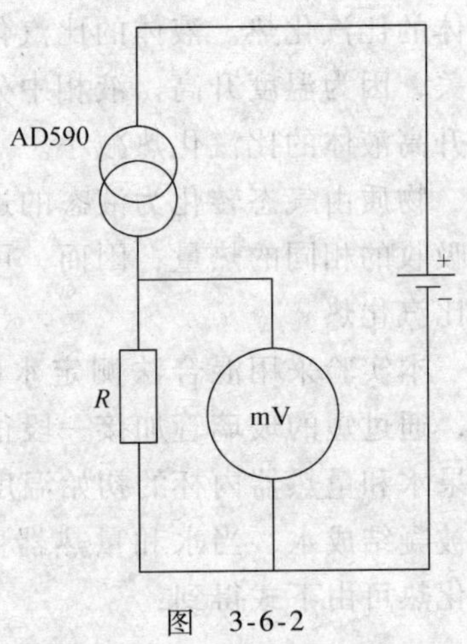

图　3-6-2

1. 用物理天平或电子天平秤量热器和搅拌器的质量 m_1+m_2，然后在量热器内杯中加一定量的水，再秤出盛有水的量热器和搅拌器的质量减去（m_1+m_2）得到水的质量 m。

2. 将盛有水的量热器内杯放在冰块上，预冷却到室温以下较低的温度。但被冷却水的温度须高于环境的露点，如果低于露点，则实验过程中量热器内杯外表有可能凝结上薄水层，从而释放出热量，影响测量结果。将预冷过的内杯放还量热器内再放在水蒸气管下，使通汽橡皮管插入水中约1m深，注意汽管不宜插入太深以防止通汽管被堵塞。

3. 将盛有水的烧瓶加热，开始加热时可以通过温控电位器顺时针调到底，此时瓶盖移去，使低于100℃的水蒸气从瓶口逸出。当烧瓶内水沸腾时可以由温控器调节，保证水蒸气输入量热器的速率符合实验要求。这时要首先读下温度仪的数值 θ_1。接着把瓶盖盖好继续让水沸腾向量热器的水中通蒸汽并搅拌量热器内的水，通过控制时间，以尽可能使量热器中水的末温度 θ_2 与室温之间的温差，同室温与初温 θ_1 之间的温差相接近，这样可使实验过程中量热器内杯与外界热交换相抵消。

4. 停止电炉通电，并打开瓶盖不再向量热器通汽，继续搅拌量热器内杯的水，读出水和内杯的末温度 θ_2。再一次秤量出量热器内杯水的总质量 $m_{总}$。经过计算，求得量热器中水蒸气的质量 $m'=m_{总}-m_0$（m_0 为未通汽前，量热器内杯、搅拌器和水的总质量）。

5. 将所得到的测量结果代入式（3-6-1），即可求得水在100℃时的比汽化热。

五、实验数据和处理

（一）集成电路温度传感器 AD590 定标结果

θ/℃					
U/mV					
I/uA					

经最小二乘法拟合得 $B=$　　　μA/℃；$A=$　　　μA；

（二）水的比汽化热的测量

$m_1=3.45\text{g}$，$m_2=27.17\text{g}$，$\theta_3=100.00℃$

编号	m/g	U_1/mV	θ_1/℃	U_2/mV	θ_2/℃	$m_{总}$/g	m'/g
1							
2							
3							

查表得：$C_W=$　　　　　　　J/(kg · ℃)；$C_{A1}=$　　　　　J/(kg · ℃)

计算结果如下（水在100℃时的比汽化热公认值等于 2.25×10^3 J/kg）：

编号	L/(J/kg)	百分差	L'/(J/kg)	百分差
1				
2				
3				

（＊百分差是指与公认值百分偏差）

L表示水的比汽化热，L'表示经过传感器吸收热量修正的水的比汽化热。修正方法是测量集成电路传感器AD590的热容量。即将已知温度 θ_3 的传感器入水部分，放入温度为 θ_1 的量热器内杯中利用热平衡原理测量集成电路的热容量。考虑到传感器的热容量，式（3-6-1）可以写成

$$m'L'+m'C_W(\theta_3-\theta_2)=(mC_W+m_1C_{A1}+m_2C_{A1}+m_3C_3)(\theta_2-\theta_1) \qquad (3\text{-}6\text{-}3)$$

式中，m_3C_3 是集成电路温度传感器AD590的热容量（通过测量可以得到本实验装置的 $m_3C_3=1.796\times10^3$ J/℃）。

六、关于其他液体的测量

本实验装置进行适当改进，增加紫铜螺旋管作冷凝器，可做其他各类液体的比汽化热测量。

第二部分　电磁学实验

实验七　示波器使用

示波器是一种常用的电子仪器，主要用于观察和测量各种电信号。配合各种传感器，它也可以用来观察各种非电量的变化过程。示波器有多种类型和型号，但

它们基本原理是相同的。本实验是利用示波器观察周期性电信号和李萨如图形。

一、实验目的

1. 了解示波器的原理。
2. 学会使用双踪示波器。
3. 掌握测量简谐波频率的方法，研究李萨如图形。

二、实验仪器

双踪示波器、多功能函数信号发生器

三、实验原理

(一) 示波器的结构及简单工作原理

示波器一般由 5 部分组成，即（1）示波管；（2）扫描发生器；（3）同步电路；（4）水平轴和垂直轴放大器；（5）电源。如图 3-7-1 所示。

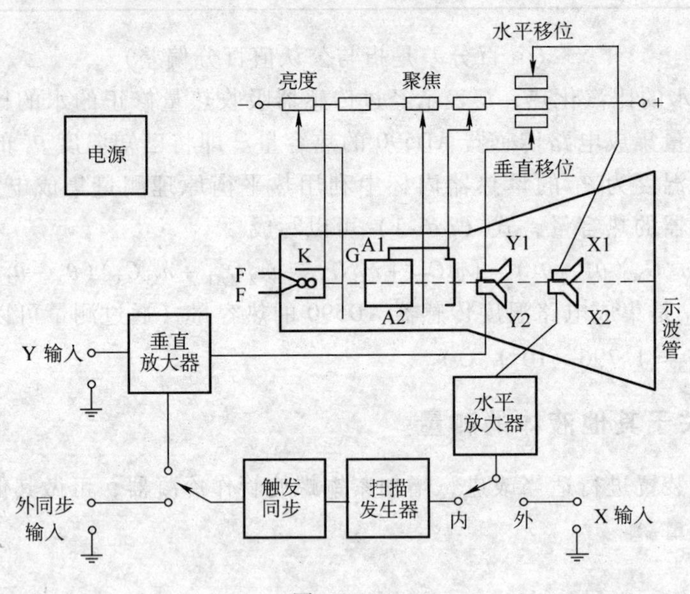

图 3-7-1

1. 示波管

示波管是示波器中的显示部件。在一个抽成真空的玻璃炮中，装有各种电极，其结构如图 3-7-1 所示，阴极 K 受灯丝 F 加热而发射电子，这些电子受带正高压的加速阳极 A1 的加速。并经由 A1、A2 组成的聚焦系统，形成一束很细的高速电子流到达荧光屏。荧光屏上涂有荧光粉，它在这些高速电子流的撞击下发光。光点的大小取决于 A1、A2 组成的电子透镜的聚焦。改变 A2 相对 A1 的电位，可以改变电子透镜的焦距，使其正好聚焦在荧光屏上，成为一个很小的亮点。因此，调节 A2 的电位称为“聚焦”调节。示波管内装有两对相互垂直的平行板（X_1、X_2 和 Y_1、Y_2），如在垂直方向的平行板 Y_1、Y_2 上加周期变化的电压，电子束通过时受到电场力作用而上下偏转，在荧光屏上就可以看到一根垂直的亮线。

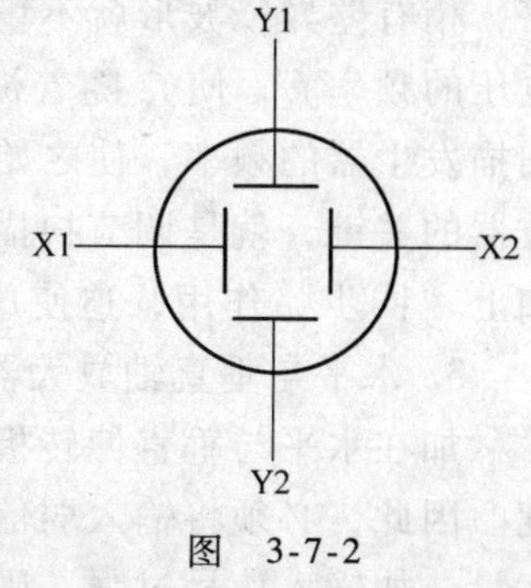

图　3-7-2

同理，在水平方向的平行板 X_1、X_2 上加周期变化的电压，也可以看到一根水平亮线。因而，在这两对平行板上加变化的电压能对运动的电子束产生偏转作用，这两对平行板称为偏转板，其符号如图 3-7-2 所示（也常称为示波器的符号）。在控制栅极 G 上加相对于阴极为负的电压，调节其高低就能控制通过栅极的电子流强度，使荧光屏上光迹（也称辉度）发生变化。因此，调节栅极的电位称为“辉度”调节。

2. 扫描与同步的作用

若将正弦变化的信号只加在 Y_1、Y_2 偏转板上，荧光屏上将显示一条垂直亮线，而看不到正弦变化。如同时在 X_1、X_2 偏转板上加一与时间成正比增加的线性电压，电子束在作上下运动的同时，还必须作自左向右的匀速运动，这样，便在荧光屏上扫出正弦曲线，如图 3-7-3 所示。

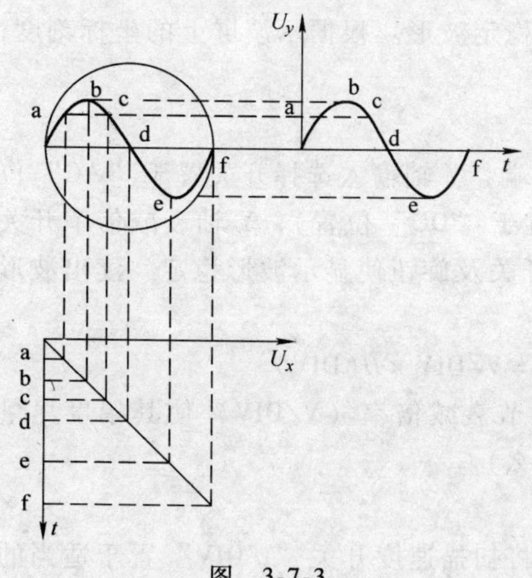

图　3-7-3

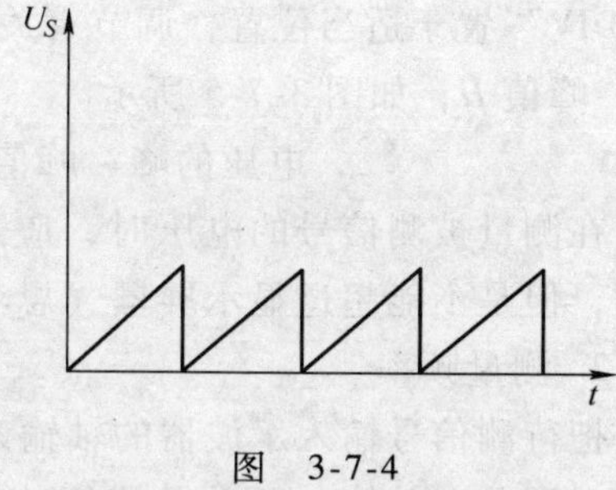

图　3-7-4

如果光点沿 X 轴正向匀速移动到右端后，又迅速回跳到左边原来的起始点，再重复沿 X 轴正向匀速移动，打在荧光屏上的光迹必与第一次重合，当重复频率足够高时，由于荧光屏的余辉与人眼的视角的暂留作用，就能在荧光屏上看到稳定波形。此过程称为“扫描”，获得扫描的方法是在 X_1、X_2 偏转板加上周期性变化的电压——锯齿波电压，其波形如图 3-7-4 所示。产生锯齿波电压的电路称为锯齿波发生器，它能根据需要产生不同频率的锯齿波电压。如锯齿波电压周

期是加在 Y_1、Y_2 偏转板正弦波电压周期的两倍，则在荧光屏上显示两个正弦波；如是3倍，则显示3个波形，依此类推。要使荧光屏上显示完整而稳定的波形，其条件是扫描电压的周期必须是加在 Y_1、Y_2 偏转板上信号电压周期的整数倍，稍有差异，波形就不稳定。为此，在示波器上专门设置一种电路，控制扫描电压的频率 f_x，使 f_x 随着被观测信号的频率 f_y 变化，即用Y轴信号频率去控制扫描发生器的频率，使之始终满足整数倍的关系，此作用称为“同步”。使用示波器的关键，就是调节扫描电压的频率，使之与信号频率之间成整数倍关系，并加上“同步”作用，迫使这种关系保持稳定。

3. 水平与垂直轴放大器

加在水平与垂直偏转板上的信号电压必须足够大，才能使电子束偏转一定角度。因此，必须将输入弱信号经放大器放大，并用水平及垂直增幅旋钮来调节放大量。如输入信号过强，则需用分压电路进行衰减。

4. 电源

用以供给示波管及各部分电路所需的各种交直流电源。

（二）示波器的基本应用

把待测信号电压输入到示波器Y轴放大器的输入端。调节示波器面板上各开关旋钮到适当的位置，示波屏上显示一稳定波形。根据示波屏上的坐标刻度，读出显示波形的电压或周期值。

1. 测量电压

把待测信号输入到示波器的Y轴输入端，Y轴输入选择开关置于“AC”位置（测量直流电压时Y轴输入选择开关置于“DC”位置），Y轴衰减倍率开关“V/DIV”置于适当位置，调节有关控制开关及旋钮使显示波形稳定，读出波形的峰-峰值 H，如图3-7-5所示。

$$\text{电压的峰-峰值}\ U_{p-p} = \text{V/DIV} \times H(\text{DIV})$$

在测量被测信号的电压时，应通过调节衰减倍率（V/DIV）使其幅度尽量放大，但是不能超过显示屏幕（思考为什么）。

2. 测量频率

把待测信号输入示波器的轴输入端，将扫描速度开关“t/DIV”置于适当的位置，调节有关控制开关及旋钮使显示波形稳定，读出被测波形上所需测量的 P、Q 两点间距离 L，如图3-7-6所示。

$$\text{信号周期}: T = \text{t/DIV} \times L(\text{DIV})\text{；频率}: f = 1/T$$

在测量被测信号的周期和频率时，应通过调节扫描速度开关（t/DIV）使被测信号相连两个波峰的水平距离尽量拉大，但是不能超出来显示屏幕（为什么）。

3. 利用李萨如图形测定信号频率

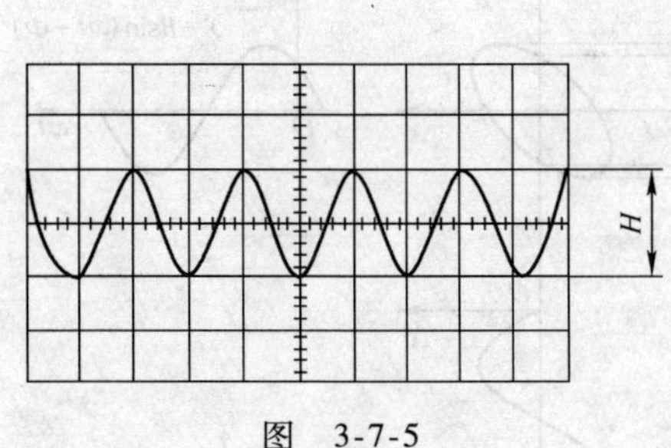

图　3-7-5

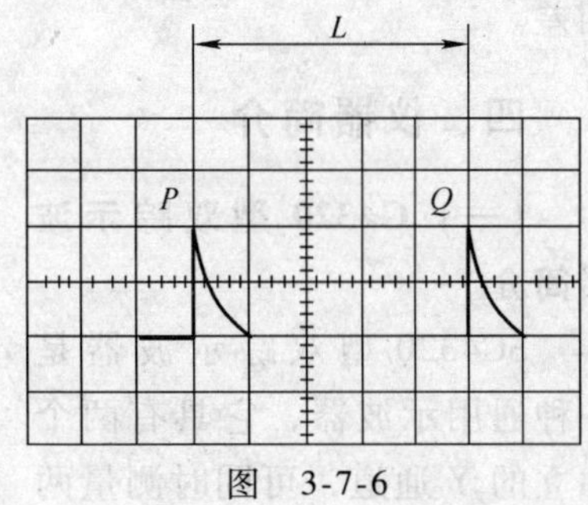

图　3-7-6

在 X 轴输入正弦信号，频率为 f_x，在 Y 轴输入端输入另一正弦信号，频率为 f_y，当两者的频率成简单整数倍关系时，示波屏上就显示一稳定的图形，称为李萨如图形。图 3-7-7 画出了两个相互垂直正弦波电压合成的不同李萨如图形。若以 n_x 和 n_y 分别表示李萨如图形与外切水平线及外切垂直线的切点数，则其切点数与正弦波频率之间有如下关系：

$$f_y/f_x = n_x/n_y \tag{3-7-1}$$

如已知 f_x（或 f_y）和从示波屏上读出的 n_x 和 n_y，就可以由式（3-7-1）计算出 f_y（或 f_x）。

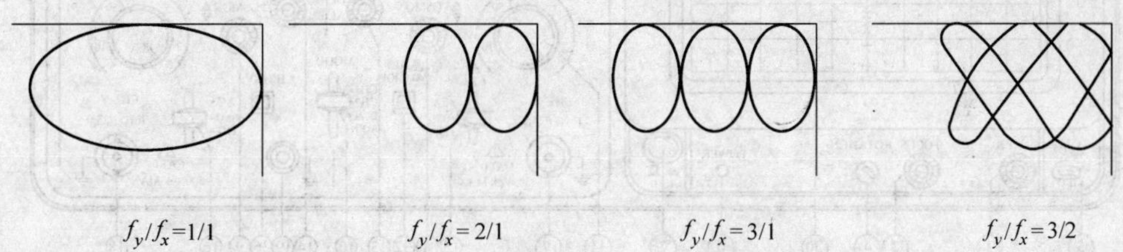

图　3-7-7

4. 利用李萨如图形测定两同频率信号相位差

设一信号为 $x = A\sin\omega t$，另一信号为 $y = B\sin(\omega t+\phi)$，分别输入 X 轴和 Y 轴输入端，在示波屏上显示如图 3-7-8 所示的椭圆，可以通过椭圆的性质确定其相位差 ϕ。

当 $x=0$，即 $A\sin\omega t=0$ 时，$\omega t = n\pi$（$n=0$，1，2，…），有

$$y = B\sin(\omega t+\phi) = B\sin\phi = \pm b$$

$$\phi = \sin^{-1}\left(\frac{b}{B}\right) \tag{3-7-2}$$

从图 3-7-8 中可测得 $2B$（它是椭圆在 Y 方向上的最大投影）和 $2b$（它是椭圆在 Y 轴上的截距），利用式（3-7-2）即可得出两个相同频率正弦电压的位

相差。

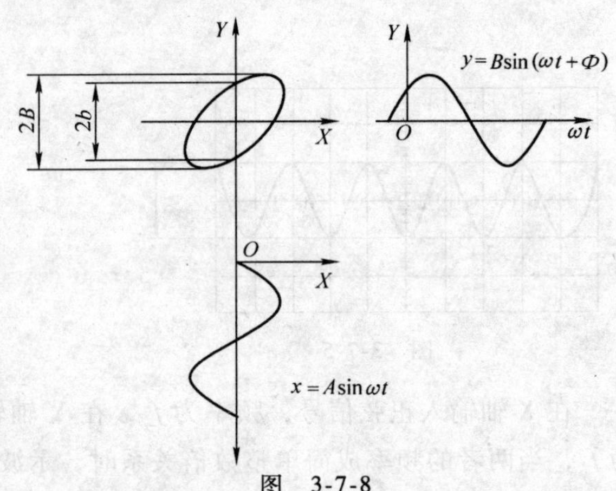

图 3-7-8

四、仪器简介

(一) G4320 型双踪示波器简介

SG4320 型双踪示波器是一种通用示波器，它具有两个独立的 Y 通道，可同时测量两个信号。

1. 前面板图介绍：（参见图 3-7-9）

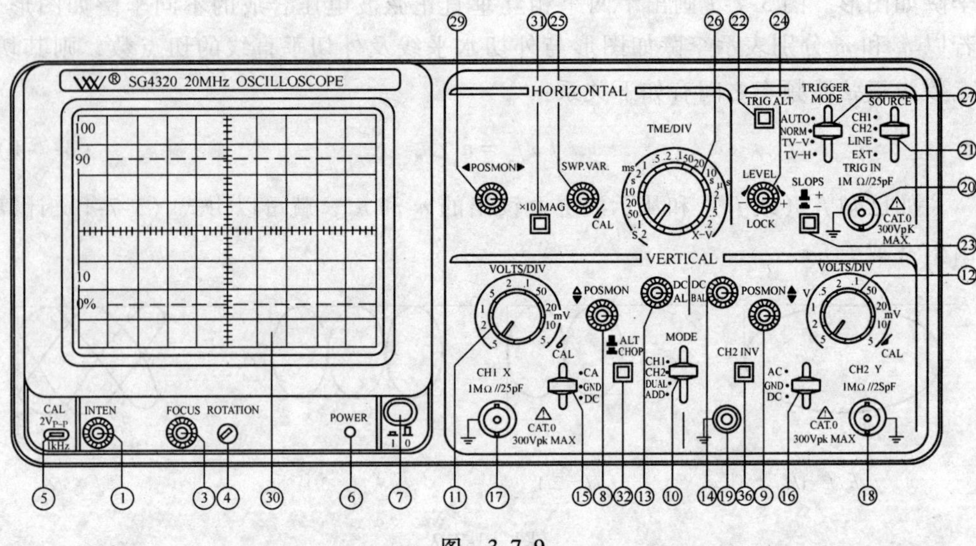

图 3-7-9

CRT：

7）-电源 主电源开关，当此开关开启时发光二极管 6）发光

1）-亮度 调节轨迹或亮点的亮度。

3）-聚焦 调节轨迹或亮点的亮度

4）-轨迹旋转 半固定的电位器用来调整水平轨迹与刻度线的平行。

30）-滤色片 使波形看起来更加清晰。

垂直轴：

17）CH1（X）输入：在 X-Y 模式下，作为 X 轴输入端。

18）CH2（Y）输入：在 X-Y 模式下，作为 Y 轴输入端。

28）38）CH1 和 CH2 的 DC BAL：用于两个通道的衰减器平衡调试

15）16）AC-GND-DC：选择垂直轴输入信号的输入方式。

AC：交流耦合。

GND：垂直放大器的输入接地，输入端断开。

DC：直流耦合

11）12）垂直衰减开关：调节垂直偏转灵敏度从 5mV/div ~ 5V/div 分 10 档

13）14）垂直微调：微调灵敏度大于或等于 1/2.5 标示值，在校正位置时，灵敏度校正为标示值。

8）9）▼▲垂直位移：调节光迹在屏幕上的垂直位置。

10）垂直方式：选择 CH1 与 CH2 放大器的工作模式。

CH1 或 CH2：通道 1 和通道 2 单独显示。

DUAL：两个通道同时显示。

ADD：显示两个通道的代数和 CH1 + CH2。按下 CH2 INV35）按钮，为代数差 CH1 - CH2。

32）ALT/CHOP：在双路显示时，放开此键，表示通道 1 与通道 2 交替显示（通常用于扫描速度较快的情况下）；当此键按下时，通道 1 与通道 2 同时断续显示（通常用于扫描速度较慢的情况下）。

35）CH2 INV：通道 2 的信号反向，当此键按下时，通道 2 的信号以及通道 2 的触发信号同时反向。

触发：

20）外触发输入端子：用于外部触发信号。当使用该功能时，开关 21）应设置在 EXT 的位置上。

21）触发源选择：选择内（INT）或外（EXT）触发。

CH1：当垂直方式选择开关 10）设定在 DUAL 或 ADD 状态下，选择通道 1 作为内部触发信号源。

CH2：当垂直方式选择开关 10）设定在 DUAL 或 ADD 状态下，选择通道 2 作为内部触发信号源。

TRIG ALT22）：垂直方式选择开关 10）设定在 DUAL 或 ADD 状态下，而且触发源开关 21）选在通道或通道 2 上，按下 22）时，它会交替选择通道 1 和通道 2 作为内触发信号源。

LINE：选择交流电源作为触发信号。

EXT：外部触发信号接于 20）作为触发信号源。

23）极性：触发信号的极性选择“+”上升沿触发，“-”下降沿触发。

24）触发电平：显示同步稳定的小型，并设定一个小型的起始点。向“+”旋转触发电平向上移，向“-”旋转触发电平向下移。

27）触发方式：选择触发方式

AUTO：自动当没有触发信号输入时扫描在自由模式下。

NORM：常态当没有触发信号时，踪迹在待命状态并不显示。

TV-V：电视场当想要观察一场的电视信号时。

TV-H：电视行当想要观察一行的电视信号时。

（仅当同步信号为负脉冲时，方向同步电视场和电视行）。

24）触发电平锁定：将触发电平旋钮 24）向逆时针方向转到底听到咔嗒一声后，触发电平被锁定在一个固定电平上，这时改变扫描速度或信号幅度时，不再需要调节触发电平，即可获得同步信号。

时基：

26）水平扫描速度开关：扫描速度可以分 20 档，从 0.2μS/div ~ 0.5S/div。当设置到 X-Y

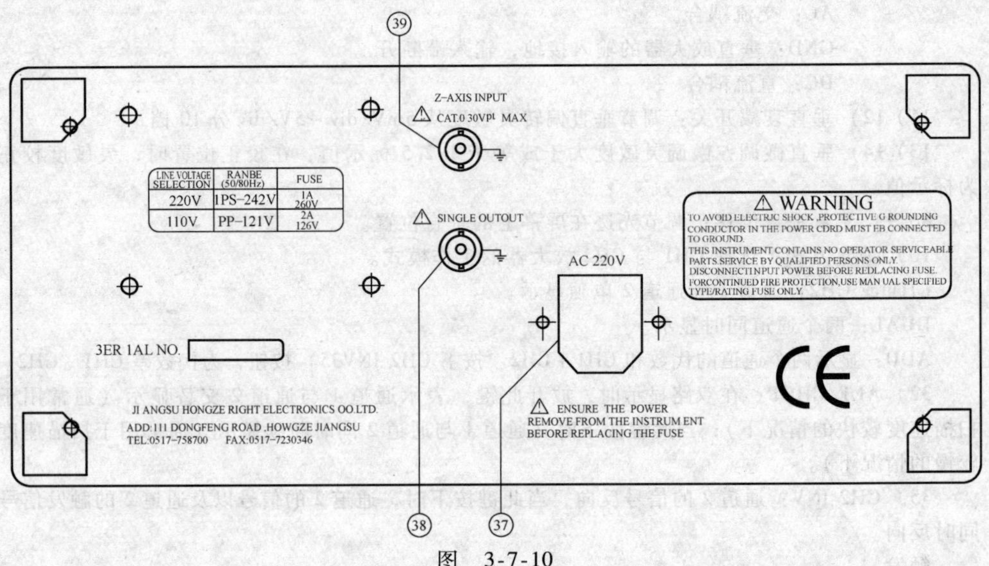

图 3-7-10

示波器。

25）水平微调：微调水平扫描时间，使扫描时间被校正到与面板上 TIME/DIV 指示的一致。TIME/DIV 扫描速度可连续变化，当顺时针旋转到底为校正位置。整个延时可达 2.5 倍甚至更多。

29）◀▶水平位移：调节光迹在屏幕上的水平位置。

31）扫描扩展开关：按下时扫描速度扩展 10 倍。

其他：

5）CAL：提供幅度为 $2V_{p-p}$ 频率 1kHz 的方波信号，用于校正 10:1 探头的补偿电容器和检测示波器垂直与水平偏转因数。

19）GND：示波器机箱的接地端子。

2. 后面板介绍：（参见图 3-7-10）

39）Z 轴输入：外部亮度调制信号输入端。

38）外测频输出：提供与被测信号相同频率的脉冲信号，适合外接频率计。

37）交流电源：交流电源输入插座，交流电源线接于此处。

（二）多功能函数信号发生器/频率计简介

多功能、6 位数字显示频率、3 位数字显示幅度，并具有功率输出的函数信号发生器。它能直接产生正弦波、三角波、方波、对称可调脉冲波和 TTL 脉冲波。其中正弦波具有最大为 10W 的功率输出，仪器有独立 50Hz 正弦波输出。

（三）SG1646 多功能函数信号发生器

多功能函数信号发生器的面板如图 3-7-11 所示，图中仅标出了实验中常使用的按键或旋钮。

输出信号的频率由“频率倍乘”按键和“频率调节”、“频率微调”两旋钮来调节。例如，按下“频率倍乘”为“100Hz”的按键，则旋转“频率调节”

旋钮，输出频率就可在“0.2×100Hz”~“2×100Hz”之间，即20Hz~200Hz之间范围内调节。输出频率的大小由“频率显示”屏显示，其单位有“频率单位”灯表示（灯亮有效）。

输出信号的大小由“幅度调节”旋钮来调节。其输出电压的峰-峰值在“电压输出幅度显示”屏上显示。如果需要幅度较小的信号可结合“衰减（dB）”两个按键调节输出。

“波形选择”按键可选择“正弦波”、“方波”、“三角波”、“脉冲”等。

“50Hz输出”输出端提供一组固定50Hz正弦波输出，可方便作李萨如图形。

“正弦波功率输出”可提供频率为0.1Hz~200kHz的正弦波，幅度0~22V可调，功率可达5W。

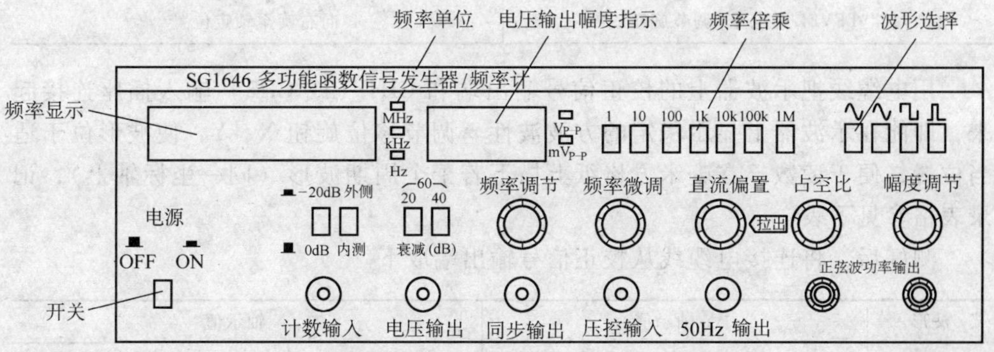

SG1646多功能函数信号发生器/频率计面板图

图　3-7-11

五、实验内容和记录

（一）观察和测量双踪示波器校正信号波形（2Vp-p1kHz方波）

在使用示波器之前，示波器面板上相应开关旋钮应置于表3-7-1位置：

表　3-7-1

面板控制	作用位置
“电源开关”	关
“亮度”旋钮	向左旋到底
“AC⊥DC”按钮	⊥
X、Y位移旋钮	居中
“触发方式”按钮	AUTO

接通电源开关，红色指示灯发亮，表明电源已接通。向右调节“亮度”旋钮，在示波屏上可看到扫描线或光点，使其亮度适中。调节“聚焦”旋钮，使光点圆而小或使扫描线细亮。然后把示波器面板相应开关旋钮置于表3-7-2所示适宜位置与测量输入信号的位置：

表 3-7-2

面板控制件	作用位置
"AC⊥DC"按钮	AC 或 DC
"垂直方式"按钮	CH1(CH2)
"V/DIV"开关	1V/DIV
X、Y 微调旋钮	向右旋至锁定位置
扫描速度"t/DIV"开关	0.2ms/DIV
"触发源"开关	CH1(或 CH2)
"触发方式"按钮	AUTO
"LEVEL"(电平)调节旋钮	向右旋至锁定位置

用电缆线把示波器上的校正信号输出端和 CH1（或 CH2）输入插座连接起来，即能在示波器上显示稳定的方波波性。调节移位旋钮 X、Y，使波形位于适当位置，便于读数。在毫米方格纸上描下若干个周期波形（同一坐标轴上），记录表格参见下表：

测好后，将连接电缆线从校正信号输出端取下。

波形	Y 轴示值		X 轴示值	
	"V/DIV"开关位置		"t/DIV"开关位置	
	波形高度 H/DIV		波形宽度 L/DIV	
	峰-峰值/V		周期/s	
			频率/Hz	

（二）直流电压 U_D 的测量（选做）

首先要在示波屏上确定 0V 的基线位置。耦合方式选择"⊥"，调节 Y 位移旋钮，使扫描线与屏上中央刻度线重合，确定零电平基线。在本次测量中"Y 位移"旋钮不可再改变，否则读数不准。

用 1.5V 干电池作为直流稳压源，示波器面板开关作如下改变："AC⊥DC"按钮改变为"DC"，"V/DIV"开关调至 0.5V/DIV。用电缆线将干电池两输出端与示波器 CH1（或 CH2）输入插座连接起来。观察扫描线跳变方向及幅度。记录数据：

"V/DIV"开关	Y 轴跳变高度 H/DIV	干电池 U_D

测好后，将连接电缆线从干电池上取下。

（三）交流电压 U_{AC} 的测量（选做）

用函数信号发生器作为交流电压源，他可以输出方波、三角波、脉冲波及正弦波等。示波器面板作如下改变：

“AC⊥DC”按钮改变为“AC”，“V/DIV”开关调至1V/DIV。在信号发生器电源“关”的情况下，用电缆线将信号源输出端与示波器CH1（或CH2）插座连接起来。打开信号发生器电源开关，调节信号为某一频率，调节信号输出电压，相应调节示波器扫描速度“t/DIV”开关及“LEVEL”触发电平旋钮，使示波屏上显示6DIV高度的稳定波形。调节信号发生器“输出衰减”分别为20dB、40dB，相应调节示波器“V/DIV”开关及“LEVEL”触发电平旋钮，显示稳定波形，测量输出电压，记录数据。

信号输出衰减器		0dB	20dB	40dB
示波器Y轴示值	“V/DIV”开关位置			
	高度 H/DIV			
	峰-峰值 U_{AC}/V			

（四）频率的测量（选做）

在上述测量交流电压 U_{AC} 的基础上，将信号发生器的频率依次改变为0.1kHz、1kHz、10kHz、100kHz，相应调节示波器扫描速度“t/DIV”开关及“LEVEL”触发电平旋钮使示波屏上显示稳定波形读出波形上相邻两波峰或波谷之间的水平距离 L，即可算出信号周期 T 及频率 ν，记录数据。

信号频率/kHz		1	20	100
Y轴示值	“t/DIV”开关			
	长度 L/DIV			
	周期 T/s			
	频率 ν/Hz			

（五）李萨如图形观察

要观察李萨如图形首先要把“t/DIV”开关顺时针方向旋到“X-Y”状态。然后将信号发生器固定50Hz信号连接到连接到CH1输入插座作为X轴输入信号。将信号发生器50Ω电压输出信号连接到CH2输入插座作为Y轴输入信号，且输出电压大小调到合适。分别改变信号发生器输出频率为50Hz、100Hz、150Hz，可以在示波屏上观察到X、Y轴输出信号合成后的李萨如图形。记录各种合成的李萨如图形的波形。

X轴频率/Hz	50		
Y轴频率/Hz	50	100	150
李萨如图形			

六、观察与思考

1. 示波屏上的波形是如何形成的？如果没有 X 轴扫描信号，屏上显示出什么波形？

2. 若波形总是沿横向左右移动，应如何调节示波形稳定？

实验八 整流滤波电路

交流电的电压（或电流）随时间作周期性变化。实际上，所谓交流电包括各种各样的波形，如正弦波、方波、锯齿波等。本实验中，我们主要讨论正弦交流电。其原因在于正弦交流电在工业中得到广泛的应用，它在生产、输送和应用上比起直流电来有不少优点，而且正弦交流电变化平滑且不易产生高次谐波，各种非正弦的交流电都可由不同频率的正弦交流电叠加而成（用傅里叶分析法），因此可用正弦交流电的分析方法来分析非正弦交流电。本实验是利用示波器观察周期性改变信号并测量其主要参数。

一、实验目的

1. 熟悉示波器的使用。
2. 掌握交流电路的基本特性及交流电各参数的测量方法。
3. 了解整流滤波电路的基本工作原理。

二、实验仪器

双踪示波器、函数信号发生器、数字万用表、接线板、变压器 1 个（1000 匝和 500 匝）、整流二极管（4 个）、电容三个：$C_1 = C_2 = 47\mu F$，$C = 2200pF$、电阻两个：$R_1 = 300\Omega$，$R_2 = 1k\Omega$、短接桥 6 个、接线等。

三、实验原理

1. 交流电路

正弦交流电的表达式如下，其曲线如图 3-8-1 所示。

$$i(t) = I_p \sin(\omega t + \varphi_i)$$

$$u(t) = U_p \sin(\omega t + \varphi_i) \quad (3\text{-}8\text{-}1)$$

式中，I_p 表示正弦电流的振幅；U_p 表示正弦电压的振幅；ω 称为正弦量的角频率，表示了正弦量的相位角（$\omega t +$

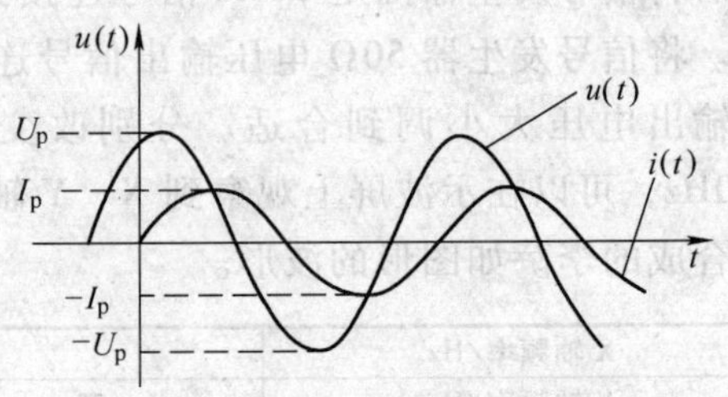

图 3-8-1 正弦交流电压和电流曲线

φ_i）随时间变化的速度；φ_i 称为正弦量的初相位，它是正弦量在 $t=0$ 时的值。

描述交流电变化快慢除了用 ω 外，还可以用周期（T）或频率（f）来表示。这三者之间的关系是

$$f=\frac{1}{T}$$

$$\omega=\frac{2\pi}{T}=2\pi f \tag{3-8-2}$$

因此，把频率（或周期）、振幅和初相位称为正弦量的三要素。在实际应用中，交流电路中的电流或电压往往是用有效值而不是用幅值来表示的。许多交流电流或电压测量设备（如万用表）的读数均为有效值。有效值采用如下定义：

$$I=\left[\frac{1}{T}\int_0^T i^2(t)\,\mathrm{d}t\right]^{\frac{1}{2}}=\frac{I_{\mathrm{P}}}{\sqrt{2}}$$

$$U=\left[\frac{1}{T}\int_0^T u^2(t)\,\mathrm{d}t\right]^{\frac{1}{2}}=\frac{U_{\mathrm{P}}}{\sqrt{2}}$$

需要指出的是：同频率正弦交流电的和或差均为同一频率的正弦交流电。此外，正弦交流电对于时间的导数$\left(\frac{\mathrm{d}i\ (t)}{\mathrm{d}t}\right)$或积分$\left(\int i(t)\,\mathrm{d}t\right)$也仍为同一频率的正弦交流电。这在技术上具有十分重要的意义。

2. 变压器原理

在变压器中，将两个线圈绕在同一铁芯上，若一个线圈加上交流电压，则另一线圈上将产生感应电动势。如图 3-8-2 所示，在变压器中初级线圈所加的电压为 E_1（V），次级线圈产生的电压为 E_2（V）。如初级线圈的匝数为 N_1，次级线圈的匝数为 N_2，则 E_1 与 E_2 的大小正比于两个线圈的匝数，即

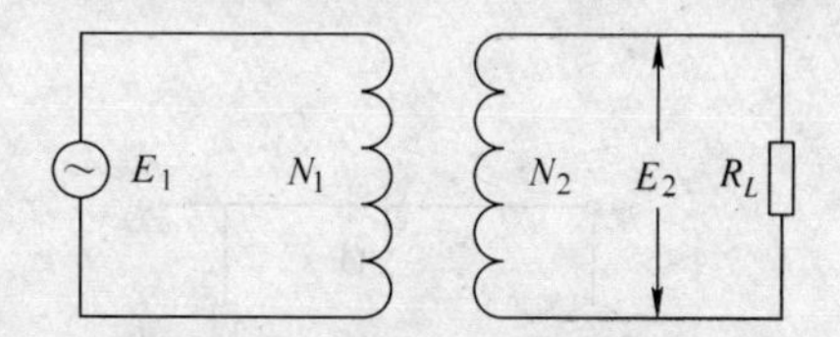

图 3-8-2　变压器的基本电路

$$\frac{E_1}{E_2}=\frac{N_1}{N_2}$$

$$E_2=\frac{N_2}{N_1}E_1 \tag{3-8-3}$$

由于两个线圈是通过互感相互作用，故 E_1（V）和 E_2（V）之间存在一定的相位差。

另外，不仅电压，电流也按一定的比例变化。设初级线圈流过的电流为 I_1（A），次级线圈流过的电流为 I_2（A），则 I_1（A）和 I_2（A）之间也存在一定的相位差。其大小与匝数成反比，即

$$\frac{I_1}{I_2}=\frac{N_2}{N_1}$$

$$I_2=\frac{N_1}{N_2}I_1 \tag{3-8-4}$$

3. 整流和滤波

整流电路的作用是把交流电转换成直流电，严格地讲是单一方向的脉动直流电，含有较大的交流分量，会影响负载电路的正常工作，例如交流分量会混入输入信号被放大电路放大。为减小电压的脉动，需通过低通滤波电路滤波，使输出电压平滑。

(1) 整流原理　利用二极管的单向导电性可实现整流。

(a) 半波整流：图 3-8-3 中 VD 是二极管，R_L 是负载电阻。若输入交流电为

$$u_i(t)=U_p\sin\omega t \tag{3-8-5}$$

则经整流后输出电压 $u_o(t)$ 为（一个周期内）

$$u_o(t)=\begin{cases}U_p\sin\omega t & 0\leqslant\omega t\leqslant\pi\\ 0 & \pi\leqslant\omega t\leqslant 2\pi\end{cases} \tag{3-8-6}$$

其相应的平均值（即直流平均值，又称直流分量）为

$$\bar{u}_o=\frac{1}{T}\int_0^T u_o(t)\,dt=\frac{1}{\pi}U_p\approx 0.318U_p \tag{3-8-7}$$

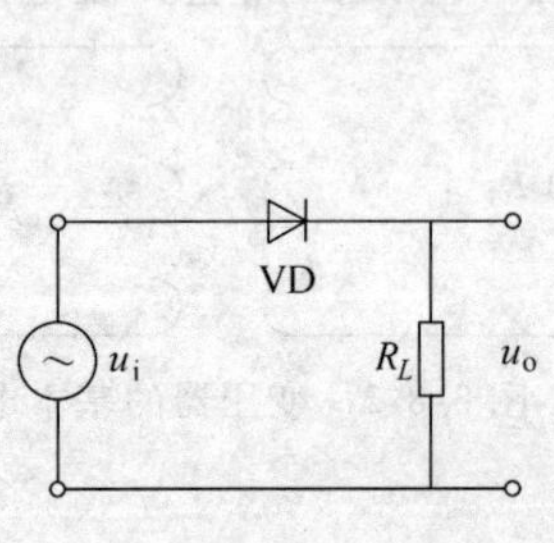

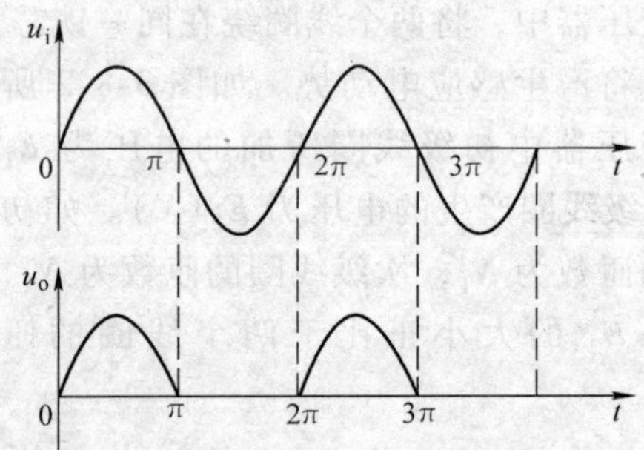

图 3-8-3　半波整流电路及其波形图

(b) 全波桥式整流：前述半波整流只利用了交流电半个周期的正弦信号。为了提高整流效率，使交流电的正负半周信号都被利用，则应采用全波整流，现以全波桥式整流为例进行说明，其电路和相应的波形如图 3-8-4 所示。

若输入交流电仍为 $u_i(t)=U_p\sin\omega t$ 则经桥式整流后的输出电压 $u_o(t)$ 为（一个周期）

$$u_o=\begin{cases}U_p\sin\omega t & 0\leqslant\omega t\leqslant\pi\\ -U_p\sin\omega t & \pi\leqslant\omega t\leqslant 2\pi\end{cases} \tag{3-8-8}$$

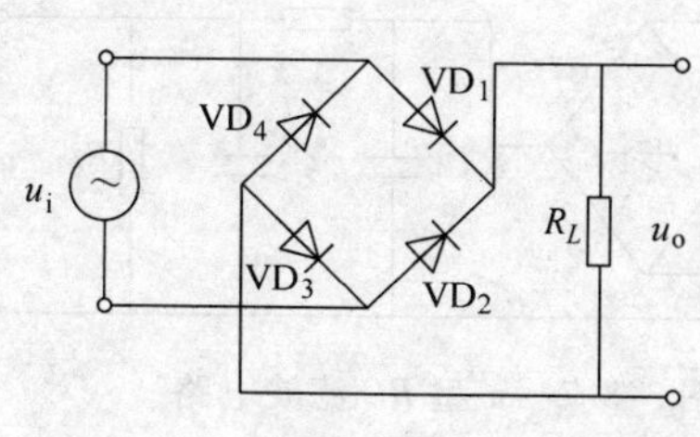

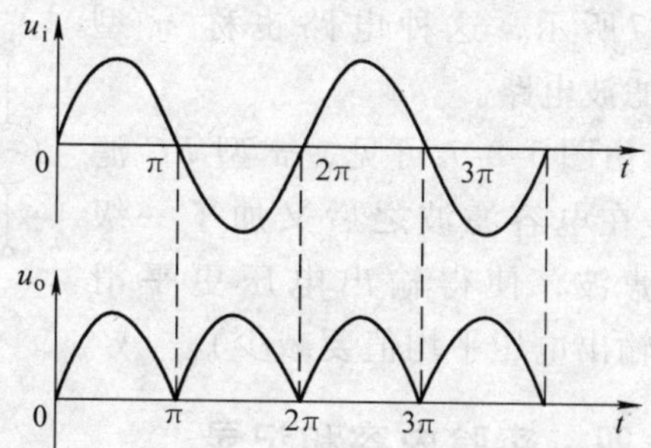

图 3-8-4　桥式整流电路和波形图

其相应直流平均值为

$$\overline{u}_o = \frac{1}{T}\int_0^T u_o(t)\,dt = \frac{2}{\pi}U_p \approx 0.637U_p \qquad (3\text{-}8\text{-}9)$$

由此可见，桥式整流后的直流电压脉动大大减少，平均电压比半波整流提高了一倍（忽略整流内阻时）。

（2）滤波电路　经过整流后的电压（电流）仍然是有“脉动”的直流电，为了减少波动，通常要加滤波器，常用的滤波电路有电容、电感滤波等。现介绍最简单的滤波电路。

（a）电容滤波电路：电容滤波器是利用电容充电和放电来使脉动的直流电变成平稳的直流电。我们已经知道电容器的充、放电原理，图 3-8-5 所示为电容滤波器在带负载电阻后的工作电路。设在 $t=0$ 时刻接通电源，u_i 由 0 开始上升，对电容器进行充电。由于整流元件的正向电阻很小，可略去不计。在 $t=t_1$ 时，u_C 达到峰值为$\sqrt{2}u_i$。此后 u_i 以正弦规律下降，电容电压通过负载电阻 R_L 放电，在 t_2 以前，二极管 VD_1 和 VD_3 因受反向电压而截止。当达到 u_i 负半周的 t_2 时，二极管 VD_2 和 VD_4 导通，再次对电容和对负载供电。到达 t_3 时，电容又充电至 $u_C=\sqrt{2}u_i$，以后每半个周期如此循环下去。负载上的波形图如图 3-8-6 中实线所示。由电容两端的电压不能突变的特点，达到输出波形趋于平滑的目的。

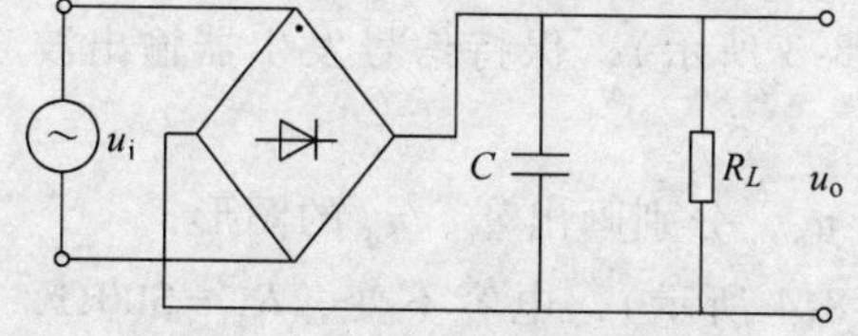

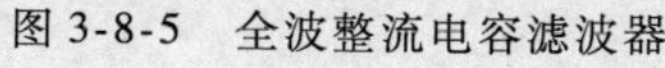

图 3-8-5　全波整流电容滤波器

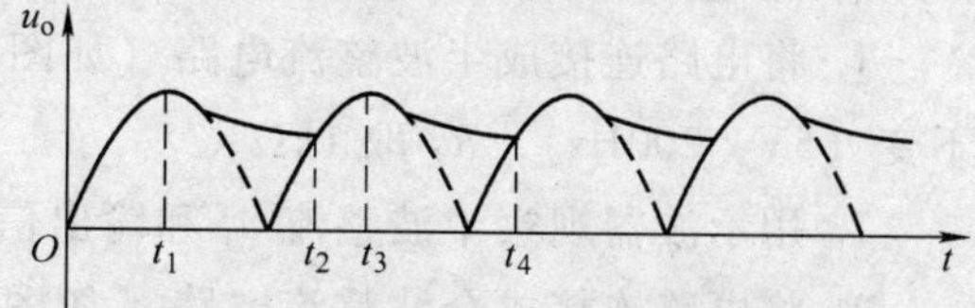

图 3-8-6　全波整流电容滤波电路波形图

（b）π 型 RC 滤波：前述电容滤波的输出波形脉动系统仍较大，尤其是负载电阻 R_L 较小时，除非将电容容量增加（实际应用时难于实现）。在这种情况下，要想减少脉动，可利用多级滤波方法，即再加一级 RC 低通滤波电路，如图

3-8-7所示，这种电路也称 π 型 RC 滤波电路。

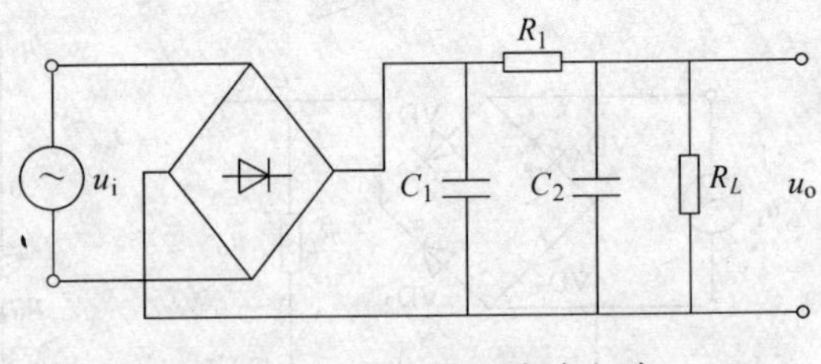

图 3-8-7 π 型 RC 滤波电路

由图 3-8-7 可见，π 型 RC 滤波是在电容滤波之后又加了一级 RC 滤波，使得输出电压更平滑（但输出电压平均值要减少）。

四、实验内容和记录

（一）示波器的使用

1. 熟悉示波器和信号发生器各旋钮的作用，可参见实验室提供的仪器使用说明；

2. 调节信号发生器，使输出波的电压大小为 5V，频率为 200Hz（信号发生器所显示的电压值为峰值），计算其电压有效值；

3. 调节示波器，要求能观察到稳定的交流波形，记录其 U_p 值，计算有效值；

4. 用数字万用表测量信号发生器输出波的电压有效值；

5. 将记录的三个电压值进行比较；

6. 观察并记录在毫米方格纸上（同一坐标轴上）。

（二）观测变压器的输入、输出波（升压、降压电路选做一）

1. 将变压器连接成升压电路，保持信号发生器输出波不变（5V，200Hz），利用示波器观察并记录次级线圈电压的峰值，计算其有效值；

2. 利用数字万用表测量其电压值，并与上值比较；

3. 将初级线圈和次级线圈的电信号分别输入示波器的 CH_1 和 CH_2，观察并记录两波形（毫米方格纸上），同时记录此时的相位差；

4. 将变压器连接成降压电路，重复以上实验。

（三）整流波形的测量

1. 将电路连接成半波整流电路（如图 3-8-3 所示），保持信号发生器输出波不变（5V，200Hz），R_L 取 1kΩ；

2. 用示波器观察半波整流 u_i 和输出信号 u_o，分别画出 u_i、u_o 的图形；

3. 将电路连接成全波整流电路（如图 3-8-4 所示），电容不变，$R_1 = 300\Omega$，$R_L = R_2 = 1\text{k}\Omega$，重复以上实验。

（四）滤波电路

1. 实验电路图按图 3-8-5 接线，保持信号发生器输出波不变（5V，200Hz）；

2. 测 u_o，并与没有经过滤波的测量值进行比较。

五、观察与思考

1. 峰-峰值为 1V 的正弦波的有效值是多少？
2. 整流、滤波的主要目的是什么？

实验九　惠斯登电桥测电阻

电桥是一种比较式的测量仪器，它在科研、电测技术中应用极为广泛，可以用来测量电阻、电容、电感、温度、压力等许多物理量。特别随着计算机技术的发展，需要各种不同形式的传感器，电桥在其中发挥了重要作用。在桥路中使用不同器件（如热敏元件、应变片、电容等）后就可将温度、位移、形变等非电量转化为电学量来进行测量。

电桥分为直流电桥和交流电桥，其中直流电桥又分为单臂电桥和双臂电桥。直流单臂电桥测量的电阻为中值电阻，其数量级一般在 $10 \sim 10^6\Omega$ 之间，可以忽略导体和接触电阻的影响。双臂电桥一般用来测量 $10^{-5} \sim 10\Omega$ 之间的低值电阻。

一、实验目的

1. 掌握比较法测量的条件。
2. 掌握逐次逼近的调整方法。

二、实验仪器

待测电阻两个、万用表、导线数根、QJ45 型箱式惠斯登电桥。

惠斯登电桥是一种利用比较法进行测量的仪器，本实验用箱式惠斯登电桥测量电阻。

三、实验原理

要测量未知电阻 R_x，可用伏安法，即测出流过该电阻的电流 I 和它两端的电压 U，利用欧姆定律 $R_x = \dfrac{U}{I}$ 得出 R_x 值。但是，用这种方法测量，由于电表内阻的影响，无论采用图 3-9-1a、b 所示的哪一种接法，都不能同时测得准确的 I 和 U 的值，即有系统误差存在。矛盾的焦点是电表有内阻，表内有电流流过，如何使表内无电流流过，而又能把 R_x 的阻值测准确？显然用图 3-9-1 是不能实现的！要设计新的电路。

惠斯登电桥的测量线路如图 3-9-2 所示。其中 R_1、R_2 和 R_0 是标准电阻，R_x 为待测电阻，它们构成了一个闭合回路，称为电桥的四个臂，在这四边形回路的

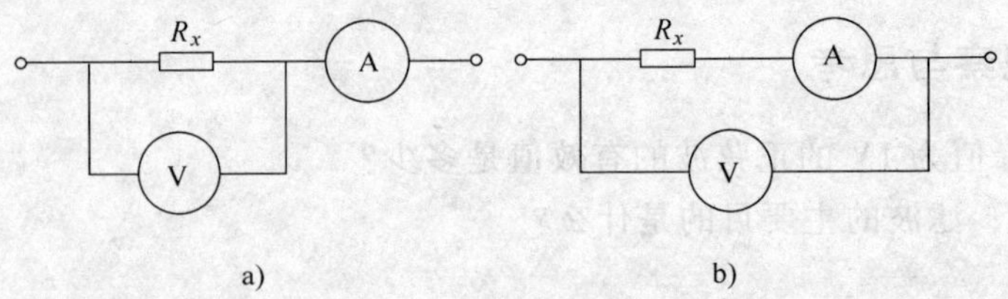

图 3-9-1

a）电流表外接 b）电流表内接

一条对角线顶点 a、b 上接电源，另一对角线顶点 c、d 上接检流计（它带有揿压式测量开关和短路开关）及保护电阻，这就是本实验的实际测量线路。

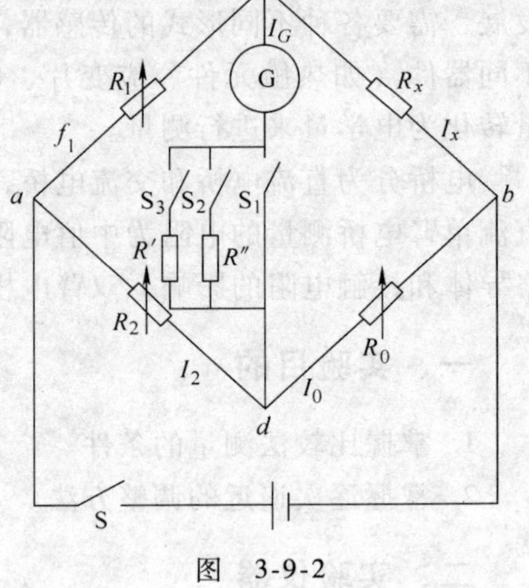

图 3-9-2

当调整电桥至平衡时，c、d 两点等电位，揿压 G 的测量开关的指针将不会发生任何偏转（$I_g=0$），此时流经 R_1 和 R_x 的电流均为 I_1，流经 R_2 和 R_0 的电流均为 I_2，且有

$$I_1 R_1 = I_2 R_2$$

$$I_1 R_x = I_2 R_0$$

由此得到电桥平衡关系式

$$\frac{R_1}{R_x}=\frac{R_2}{R_0};\ R_x=\frac{R_1}{R_2}R_0=kR_0$$

式中，$k=R_1/R_2$ 是倍率项，为了方便总是让它按 10 的倍率变化，如 0.1、1、10 等等，这样在获得 R_0 值后几乎不用通过任何计算就可得知 R_x 的量值大小了；所以一般将电桥上的 R_1/R_2 称为比例臂，而将 R_0 称为比较臂，R_x 为待测臂。

在测量 R_x 时，应先选择合适的比例倍率 k，然后调整比较臂使电桥平衡；这是因为待测电阻测量结果的有效位数决定于比例 k 的精度（一般仪器电桥的比例倍率的精度都很高，可视为精确值）和所用比较臂电阻 R_0 的位数，而比较臂仅是一个有一定位数的电阻箱，所以为使电桥能充分发挥其测量精度，就需根据被测电阻值选取合适的比例 k，其原则是：应使比较臂电阻箱的所有位数都能用上，使 R_x 的测量结果有效位数最多。如比较臂为具有 ×1、×10、×100、×1000的四位电阻箱，当待测电阻是几十欧姆时，k 就应选 0.01。

由于电桥测量是比较法中的指零测量法，所以测量结果的精度还与检流计和所用电源电压有关。在电源电压确定的情况下，检流计灵敏度过低，便无法准确判断平衡点的所在，也就达不到应有的测量精度。为此应配用合适的检流计，其原则是：在比例 k 已选择正确的条件下，在平衡位置附近调节比较臂电阻箱的最低一位时检流计应有可观察得到的偏转。只有在这样的条件下，测量结果的精度才可能达到标准电阻 R_1、R_2 和 R_0 所具有的精度。

由于检流计只能用来观测微小电流，所以在测试开始时为防止大电流流经检流计造成损坏，在线路中还串联了保护电阻 R' 和 R''。当电桥已调整到平衡点附近，c、d 两点间电位差已很小时（检流计指针偏转很小），则应闭合开关 S_1，将两保护电阻短路，以准确定出平衡点。

四、实验步骤

（一）用万用表测电阻

1. 用万用表的电阻档测量待测电阻的阻值。注意：将两旋钮均放在电阻档上。（1）调零：每次测前应将两表笔短路，调节指针到 0Ω 处；（2）所选档级应根据待测电阻大小而定，应使指针在中值电阻 R_c（度盘中间点的电阻值）的 $\frac{1}{5}R_c \sim 5R_c$ 范围。（3）注意电阻刻度是由左向右逐渐增大，与电流电压增大方向相反，从右向左读。

2. 分别单次测量出 R_{x1}、R_{x2}；R_{x1} 与 R_{x2} 串联的总电阻，R_{x1} 与 R_{x2} 并联的总电阻，并记录数据。

（二）用惠斯登电桥测电阻

1. 用惠斯登电桥（如图 3-9-3 所示）测量下列电阻值：（1）R_{x1}；（2）R_{x2}；（3）R_{x1} 与 R_{x2} 串联的总电阻；（4）R_{x1} 与 R_{x2} 并联的总电阻，各测 1 次，用测量的有效数表示测量结果。

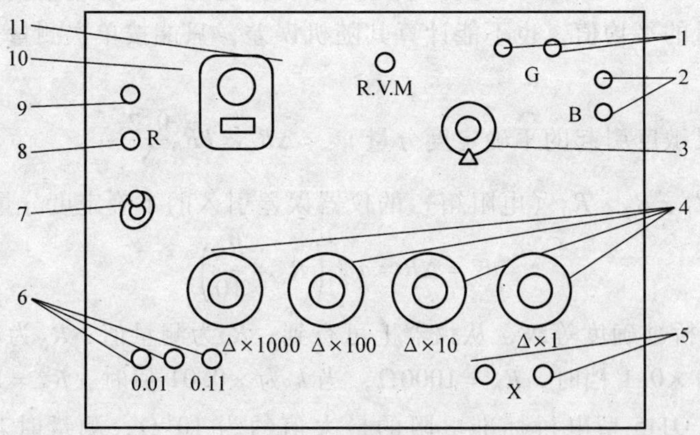

图　3-9-3

1—外接指示器接线端（G）　2—外接电源接线端　3—比例臂旋钮　4—比较臂旋钮
5—被测线路接线端 X（1，2）　6—检流计分流系数按钮　7—脉冲电流测量法开关（S）
8—比较臂引出端　9—接地接线端　10—检流计　11—变换电键

2. 用 QJ45 型惠斯登电桥测电阻步骤：

（1）将待测电阻 R_x 接在面板上的 X 接线端上。

（2）把 S 开关拨向“接入”，把量程变换开关拨向 R。

（3）调节检流计零位：调节旋钮使指针指在零位。

（4）根据待测电阻 R_x 的粗测值选取合适的比例系数 k，选择倍率的原则应使比较臂的四个电阻盘都用上，以获得最多的有效数字，提高测量精度。

（5）用逐次逼近法依次调节比较臂转盘，直至检流计无偏转（$I_g=0$），使电桥平衡。分别从 0.01、0.1、1 按钮逐个均调平后，方可在表格中记下比较臂转盘示值 R_0。

（6）使用箱式电桥时，通电时间不宜过长，即不能将“0.01”、“0.1”“1”三按钮同时长时间按下。测量时，应先按“0.01”钮，后按“0.1”钮，再按“1”键，并且是瞬间通断。以免电流过大，通电时间过长损坏检流计。

根据上述步骤分别测出 R_{x1}、R_{x2}，R_{x1} 与 R_{x2} 串联的阻值，R_{x1} 与 R_{x2} 并联的阻值。

（7）S—电桥灵敏度测定：对于任一臂上电阻的相对变化 $\frac{\Delta R}{R}$，若检流计指针偏转分格数 n（常取 2.0 格），则电桥灵敏度 $S=\frac{nR}{\Delta R}=\frac{nR}{|R_{01}-R_0|}$。实验中，调节电桥使其达到平衡，读取 R_0 值，将 R_0 改变到 R_{01}，使检流计指针由零偏转 $\Delta d=2.0$ 格，则 $S=\frac{2.0R_0}{|R_{01}-R_0|}$。

应用电桥测电阻时，若进行多次测量，则需要改变桥臂 R_1、R_2、R_0 阻值，这样电桥灵敏度也必然随之改变。故进行多次测量将不是等精度测量。因此既不能求多次测量的平均值，也不能计算其随机误差，只能按单次测量分析和计算不确定度。

由电桥灵敏度引起的不确定度分量 $u_S=\Delta R_x=kR_0\frac{0.2}{S}$

由桥臂 R_1、R_2、R_0（电阻箱）的仪器误差引入的不确定度分量 u_a 为

$$u_a=\Delta R=a\%\left(R_x+\frac{R_N}{10}\right)$$

式中，a 为电桥准确度等级，从仪器上可查到；R_x 为测量值；R_N 为基准值，当比例系数中 k 为 ×0.1 档时，$R_N=1000\Omega$，当 k 为 ×0.01 值时，$R_N=100\Omega$。（R_N 的确定方法为：QJ45 型电桥标准电阻的最大值约为 $10^4\,\Omega$，测量时若取比例系数 $k=0.1$，则电桥的有效量程为 $0.1\times10^4=10^3\,\Omega$，基准值规定为该有效量程中最大的 10 的整数幂，故 $R_N=10^3\,\Omega$）。

这样，电阻 R_x 的测量结果的总不确定度为 $u_{R_x}=\sqrt{u_S^2+u_a^2}$。

五、数据记录及处理

（一）万用表测量记录（单次测量）

待测电阻	选用档级	测量点附近分度值	读数误差	刻度读数值	电阻值/Ω
R_{x1}					
R_{x2}					
串联					
并联					

（二）电桥测量数据记录（单次测量）

待测电阻	比例系数 k	R_0/Ω	$R_x=kR_0$ /Ω	R_{01} （Δd 取 2.0 格）（左右偏均可）	$\lvert R_{01}-R_0\rvert$ /Ω	电桥灵敏度 S/格
R_{x1}						
R_{x2}						
R_{x3}（R_{x1} 与 R_{x2} 串联）						
R_{x4}（R_{x1} 与 R_{x2} 并联）						

根据下式分别写出 R_{x1}、R_{x2}、R_{x3}、R_{x4} 每个阻值的最后表达式：

$$R_x=(\overline{R}_x\pm u_{R_x})\Omega=$$

$$u_{rR_x}=\frac{u_{R_x}}{\overline{R}_x}\times100\%=$$

六、注意事项

1. 正确接线，图 3-9-2 中已用不同粗细的线表示各回路，万用电表测电阻每次使用前或调换倍率都需调零。

2. 四位数大小的电阻箱用作比较臂且阻值均不能置于 0Ω 状态，比例系数 k 的选择应使 R_0 是 4 位数，且 $1000\Omega<R_0<10000\Omega$。当外接电阻的导线隐形断路

后，$R_x \infty \Omega$，电桥则无法调平衡了。

3. 掌握电桥平衡的逐次逼近调整方法，保护电阻及其短路开关按钮 1 的正确使用。

4. 每次电桥平衡读数的正确判断包括：（1）末位变动的观察；（2）比例臂 R_1/R_2 选择的正确性。

介绍逐次逼近的调整方法：

在间接比较测量中，必须确定比较点，如天平要调平衡，电桥要调平衡，用补偿线路测电压时需要调整到补偿点等等。在寻找这些比较点的过程中，正确的调整方法应该是首先确定比较点所在的范围，然后逐步缩小这个范围，直至最后找到比较点，这种调整方法称为逐次逼近法。

例如用图 3-9-3 所示的惠斯登电桥测量电阻 R_x，在电桥达到平衡时有关系式 $R_x = (R_1/R_2)R_0$。现比较臂 R_0 用的是一个有 ×1、×10、×100、×1000 的四位电阻箱，如图 3-9-4 所示，比例 R_1/R_2 总是先选定在当电桥平衡时 R_0 的四位数全部能有用的比值上，这样才能保证 R_0 的测量值有效位数最多。在此前提下运用逐次逼近法可以迅速找到电桥的平衡点，其道理和方法如下：

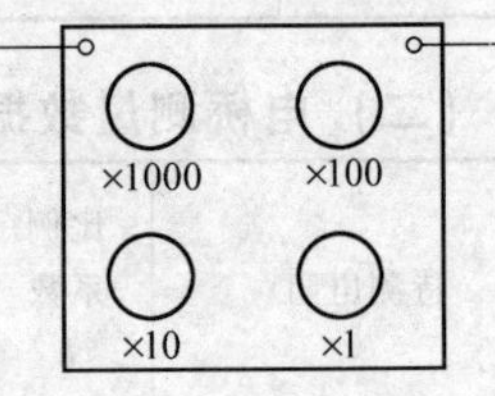

图 3-9-4

1. 电桥平衡时，图 3-9-3 所示线路中流经检流计 G 的电流为零，指针不会偏转；但当电桥处在不平衡状态时，指针必定会有偏转，而且在 R_0 低于平衡值和高于平衡值两种情况下指针偏转的方向正好相反。所以，根据检流计的指针左、右偏转，就可定出平衡点所在的区域，这就是运用逐次逼近法的判断依据。

2. 因为 R_0 是四位电阻箱，所以应该从高位到低位逐级逐次逼近平衡点：（1）若置 R_0 为 2×1000 时检流计指针左偏，而置 3×1000 时检流计指针右偏，则说明平衡点在 2000 到 3000 之间，则应将 ×1000 位确定为 2；（2）然后再确定 ×100 位，若该位的 5 往左偏，6 往右偏，则 R_0 应在 2500～2600Ω 之间，×100 位应定为 5；（3）依此方法逐级往下确定，很快就会找到平衡点。

由上可见，逐次逼近法就是依据一定的判据，逐步缩小比较点所在的范围，并最终找到比较点的一种有效调整方法。当然，它不只限于在间接比较测量中应用，在许多其他测量中也是一项很有用的调整技术。

七、观察与思考

1. 若不用万用表测量 R_x 的大致数值，如何确定电桥的倍率 k？

2. 检流计为什么要接保护电阻？怎样使用保护电阻？

3. 箱式惠斯登电桥中比例臂 k 怎样选取？

附：实验九数据记录处理样例

（一）万用表测量记录（单次测量）

待测电阻	选用档级	测量点附近分度值	读数误差	读数值	电阻值/Ω
R_{x1}	100	0.5	0.1	5.1	510
R_{x2}	10	0.5	0.1	9.0	90
串联	100	0.5	0.1	6.3	630
并联	10	0.5	0.1	7.5	75

（二）电桥测量数据记录（单次测量）

待测电阻	比例系数 k	R_0/Ω	$R_x=kR_0$ /Ω	R_{01} （Δd 取2.0格）（左右偏均可）	$\|R_{01}-R_0\|$ /Ω	灵敏度 S/格
R_{x1}	1/10	4870	487.0	4865	5	1948
R_{x2}	1/100	9120	91.20	9140	20	9.2
R_{x3}（R_{x1}与R_{x2}串联）	1/10	5783	578.3	5775	8	1446
R_{x4}（R_{x1}与R_{x2}并联）	1/100	7700	77.00	7708	8	1925

$$u_{s1}=kR_0\frac{0.2}{S}=0.05,u_a=0.10,u_{R_{x1}}=\sqrt{(u_{s1})^2+(u_a)^2}=0.10\Omega$$

$$R_{x1}=(487.00\pm0.10)\Omega$$

$$u_{rR_1}=\frac{0.10}{487.00}\times100\%=0.02\%$$

$$u_{s2}=kR_0\frac{0.2}{S}=0.02,u_a=0.10,u_{Rx2}=\sqrt{(u_{s2})^2+(u_a)^2}=0.10\Omega$$

$$R_{x2}=(91.20\pm0.10)\Omega$$

$$u_{rRx2}=\frac{0.10}{91.20}\times100\%=0.11\%$$

$$u_{s3}=kR_0\frac{0.2}{S}=0.08,u_a=0.10,u_{Rx3}=\sqrt{(u_{s3})^2+(u_a)^2}=0.13\Omega$$

$$R_{x3}=(578.30\pm0.13)\Omega$$

$$u_{rRx3}=\frac{0.13}{578.30}\times100\%=0.023\%$$

$$u_{s4}=kR_0\frac{0.2}{S}=0.08,u_a=0.10,u_{Rx4}=\sqrt{(u_{s4})^2+(u_a)^2}=0.13\Omega$$

$$R_{x4}=(77.00\pm0.13)\Omega$$

$$u_{rRx4}=\frac{0.13}{77.00}\times 100\%=0.17\%$$

实验十 方波的傅里叶分解与合成

傅里叶分析法是将方波（三角波）通过 *RLC* 串联谐振回路分解为基波及各谐波的迭加，并用示波器显示基波和各次谐波的相对振幅和相对相位。也可研究相反过程，采用本仪器提供可调振幅和相位的正弦波组及加法器，实现合成方波和三角波。

通过做此实验，学生可以掌握傅里叶分析法的物理意义及测量方法。

一、实验目的

1. 用 *RLC* 串联谐振方法将方波分解成基波和各次谐波，并测量它们的振幅与相位关系。
2. 将一组振幅与相位可调正弦波由加法器合成方波。
3. 了解傅里叶分析的物理含义和分析方法。

二、实验仪器

傅里叶分析与合成仪、双踪示波器。

三、实验原理

任何具有周期为 T 的波函数 $f(t)$ 都可以表示为三角函数所构成的级数之和，即

$$f(t)=\frac{1}{2}a_0+\sum_{n=1}^{\infty}(a_n\cos n\omega t+b_n\sin n\omega t)$$

式中，T 为周期；ω 为角频率，$\omega=\frac{2\pi}{T}$；第一项$\frac{a_0}{2}$为直流分量。

所谓周期性函数的傅里叶分解就是将周期性函数展开成直流分量、基波和所有 n 阶谐波的迭加。

如图 3-10-1 所示的方波可以写成

$$f(t)=\begin{cases} h\left(0\leqslant t<\frac{T}{2}\right) \\ -h\left(-\frac{T}{2}\leqslant t<0\right) \end{cases}$$

此方波为奇函数，它没有常数项。数学上可以证明此方波可表示为

$$f(t)=\frac{4h}{\pi}\left(\sin\omega t+\frac{1}{3}\sin 3\omega t+\frac{1}{5}\sin 5\omega t+\frac{1}{7}\sin 7\omega t+\cdots\right)$$

$$= \frac{4h}{\pi}\sum_{n=1}^{\infty}\left(\frac{1}{2n-1}\right)\sin[(2n-1)\omega t]$$

同样，对于如图 3-10-2 所示的三角波也可以表示为

$$f(t)=\begin{cases}\dfrac{4h}{T}t\left(-\dfrac{T}{4}\leqslant t\leqslant\dfrac{T}{4}\right)\\ 2h\left(1-\dfrac{2t}{T}\right)\left(\dfrac{T}{4}\leqslant t\leqslant\dfrac{3T}{4}\right)\end{cases}$$

$$f(t)=\frac{8h}{\pi^2}\left(\sin\omega t-\frac{1}{3^2}\sin3\omega t+\frac{1}{5^2}\sin5\omega t-\frac{1}{7^2}\sin7\omega t+\cdots\right)$$

$$=\frac{8h}{\pi^2}\sum_{n=1}^{\infty}(-1)^{n-1}\frac{1}{(2n-1)^2}\sin(2n-1)\omega t$$

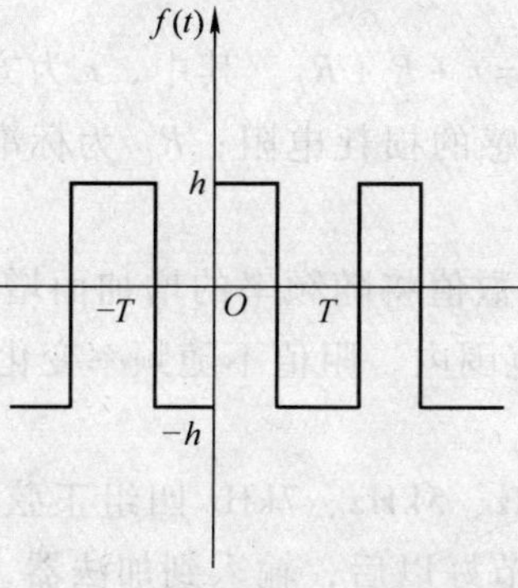

图 3-10-1　方波

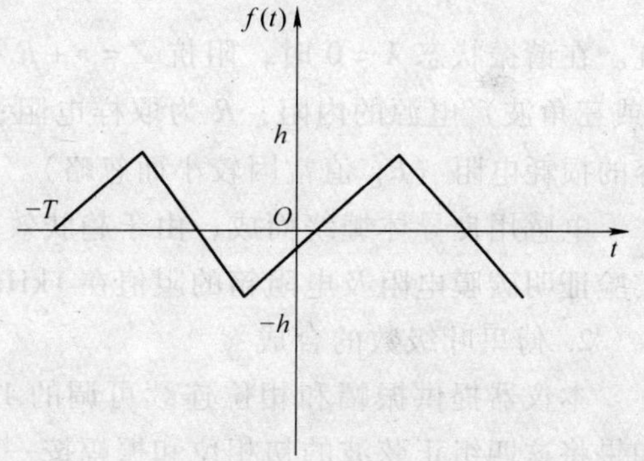

图 3-10-2　三角波

1. 周期性波形傅里叶分解的选频电路

我们用 *RLC* 串联谐振电路作为选频电路，对方波或三角波进行频谱分解。在示波器上显示这些被分解的波形，测量它们的相对振幅。我们还可以用一参考正弦波与被分解出的波形构成李萨如图形，确定基波与各次谐波的初相位关系。

本仪器具有 1kHz 的方波和三角波供做傅里叶分解实验，方波和三角波的输出阻抗低，可以保证顺利地完成分解实验。

实验线路图如图 3-10-3 所示。这是一个简单的 *RLC* 电路，其中 *R*、*C* 是可变的。*L* 一般取 0.1H ~ 1H 范围。

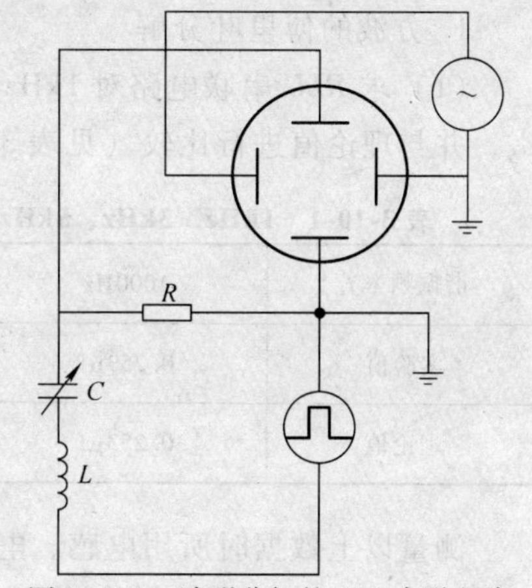

图 3-10-3　波形分解的 *RLC* 串联电路

当输入信号的频率与电路的谐振频率相匹配时，此电路将有最大的响应。谐振频率 ω_0 为

$$\omega_0 = \frac{1}{\sqrt{LC}}$$

这个响应的频带宽度以 Q 值来表示：$Q = \frac{\omega_0 L}{R}$。

当 Q 值较大时，在 ω_0 附近的频带宽度较狭窄，所以实验中我们应该选择 Q 值足够大，大到足够将基波与各次谐波分离出来。

如果我们调节可变电容 C，在 $n\omega_0$ 频率谐振，我们将从此周期性波形中选择出这个单元。它的值为 $V(t) = b_n \sin n\omega_0 t$，这时电阻 R 两端电压为 $V_R(t) = I_0 R\sin(n\omega_0 t + \varphi)$。

式中 $\varphi = \mathrm{tg}^{-1}\frac{X}{R}$，$X$ 为串联电路感抗和容抗之和；$I_0 = \frac{b_n}{Z}$，Z 为串联电路的总阻抗。在谐振状态 $X=0$ 时，阻抗 $Z = r + R + R_L + R_C = r + R + R_L$。其中，$r$ 为方波（或三角波）电源的内阻；R 为取样电阻；R_L 为电感的损耗电阻；R_C 为标准电容的损耗电阻（R_C 值常因较小而忽略）。

电感用良导体缠绕而成，由于趋肤效应，R_L 的数值将随频率的增加而增加。实验证明碳膜电阻及电阻箱的阻值在 1kHz ~ 7kHz 范围内，阻值不随频率变化。

2. 傅里叶级数的合成

本仪器提供振幅和相位连续可调的 1kHz、3kHz、5kHz、7kHz 四组正弦波。如果将这四组正弦波的初相位和振幅按一定要求调节好以后，输入到加法器，叠加后就可以分别合成出方波、三角波等波形。

四、实验方法及步骤

（一）实验方法

1. 方波的傅里叶分解

（1）求 RLC 串联电路对 1kHz、3kHz、5kHz 正弦波谐振时的电容值 C_1、C_3、C_5，并与理论值进行比较（见表 3-10-1）。

表 3-10-1 1kHz、3kHz、5kHz 正弦波谐振时测得的电容值（仅供用户参考）

谐振频率 f_i	1000Hz	3000Hz	5000Hz
实验值	0.253μf	0.0280μf	0.0100μf
理论值	0.253μf	0.0280μf	0.0101μf

测量以上数据时所用电感、电容为

电感：$L = 0.100\mathrm{H}$（标准电感）　　　　电容：$R\times7/0$ 型十进式电容箱

理论值：$C_i=\frac{1}{\omega_i^2 L}$

实验中，要求学生观察在谐振状态时，电源总电压与电阻两端电压的关系。学生可从李萨如图为一直线，说明此时电路显示电阻性。

（2）将 1kHz 方波进行频谱分解，测量基波和 n 阶谐波的相对振幅和相对相位

将 1kHz 方波输入到 RLC 串联电路，如图 3-10-3 所示。然后调节电容值至 C_1、C_3、C_5 值附近，可以从示波器上读出只有可变电容调在 C_1、C_3、C_5 时产生谐振，且可测得振幅分别为 b_1、b_3、b_5；调节到其他电容值时，没有谐振出现。

取方波频率 $f=1000\text{Hz}$，取样电阻 $R=22\Omega$，信号源内阻 $r=6.0\Omega$，电感 $L=0.100\text{H}$（见表 3-10-2）；

表 3-10-2　实验数据一

谐振时电容值 $C_i/\mu\text{f}$	0.253	C_1 和 C_3 之间	0.028	C_3 和 C_5 之间	0.010
谐振频率/kHz	1	无谐振	3	无谐振	5
相对振幅/cm	6.00	—	1.80	—	0.090
李萨如图			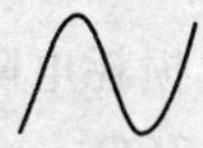		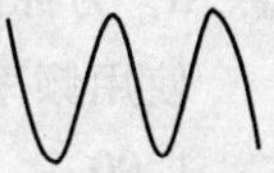
与参考正弦波位相差	π		π		π

取方波频率 $f=1000\text{Hz}$，取样电阻 $R=500\Omega$，测得信号源内阻 $r=6.0\Omega$，$L=1.00\text{H}$（见表 3-10-3）。

表 3-10-3　实验数据二

谐振时电容值 $C_i/\mu\text{f}$	0.253	C_1 和 C_3 之间	0.028	C_3 和 C_5 之间	0.010
谐振频率/kHz	1	无谐振	3	无谐振	5
相对振幅/cm	6.00	—	1.60	—	0.50
李萨如图			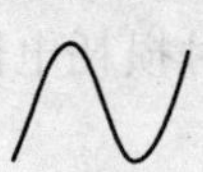		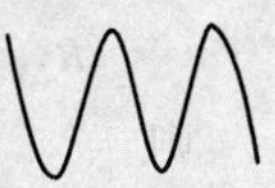
与参考正弦波位相差	π		π		π

从上述数据中可以看出：

（a）方波傅里叶分解时，只能得到 1kHz、3kHz、5kHz 正弦波，而 2kHz、4kHz、6kHz 等正弦波是不存在的。

（b）电感用铜线缠绕，由于存在趋肤效应，其损耗电阻随频率升高而增加，因此使 3kHz、5kHz 谐波振幅数值比理论值偏小，此系统误差应进行校正。

(c) 基波和各次谐波与同一参数正弦波（1kHz）初相位关系均为 π，说明方波分解为基波和各次谐波初相位相同。

(3) 不同频率电流通过电感损耗电阻的测定，对 1H 空心电感可采用 $Q5$ 型品质因素测量仪（低频 Q 表）测量。

如：我们测得某电感（1H）损耗电阻和使用频率关系：

使用频率 f/kHz	损耗电阻 R_L
1.00	307Ω
3.00	362Ω
5.00	602Ω

对于 0.1H 空心电感可用下述方法测定损耗电阻 R。

自己接一个如图 3-10-4 所示的串联谐振电路。测量在谐振状态时信号源输出电压 V_{AB} 和取样电阻 R 两端的电压 V_R，可计算出 $R=R_L+R_C$ 的值。R_C 为标准电容的损耗电阻，一般较小可忽略。

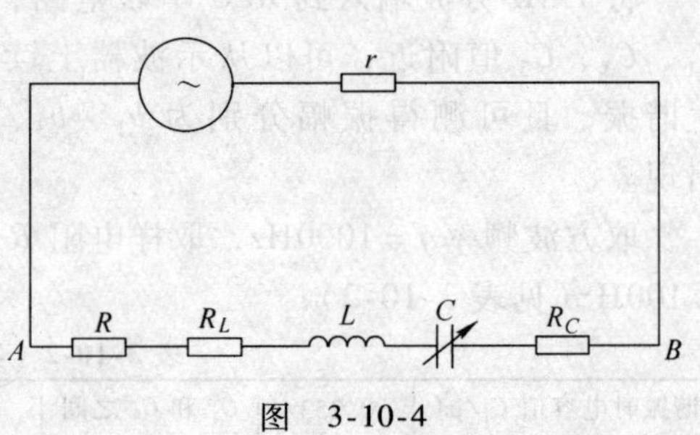

图 3-10-4

使用频率 f/kHz	损耗电阻 R_L
1.00	26Ω
3.00	34Ω
5.00	53Ω

测量 V_{AB}、V_R 可用示波器，也可用交流电压表。

(4) 相对振幅测量时，系统误差的校正可用分压原理校正。

若：b_3 为 3kHz 谐波校正后振幅；

b_3' 为 3kHz 谐波未被校正时振幅；

R_{L1} 为 1kHz 使用频率时损耗电阻；

R_{L3} 为 3kHz 使用频率时损耗电阻。

则

$$b_3 : b_3' = \frac{R}{R_{L1}+R+r} : \frac{R}{R_{L3}+R+r}$$

$$b_3 = b_3' \times \frac{R_{L3}+R+r}{R_{L1}+R+r}$$

对 5kHz 谐波也可作类似的校正。

例：基波 1kHz: $b_1=6.00\text{cm}$

谐波 3kHz: $b_3 = 1.80 \times \frac{34.0+22.0+6.0}{26.0+22.0+6.0}\text{cm} = 2.07\text{cm}$

谐波 5kHz: $b_5 = 0.90\dfrac{53.0+22.0+6.0}{26.0+22.0+6.0}\text{cm} = 1.3\text{cm}$

经校正后，基波和谐波的振幅为 $1:\dfrac{1}{3}:\dfrac{1}{5}$，与理论值符合较好。

（二）傅里叶级数合成

对方波

$$f(x) = \frac{4h}{\pi}\left(\sin\omega t + \frac{1}{3}\sin 3\omega t + \frac{1}{5}\sin 5\omega t + \frac{1}{7}\sin 7\omega t\cdots\right)$$

由上式中可知，方波由一系列正弦波（奇函数）合成。这一系列正弦波振幅比为 $1:\dfrac{1}{3}:\dfrac{1}{5}:\dfrac{1}{7}$，它们的初相位为同相。

（三）实验步骤

1. 用李萨如图形反复调节各组移相器 1kHz、3kHz、5kHz、7kHz 正弦波同位相

（1）调节方法是示波器 X 轴输入 1kHz 正弦波：而 Y 轴输入 1kHz、3kHz、5kHz、7kHz 正弦波在示波器上显示如下波形（见图 3-10-5）时：

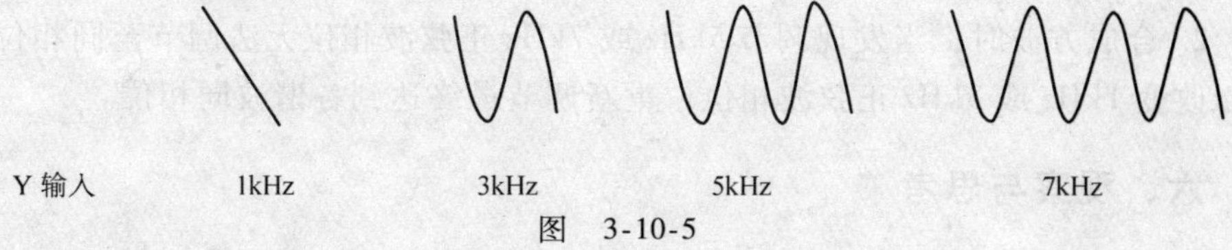

图　3-10-5

基波和各阶谐波初相位相同。

也可以用双踪示波器调节 1kHz、3kHz、5kHz、7kHz 正弦波初相位同相。

（2）调节 1kHz、3kHz、5kHz、7kHz 正弦波振幅比为 $1:\dfrac{1}{3}:\dfrac{1}{5}:\dfrac{1}{7}$。

（3）将 1kHz、3kHz、5kHz、7kHz 正弦波逐次输入加法器，观察合成波形变化，最后可看到近似方波图形。

（4）从傅里叶级数迭加过程可以得出：

（a）合成的方波的振幅与它的基波振幅比为 $1:\dfrac{4}{\pi}$；

（b）基波上迭加谐波越多，越趋近于方波；学生可观察迭加谐波越多，合成方波前沿、后沿越陡直。

2. 三角波的合成

三角波傅里叶级数表示式为

$$f(t) = \frac{8h}{\pi^2}\left(\frac{\sin\omega t}{1^2} - \frac{\sin 3\omega t}{3^2} + \frac{\sin 5\omega t}{5^2} - \frac{\sin 7\omega t}{7^2} + \cdots\right)$$

(1) 将 1kHz 正弦波从 X 轴输入，用李萨如图形法调节各阶谐波移相器调节初相位为如下图形（见图 3-10-6）：

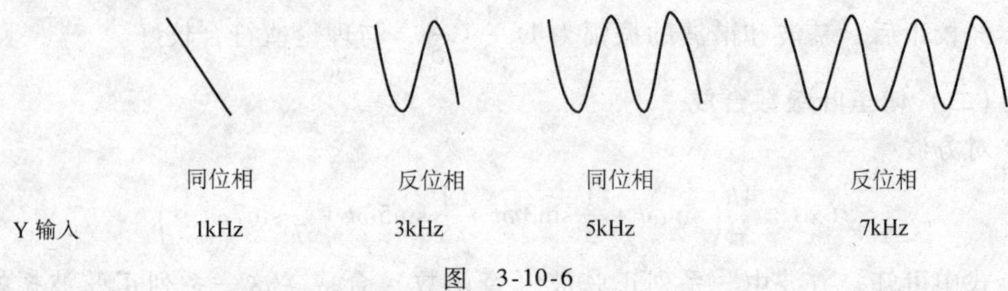

图 3-10-6

(2) 调节基波和各阶谐波振幅比为：$1:\frac{1}{3^2}:\frac{1}{5^2}:\frac{1}{7^2}$。

(3) 将基波和各阶谐波输入加法器，输出接示波器，可看到合成的三角波图形。

五、注意事项

1. 分解时，观测各谐波相位关系，可用本机提供的 1kHz 正弦波。

2. 合成方波时，当发现调节 5kHz 或 7kHz 正弦波相位无法调节至同相位时，可以改变 1kHz 或 3kHz 正弦波相位，重新调节最终达到各谐波同相位。

六、观察与思考

1. 学生可有意识增加串联电路中电阻 R 的值，将 Q 值减小，观察电路的选频效果，从中理解 Q 值的物理意义。

2. 良导体的趋肤效应是怎样产生的？如何测量不同频率时，电感的损耗电阻？如何校正傅里叶分解中各次谐波振幅测量的系统误差？

3. 用傅里叶合成方波过程证明，方波的振幅与它的基波振幅之比为 $1:\frac{4}{\pi}$。

实验十一　非线性电路混沌实验

长期以来，人们在认识和描述运动时，大多只局限于线性动力学描述方法，即确定的运动有一个完美确定的解析解。但是自然界在相当多情况下，非线性现象却起着很大的作用。1963 年美国气象学家 Lorenz 在分析天气预报模型时，首先发现空气动力学中的混沌现象，该现象只能用非线性动力学来解释。本实验将引导学生自己建立一个非线性电路，该电路包括有源非线性负阻、*LC* 振荡器和 *RC* 移相器三部分；采用物理实验方法研究 *LC* 振荡器产生的正弦波与经过 *RC* 移相器移相的正弦波合成的相图（李萨如图），观测振动周期发生的分岔及混沌现象；测量非线性单元电路的电流-电压特性，从而对非线性电路及混沌现象有一深刻了解；学会自己制作和测量一个实用带铁磁材料介质的电感器以及测量非线性器件伏安特性的方法。

一、实验目的

1. 了解非线性电路及混沌现象。
2. 观测振动周期发生的分岔及混沌现象。
3. 测量非线性单元电路的电流-电压特性。

二、实验仪器

非线性电路混沌实验仪、双踪示波器。实验装置见图 3-11-1。

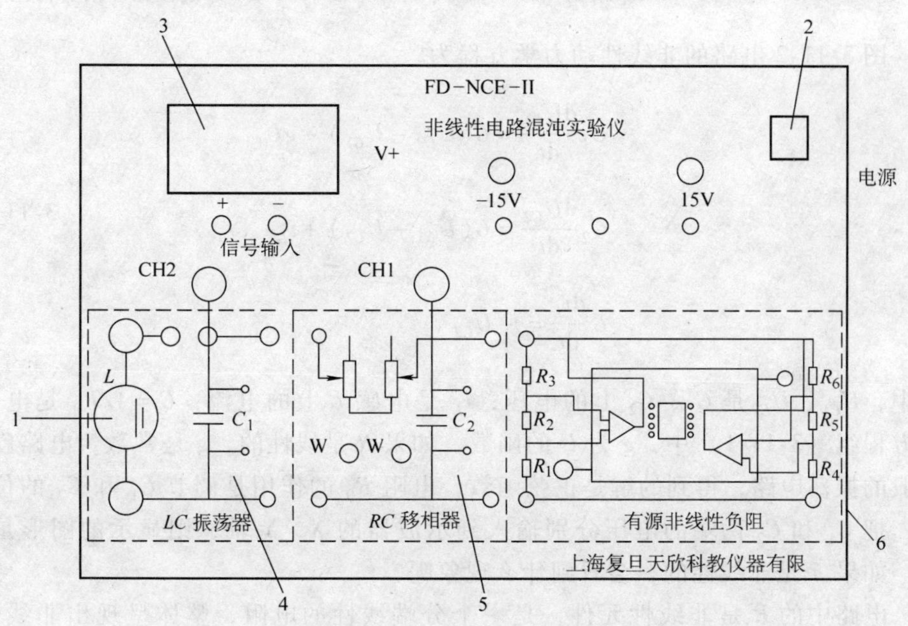

图 3-11-1 实验装置外观图

1—电感 2—电源开关 3—20V 数字电压表 4—*LC* 震荡器；5—*RC* 移相器 6—有源非线性负阻

三、实验原理

1. 非线性电路与非线性动力学

实验电路如图 3-11-2 所示，图 3-11-2 中只有一个非线性元件 R，它是一个有源非线性负阻器件。电感器 L 和电容器 C_2 组成一个损耗可以忽略的谐振回路；

可变电阻 R_0 和电容器 C_1 串联将振荡器产生的正弦信号移相输出。本实验所用的非线性元件 R 是一个五段分段线性元件。图 3-11-3 所示的是该电阻的伏安特性曲线，可以看出加在此非线性元件上电压与通过它的电流极性是相反的。由于加在此元件上的电压增加时，通过它的电流减小，因而将此元件称为非线性负阻元件。

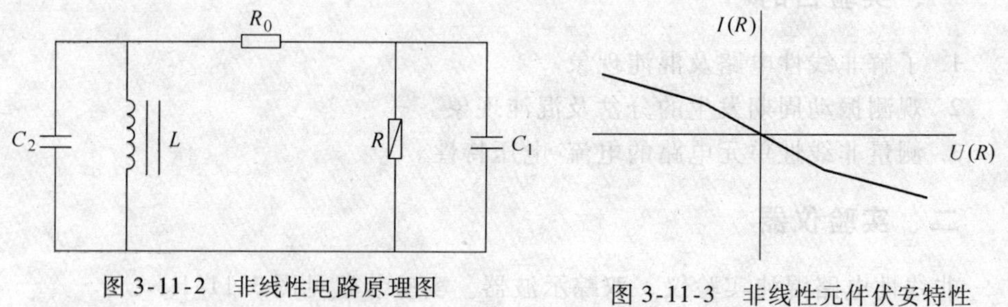

图 3-11-2　非线性电路原理图　　图 3-11-3　非线性元件伏安特性

图 3-11-2 电路的非线性动力学方程为

$$
\begin{aligned}
C_1\frac{\mathrm{d}U_{C1}}{\mathrm{d}t} &= G(U_{C2}-U_{C1})-gU_{C1} \\
C_2\frac{\mathrm{d}U_{C2}}{\mathrm{d}t} &= G(U_{C1}-U_{C2})+i_L \\
L\frac{\mathrm{d}i_L}{\mathrm{d}t} &= -U_{C2}
\end{aligned}
\tag{3-11-1}
$$

式中，U_{C1}、U_{C2} 是 C_1、C_2 上的电压；i_L 是电感 L 上的电流；$G=1/R_0$ 是电导；在方程组（3-11-1）中，g 为 U 的函数，如果 R 是线性的，g 是常数，电路就是一般的振荡电路，得到的解是正弦函数，电阻 R_0 的作用是调节 C_1 和 C_2 的位相差，把 C_1 和 C_2 两端的电压分别输入到示波器的 X，Y 轴，则显示的图形是椭圆。如果 R 是非线性的，会看到什么现象呢？

电路中的 R 是非线性元件，是一个分端线性的电阻，整体呈现出非线性。gU_{C1} 是一个分段线性函数。由于 g 总体是非线性函数，三元非线性方程组（3-11-1）没有解析解。若用计算机编程进行数据计算，当取适当电路参数时，可在显示屏上观察到模拟实验的混沌现象。

除了计算机数学模拟方法之外，更直接的方法是用示波器来观察混沌现象，实验电路如图 3-11-4 所示。图 3-11-4 中，非线性电阻是电路的关键，它是通过一个双运算放大器和六个电阻组合来实现的。电路中，LC 并联构成振荡电路，R_0 的作用是分相，使 J1 和 J2 两处输入示波器的信号产生位相差，可得到 X，Y 两个信号的合成图形，双运放 LF353 的前级和后级正、负反馈同时存在，正反

馈的强弱与比值 R_3/R_0，R_6/R_0 有关，负反馈的强弱与比值 R_2/R_1，R_5/R_4 有关。当正反馈大于负反馈时，振荡电路才能维持振荡。若调节 R_0，正反馈就发生变化，LF353 处于振荡状态，表现出非线性，从 C，D 两点看，LF353 与六个电阻等效于一个非线性电阻。它的伏安特性大致如图 3-11-5 所示。

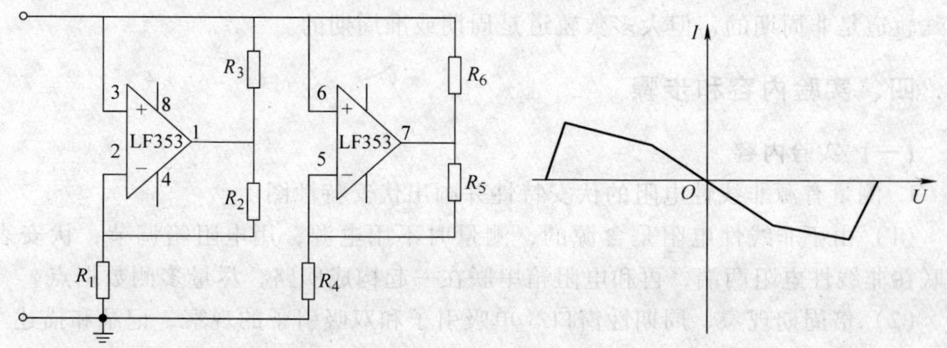

图 3-11-4　有源非线性器件　　　图 3-11-5　双运放非线性元件的伏安特性

2. 有源非线性负阻元件的实现

有源非线性负阻元件实现的方法有多种，这里使用的是一种较简单的电路采用两个运算放大器（一个双运放 LF353）和六个配制电阻来实现，其电路如图 3-11-4所示，它的伏安特性曲线如图 3-11-5 所示，实验所要研究的是该非线性元件对整个电路的影响，而非线性负阻元件的作用是使振动周期产生分岔和混沌等一系列非线性现象。

实际非线性混沌实验电路如图 3-11-6 所示。

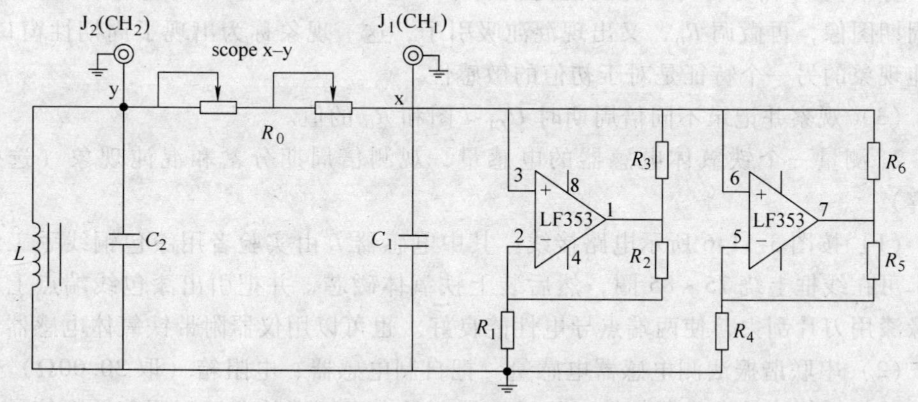

图 3-11-6　非线性电路混沌实验电路

3. 有关名词

本名词解释引自参考文献［21］。这些定义是描述性的，并非是标准数学定义，但有助于初学者对这些词汇的理解。这些词汇定义多数是按相空间作出的。

(1) 分岔：在一族系统中，当一个参数值达到某一临界值以上时，系统长期行为的一个突然变化。

(2) 混沌：①表征一个动力系统的特征，在该系统中大多数轨道显示敏感依赖性，即完全混沌。②有限混沌；表征一个动力系统的特征，在该系统中某些特殊轨道是非周期的，但大多数轨道是周期或准周期的。

四、实验内容和步骤

(一) 实验内容

1. 测量有源非线性电阻的伏安特性并画出伏安特性图

(1) 由于非线性电阻是含源的，测量时不用电源，用电阻箱调节，伏安表并联在非线性电阻两端，再和电阻箱串联在一起构成回路，尽量多测数据点。

(2) 倍周期现象、周期性窗口、单吸引子和双吸引子的观察、记录和描述

将电容 C_1 和 C_2 上的电压输入到示波器的 X、Y 轴，先把 R_0 调到最小，示波器上可以观察到一条直线，调节 R_0，直线变成椭圆，到某一位置，图形缩成一点。增大示波器的倍率，反向微调 R_0，可见曲线作倍周期变化，曲线由一周期增为二周期，由二周期增为四周期……，直至一系列难以计数的无首尾的环状曲线，这是一个单涡旋吸引子集，再细微调节 R_0，单吸引子突然变成了双吸引子，只见环状曲线在两个向外涡旋的吸引子之间不断填充与跳跃，这就是混沌研究文献中所描述的“蝴蝶”图像，也是一种奇怪吸引子，它的特点是整体上的稳定性和局域上的不稳定性同时存在。利用这个电路，还可以观察到周期性窗口，仔细调节 R_0，有时原先的混沌吸引子不是倍周期变化，却突然出现了一个三周期图像，再微调 R_0，又出现混沌吸引子，这一现象称为出现了周期性窗口。混沌现象的另一个特征是对于初值的敏感性。

(3) 观察并记录不同倍周期时 U_{C1}-t 图和 R_0 的值。

2. 测量一个铁氧体电感器的电感量，观测倍周期分岔和混沌现象（选做内容）

(1) 按图 3-11-6 所示电路接线。其中电感器 L 由实验者用漆包铜线手工缠绕。可在线框上绕 75 ~ 85 圈，然后装上铁氧体磁芯，并把引出漆包线端点上的绝缘漆用刀片刮去，使两端点导电性能良好。也可以用仪器附带铁氧体电感器。

(2) 串联谐振法测电感器电感量。把自制电感器、电阻箱（取 30.00Ω）串联，并与低频信号发生器相接。用示波器测量电阻两端的电压，调节低频信号发生器正弦波频率，使电阻两端电压达到最大值。同时，测量通过电阻的电流值 I。要求达到 $I=5\text{mA}$（有效值）时，测量电感器的电感量。

(二) 实验步骤

1. 打开机箱，将铁氧体介质电感连接到与面板上对应接线柱相接。

2. 用同轴电缆线将实验仪面板上的 CH2 插座连接示波器的 Y 输入，CH1 插座连接示波器的 X 输入，并置 X 和 Y 输入为 DC，以观测二个正弦波构成的李萨如图（相图）。

3. 接通实验板的电源，这时数字电压表有显示，对应 ±15V 电源指示灯都为亮状态，且都有电压输出。

4. 数字电压表上的数字不停的闪烁，说明显示输入电压超过量程。

五、注意事项

1. 双运算放大器的正负极不能接反，地线与电源接地点必须接触良好（尽管仪器有保护装置，但学生必须学会准确接线）。

2. 关掉电源以后，才能拆实验板上的接线。

3. 仪器预热 10 分钟以后再开始测数据。

六、实验数据记录

（一）倍周期分岔和混沌现象的观测及相图描绘

1. 按图 3-11-6 接好实验面板图，将方程（3-10-1）中的 $1/G$ 即 $R_{V1}+R_{V2}$ 值放到较大某值，这时示波器出现李萨如图，如图 3-11-7a 所示，用扫描档观测为两个具有一定相移（相位差）的正弦波。

2. 逐步减小 $1/G$ 值，开始出现两个“分列”的环图，出现了分岔现象，即由原来 1 倍周期变为 2 倍周期，示波器上显示李萨如图，如图 3-11-7b 所示。

3. 继续减小 $1/G$ 值，出现 4 倍周期（如图 3-11-7c 所示）、8 倍周期、16 倍周期与阵发混沌交替现象，阵发混沌见图 3-11-7d。

4. 再减小 $1/G$ 值，出现了 3 倍周期，如图 3-11-7e 所示，图像十分清楚稳定。根据 Yorke 的著名论断“周期 3 意味着混沌”，说明电路即将出现混沌。

5. 继续减小 $1/G$，则出现单个吸引子，如图 3-11-7f 所示。

6. 再减小 $1/G$，出现双吸引子，如图 3-11-7g 所示。

（二）电感量与工作电流的关系

由于在本实验中制作线圈时使用了磁芯，因而线圈的电感对电流的变化非常明显，以下测量到的数据可以很清楚地说明这一点，但由于本实验对混沌现象只用于定性半定量的观察，因而对实验影响并不大。

（三）测量电感 L 特性的方法

如图 3-11-8 所示，CH2 测量 R 两端电压。保持信号发生器输出电压不变，调节频率，当 CH2 测得的电压最大时，RLC 串联电路达到谐振。

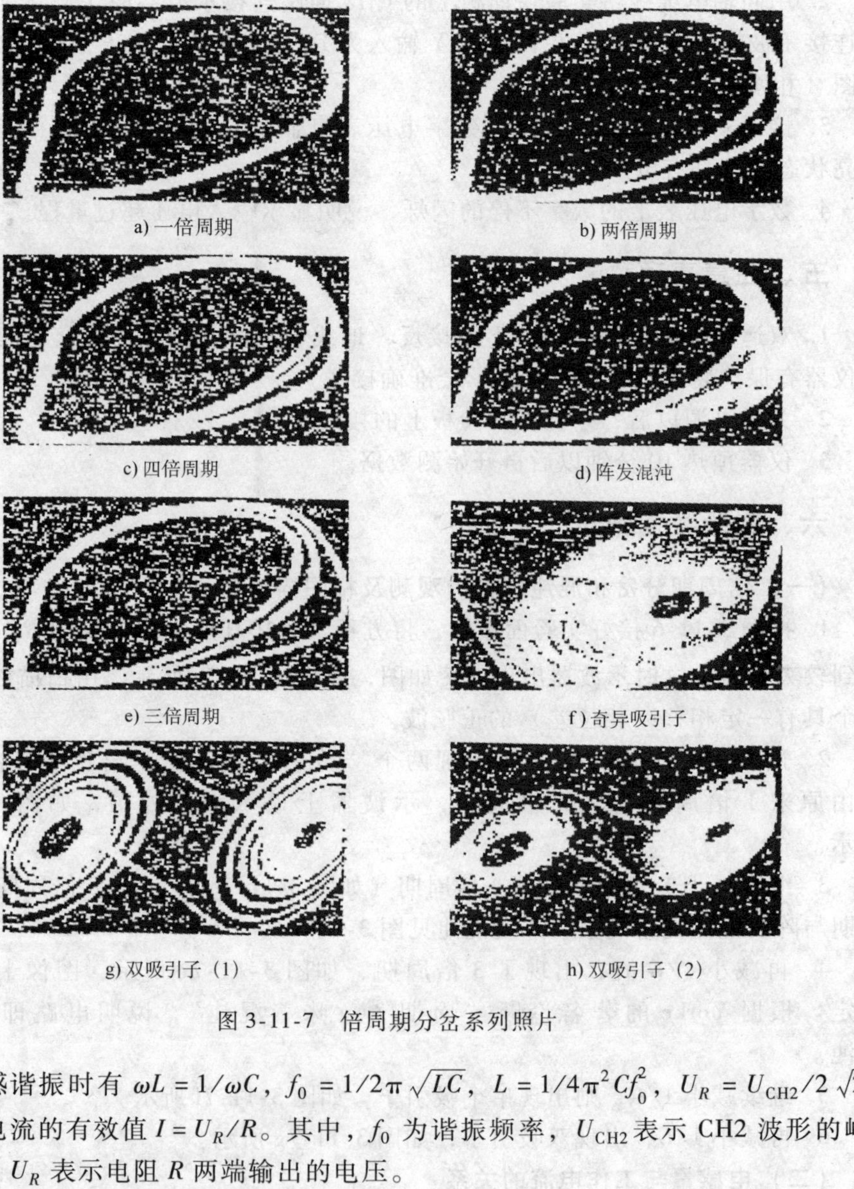

a) 一倍周期

b) 两倍周期

c) 四倍周期

d) 阵发混沌

e) 三倍周期

f) 奇异吸引子

g) 双吸引子（1）

h) 双吸引子（2）

图 3-11-7 倍周期分岔系列照片

电感谐振时有 $\omega L = 1/\omega C$，$f_0 = 1/2\pi\sqrt{LC}$，$L = 1/4\pi^2 C f_0^2$，$U_R = U_{\mathrm{CH2}}/2\sqrt{2}$，回路中电流的有效值 $I = U_R/R$。其中，f_0 为谐振频率，U_{CH2} 表示 CH2 波形的峰-峰电压，U_R 表示电阻 R 两端输出的电压。

以下提供两个电感样品的测量数据，仅供参考，因为不同的电感，其参数完全不一样，但需要掌握测量电感的 *RLC* 电路和记录数据的方法。

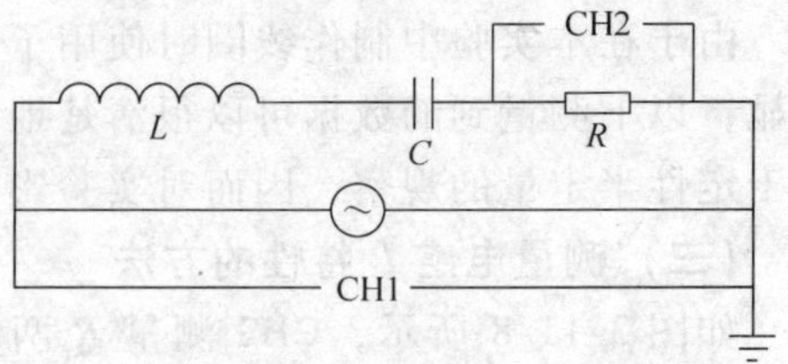

图 3-11-8 测量电感的电路

样品 A：（测量的实验数据如表3-11-1所示，由表 3-11-1 作图，见图 3-11-9）

表 3-11-1　电感 L 随电流 I 变化的数据表

f_0/kHz	I/mA	L/mH
3.14	19.7	25.7
3.19	16.0	24.9
3.23	12.2	24.3
3.30	8.29	23.3
3.39	4.26	22.0
3.44	2.16	21.4
3.47	1.74	21.0
3.49	1.10	20.8

由上表可见，电感量 L 随着电流 I 的增大而增加，由此得出电感中有铁芯，因为电流越大，铁磁效应越明显。

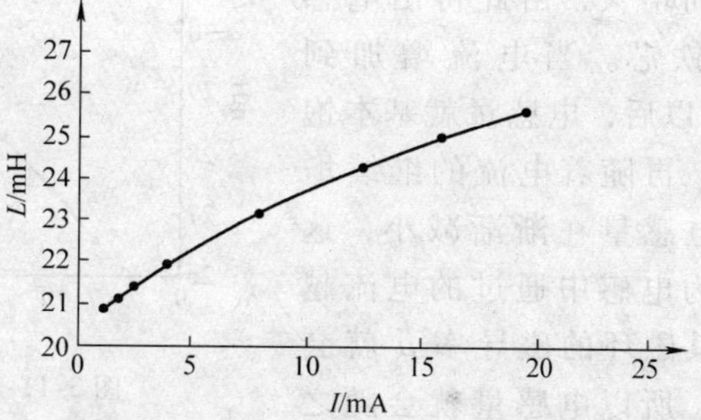

图 3-11-9　电感值 L 与电流 I 关系

样品 B：（测量的实验数据如表 3-11-2 所示）

改变信号发生器输出电压后得到数据见表 3-11-3。

表 3-11-2　电感参量的测量数据

参　数	数　值	参　数	数　值
R/Ω	100.0	f_0/kHz	1.995
U_{CH2}/V	12.0	L/mH	29.6
I/mA	42.4	R_L/Ω	33.3

表 3-11-3　改变信号发生器输出电压后测量数据

参　数	数　值	参　数	数　值
R/Ω	100.0	f_0/kHz	2.038
U_{CH2}/V	4.00	L/mH	28.3
I/mA	14.1		

电感值 L 随电流 I 变化数据见表 3-11-4。由表 3-11-4 作图，见图 3-11-10（$R=100.0\Omega$）。

表 3-11-4　电感 L 随电流变化的数据表

U_{CH2}/V	I/mA	f_0/kHz	L/mH
12.0	42.4	1.995	29.6
10.0	35.5	1.980	30.1
8.00	28.3	1.982	30.0
6.00	21.2	2.000	29.5
4.00	14.1	2.038	28.3
2.00	7.07	2.110	26.5

可见，电感 L 随电流 I 的增加而增大，由此得出电感中有铁芯。当电流增加到 25mA 以后，电感量就基本饱和了，再随着电流的继续增大，电感量在渐渐减小，这是因为电感中通过的电流越大，其磁环的磁导率 μ 就会下降，所以电感量就会随之减小。

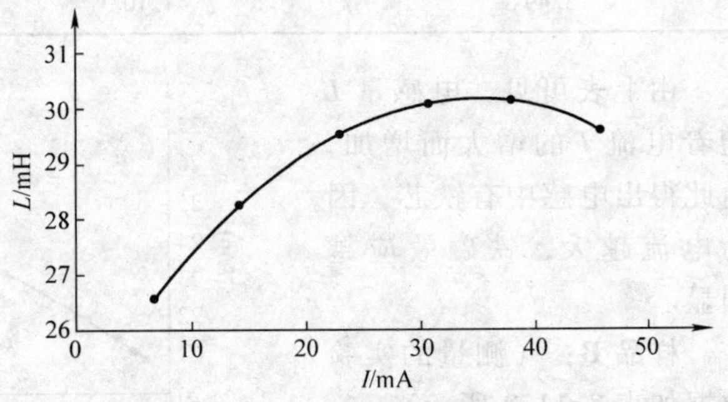

图 3-11-10　电感值 L 与电流 I 关系

（四）有源非线性负阻元件的伏安特性

双运算放大器中两个对称放大器各自的配置电阻相差 100 倍，这就使得两个放大器输出电流的总和，在不同的工作电压段，输出总电流随电压变化关系不相同（其中一个放大器达到电流饱和，另一个尚未饱和），因而出现了非线性的伏安特性。测量结果如表 3-11-5 所示，实验电路如图 3-11-11 所示。

（五）有源非线性电路的伏安特性曲线测量

有源非线性负阻元件一般满足“蔡氏电路”的特性曲线。实验中，将电路的 LC 振荡部分与非线性电阻直接断开，图 3-11-11 所示的电压表用来测量非线性元件两端的电压。由于非线性电阻是有源的，因此回路中始终有电流流过，R 使用的是电阻箱，其作用是改变非线性元件的对外输出。使用电阻箱可以得到很精确的电阻，尤其可以

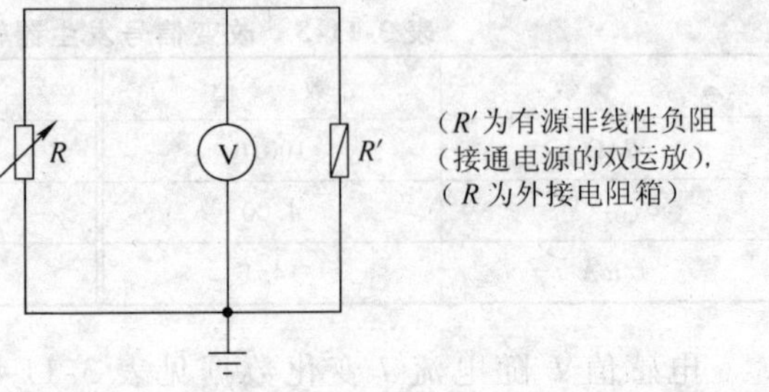

图 3-11-11　有源非线性负阻元件伏安特性原理图

对电阻值作微小的改变，因而微小地改变输出。

本实验测得数据见表3-11-5（仅供参考）：

表3-11-5　非线性电路伏安特性

电压/V	电流/mA	电压/V	电流/mA	电压/V	电流/mA
-10.000m	0.015	-1.800	1.331	-10.600	4.089
-100.06m	0.081	-2.000	1.415	-10.800	3.685
-200.02m	0.155	-3.000	1.819	-11.000	3.266
-400.9m	0.304	-4.000	2.222	-11.200	2.839
-600.0m	0.451	-5.000	2.626	-11.400	2.408
-801.6m	0.600	-6.000	2.965	-11.600	1.969
-1.0050	0.751	-7.000	3.434	-11.800	1.528
-1.1955	0.893	-8.000	3.839	-12.000	1.085
-1.3957	1.042	-9.000	4.243	-12.200	0.635
-1.6082	1.197	-10.000	4.648	-12.400	0.146

把上表数据分三段进行线性拟合，同时根据方程 $I=AV+B$，可得参数如下所示：

$A1=-7.406\times10^{-4}\text{A/V}$　$B1=7.042\times10^{-3}\text{mA}$　$r=0.9996$

$A2=-4.042\times10^{-4}\text{A/V}$　$B2=0.605\text{mA}$　$r=0.9997$

$A3=2.185\times10^{-4}\text{A/V}$　$B3=27.30\text{mA}$　$r=0.9996$

对直线的交点，即转折点进行计算，可得

$$V_1=-1.775\text{V}, I_1=0.323\text{mA}; V_2=-10.276\text{V}, I_2=4.759\text{mA}$$

式中，A、B、r 分别代表斜率、截距和线性相关系数。

可见，实际的曲线三段分段线性度很高，因而对非线性元件的电压-电流特性曲线，在一定范围内可作分段线性近似，以便于以下的理论讨论。对于正向电压部分的曲线，由理论计算是与反向电压部分曲线关于原点180度对称的。

七、观察与思考

1. 实验中需自制铁氧体为介质的电感器，该电感器的电感量与哪些因素有关？此电感量可用哪些方法测量？

2. 非线性负阻电路（元件）在本实验中的作用是什么？

3. 为什么要采用 RC 移相器，并且用相图来观测倍周期分岔等现象？如果不用移相器，可用哪些仪器或方法？

4. 通过做本实验请阐述倍周期分岔、混沌、奇怪吸引子等概念的物理含义。

实验十二 霍尔效应法测量螺线管磁场

1879 年美国霍普金斯大学研究生霍尔在研究载流导体在磁场中受力性质时发现了一种电磁现象，此现象称为霍尔效应，半个多世纪以后，人们发现半导体也有霍尔效应，而且半导体霍尔效应比金属强得多。由高电子迁移率的半导体制成的霍尔传感器已广泛用于磁场测量和半导体材料的研究。

一、实验目的

1. 了解霍尔效应现象，掌握其测量磁场的原理。
2. 测量集成线性霍尔传感器的灵敏度。
3. 验证霍尔传感器输出电势差与螺线管内磁感应强度成正比。
4. 学会用霍尔效应测量长直通电螺线管轴向磁场分布的方法。
5. 学习补偿原理在磁场测量中的应用。

二、实验仪器

1. SS495A 型集成霍尔传感器

工作电压：	DC 5.00V
磁场测量范围：	−67mT ~ +67mT
在零磁场时，零点电压：	2.500 ±0.075V
功耗（在 DC 5V 时）：	7mW
灵敏度：	31.25 ±1.25V/T
线误差：	< −1.0%
温度误差，零点漂移：	< ±0.06%/℃

本传感器内含激光修正的薄膜电阻，提供精确的灵敏度和温度补偿，不必考虑剩余电压影响。

2. 螺线管

螺线管长度：26.0 ±0.1cm，螺线管内径 ϕ2.5cm，外径 ϕ4.5cm，平均直径 $\overline{D}$ = 3.5 ±0.1cm。

螺线管层数：10 层，螺线管匝数：3000 ±20 匝。

螺线管中央均匀磁场长度：>10.0cm。

3. 电源和数字电压表

数字恒流电源：0 ~ 1000mA

直流稳压电源：5V（工作电源）和 2.5V

数字万用表：四位

4. 导线若干，分压器一只

三、实验原理

（一）霍尔效应

霍尔元件的作用如图 3-12-1 所示．若电流 I 流过厚度为 d 的半导体薄片，且磁场 B 垂直作用于该半导体，则电子流方向由于洛伦兹力作用而发生改变，该现象称为霍尔效应，在薄片两个横向面 a、b 之间与电流 I、磁场 B 垂直方向产生的电势差称为霍尔电势差。

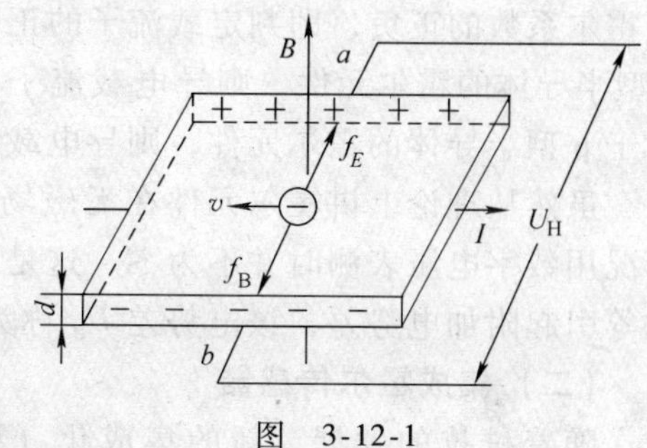

图　3-12-1

霍尔电势差是这样产生的：当电流 I_H 通过霍尔元件（假设为 P 型）时，空穴有一定的漂移速度 v，垂直磁场对运动电荷产生一个洛伦兹力

$$F_B = qvB \tag{3-12-1}$$

式中，q 为电子电荷，洛伦兹力使电荷产生横向的偏转，由于样品有边界，所以偏转的载流子将在边界积累起来，产生一个横向电场 E，直到电场对载流子的作用力 $F_E = qE$ 与磁场作用的洛伦兹力相抵消为止，即

$$qvB = qE \tag{3-12-2}$$

这时电荷在样品中流动时不再偏转，霍尔电势差就是由这个电场建立起来的。

如果是 N 型样品，则横向电场与前者相反，所以 N 型样品和 P 型样品的霍尔电势差有不同的符号，据此可以判断霍尔元件的导电类型。

设 P 型样品的载流子浓度为 p，宽度为 ω，厚度为 d，通过样品电流 $I_H = pqv\omega d$，则空穴的速度 $v = I_H / pq\omega d$ 代入式（3-12-2）有

$$E = vB = \frac{I_H B}{pq\omega d} \tag{3-12-3}$$

上式两边各乘以 ω，便得到

$$U_H = E\omega = \frac{I_H B}{pqd} = R_H \frac{I_H B}{d} \tag{3-12-4}$$

式中，$R_H = \frac{1}{pq}$称为霍尔系数，在应用中一般写成

$$U_H = K_H I_H B \tag{3-12-5}$$

比例系数 $K_H = R_H / d = 1/pqd$，称为霍尔元件的灵敏度，单位为 V/T。一般要求 K_H 愈大愈好。K_H 与载流子浓度 p 成反比，半导体内载流子浓度远比金属载流子浓度小，所以都用半导体材料作为霍尔元件，K_H 与材料片厚 d 成反比，因此霍尔元件都做得

很薄，一般只有0.2mm厚。

由式（3-12-5）可以看出，知道了霍尔片的灵敏度 K_H，只要分别测出霍尔电流 I_H 及霍尔电势差 U_H 就可以算出磁场 B 的大小，这就是霍尔效应测量磁场的原理。

因此，根据霍尔电流 I 和磁场 B 的方向，实验测出霍尔电压的正负，由此确定霍尔系数的正负，即判定载流子的正负，是研究半导体材料的重要方法。对于n型半导体的霍尔元件，则导电载流子为电子，霍尔系数和灵敏度为负；反之，对于p型半导体的霍尔元件，则导电载流子为空穴，霍尔系数和灵敏度为正。

虽然从理论上讲霍尔元件在无磁场作用（即 $B=0$）时，$U_H=0$，但是实际情况用数字电压表测时并不为零，这是由于半导体材料结晶不均匀及各电极不对称等引起附加电势差，该电势差 U_0 称为剩余电压。

（二）集成霍尔传感器

随着科技的发展，新的集成化（IC）元件不断被研制成功。本实验采用SS495A型集成霍尔传感器（结构示意图如图3-12-2所示）是一种高灵敏度集成霍尔传感器，它由霍尔元件、放大器和薄膜电阻剩余电压补偿组成。测量时输出信号大，并且剩余电压的影响已被消除。本集成霍尔传感器由三根引线，分别是："V_+"、"V_-"、"V_{out}"。其中"V_+"和"V_-"构成"电流输入端"，"V_{out}"和"V_-"构成"电压输出端"。由于它的工作电流已设定，被称为标准工作电流，使用传感器时，必须使工作电流处在该标准状态。在实验时，只要在磁感应强度为零（零磁场）条件下，调节"V_+"、"V_-"所接的电源电压（装置上有一调节旋钮可供调节），使输出电压为2.500V（在数字电压表上显示），则传感器就可处在标准工作状态之下。

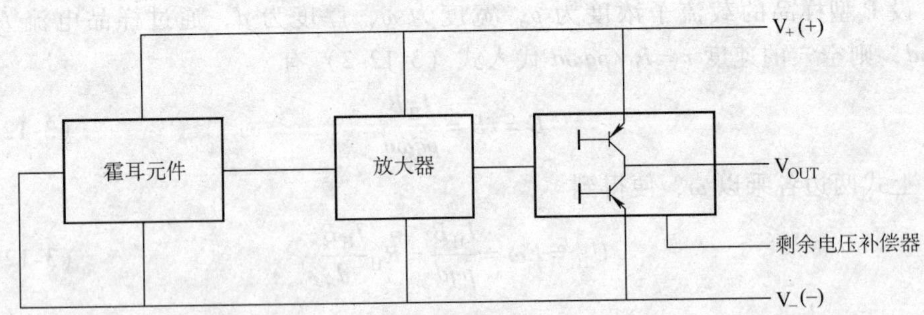

图3-12-2 495A型集成霍尔元件内部结构图

当螺线管内有磁场且集成霍尔传感器在标准工作电流时，与式（3-12-5）相似，可得

$$B=\frac{(U-2.500)}{K}=\frac{U'}{K} \tag{3-12-6}$$

式中，U 为集成霍尔传感器的输出电压；K 为该传感器的灵敏度；U' 为经用 2.500V 外接电压补偿以后，用数字电压表测出的传感器输出值（仪器用 mV 档读数）。

（三）长直通电螺线管中心点磁感应强度理论值

根据电磁学毕奥-萨伐尔（Biot-Savart）定律，长直通电螺线管轴线上中心点的磁感应强度为

$$B_{中心} = \frac{\mu N I_M}{\sqrt{L^2 + D^2}} \tag{3-12-7}$$

螺线管轴线上两端面上的磁感应强度为

$$B_{端} = \frac{1}{2} B_{中心} = \frac{1}{2} \cdot \frac{\mu N I_M}{\sqrt{L^2 + D^2}} \tag{3-12-8}$$

式中，μ 为磁介质的磁导率，真空中 $\mu_0 = 4\pi \times 10^{-7}\,\mathrm{T \cdot m/A}$；$N$ 为螺线管的总匝数；I_M 为螺线管的励磁电流；L 为螺线管的长度；D 为螺线管的平均直径。

四、实验内容和步骤

基本实验装置按接线如图 3-12-3 所示。考虑到补偿电路，在三个表具和螺线管之间增加分压器。

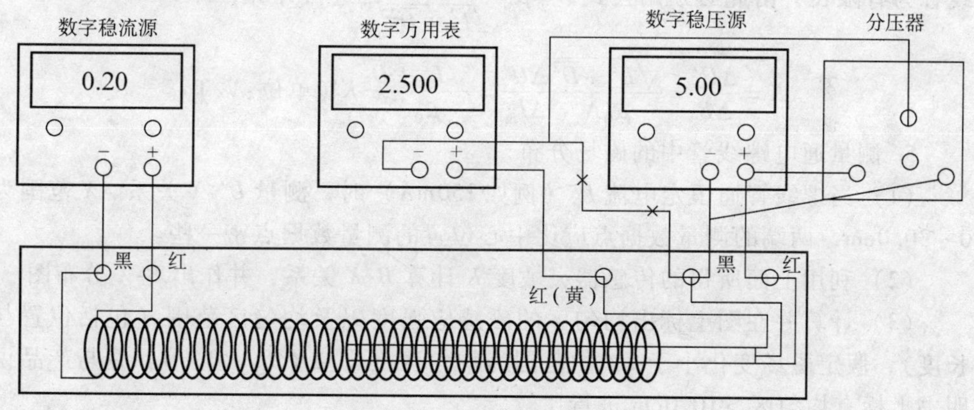

图 3-12-3

1. 螺线管与直流恒流电源输出端相接，恒流源暂不打开。集成霍尔传感器的“V_+”和“V_-”分别与 4.8V ~ 5.2V 可调直流电源输出端的正负相接（正负极请勿接错）。“V_{out}”和“V_-”与数字万用表正负相接。

2. 在集成霍尔传感器处于零磁场条件下，调节 4.8V ~ 5.2V 电源输出电压，使数字万用表显示的“V_{out}”和“V_-”的电压指示值为 2.500V，这时集成霍尔元件便达到了标准化工作状态，即集成霍尔传感器通过电流达到规定的数值。

3. 在保持“V_+”和“V_-”电压不变的情况下，将数字万用表负端拔离“V_-”端，插入分压器的中心端，量程拨向 mV 档。再将分压器两端分别与“V_+”和“V_-”相接，仔细调节分压器旋钮（2.4V～2.6V 电源输出电压），使数字万用表指示值为 0mV（含义：就是用一外接 2.500V 的电位差与传感器输出 2.500V 电位差进行补偿）。这样就可直接用数字万用表读出集成霍尔传感器电势差的值 U'。

4. 测定霍尔传感器的灵敏度 K

（1）打开恒流源，改变输入螺线管的直流电流 I_m，将传感器处于螺线管的中央位置（即 $X=15.0\text{cm}$），测量 U'-I_m 关系，记录 10 组数据，I_m 范围在 0～500mA，可每隔 50mA 测一次。

（2）用最小二乘法求出 U'-I_m、直线的斜率 $K'=\dfrac{\Delta U'}{\Delta I_m}$和相关系数 r。

（3）对于无限长直螺线管磁场可利用公式 $B=\mu_0 nI_m$（μ_0真空磁导率，n 为螺线管单位长度的匝数），求出集成霍尔传感器的灵敏度 $K=\dfrac{\Delta U'}{\Delta B}$。

注：实验中所用螺线管参数为：螺线管长度 $L=26.0\pm0.1\text{cm}$，$N=(3000\pm20)$ 匝，平均直径$\overline{D}=3.5\pm0.1\text{cm}$，而真空磁导率 $\mu_0=4\pi\times10^{-7}\text{H/m}$。由于螺线管为有限长，由此必须用公式 $B=\mu_0\dfrac{N}{\sqrt{L^2+\overline{D}^2}}I_m$进行计算，即

$$K=\frac{\Delta U'}{\Delta B}=\frac{\sqrt{L^2+\overline{D}^2}}{\mu_0 N}\frac{\Delta U'}{\Delta I_m}=\frac{\sqrt{L^2+\overline{D}^2}}{\mu_0 N}K'(\text{单位:V/T})$$

5. 测量通电螺线管中的磁场分布

（1）当螺线管通恒定电流 I_m（例如 250mA）时，测量 U'-X 关系。X 范围为 0～30.0cm，两端的测量数据点应比中心位置的测量数据点密一些。

（2）利用上面所得的传感器灵敏度 K 计算 B-X 关系，并作出 B-X 分布图。

（3）计算并在图上标出均匀区的磁感应强度$\overline{B_0'}$及均匀区范围（包括位置与长度），假定磁场变化小于 1% 的范围为均匀区（即 $\Delta B/B_0<1\%$）。并与产品说明书上标有均匀区 >10.0cm 进行比较。

（4）在图上标出螺线管边界的位置坐标（即 P 与 P'点，一般认为在边界点处的磁场是中心位置的一半，即 $B_P=B_{P'}=\dfrac{1}{2}\overline{B_0'}$）。

（5）将上述结果与理论值比较：

（a）理论值 $B_0=\mu_0\dfrac{N}{\sqrt{L^2+\overline{D}^2}}I_m$，验证：$\dfrac{|B_0-B_0'|}{B_0}\times100\%<1\%$

（b）已知 $L=26.0\text{cm}$，试证明 P-P'间距约 26.0cm。

五、注意事项

1. 测量 U'-I_m时，传感器位于螺线管中央（即均匀磁场中）。

2. 测量 U'-X 时，螺线管通电电流 I_m 应保持不变。

3. 常检查 $I_m=0$ 时，传感器输出电压是否为 2.500V。

4. 用 mV 档读 U'值，当 $I_m=0$ 时，mV 指示应该为 0。

5. 实验完毕后，请逆时针地旋转仪器上的三个调节旋钮，使恢复到起始位置（最小的位置）。

六、数据记录及处理（用补偿法）

（一）霍尔电势差与磁感应强度 *B* 的关系

霍尔传感器处于螺线管中央位置（即 $X=15.0$cm 处）

根据表 3-12-1 描绘霍尔电势差 U 与螺线管通电电流 I_m 的关系图。

表 3-12-1　测量霍尔电势差（已放大为 U）与螺线管通电电流 I_m 关系

I_m/mA	0	50	100	150	200	250	300	350	400	450	500
U/mV	0										

附录：（样图）

比较理想的霍尔电势差 U 与螺线管通电电流 I_m 关系图（见图 3-12-4）。

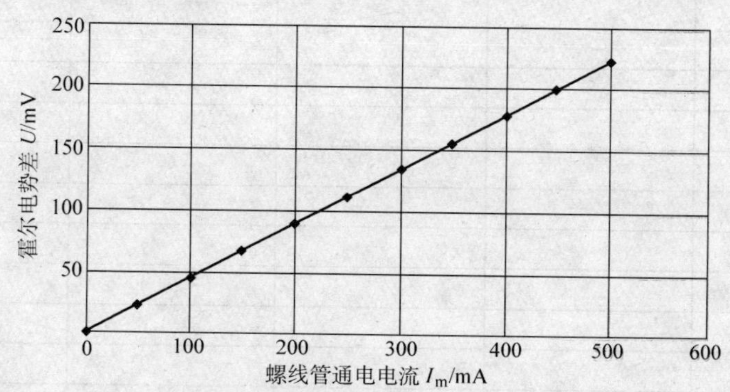

图 3-12-4　霍尔电势差 U 与螺线管通电电流 I_m 关系图

（二）通电螺线管内磁感应强度分布测定（螺线管的励磁电流 $I_m=250$mA）

U_1'为螺线管通正向直流电流时测得集成霍尔传感器输出电压；

U_2'为螺线管通反向直流电流时测得集成霍尔传感器输出电压；

U'为 $(U_1'+U_2')/2$ 的值（测量正、反二次不同电流方向所产生磁感应强度值取平均值，可消除地磁场影响）。

表 3-12-2 螺线内磁感应强度 B 与位置刻度 X 的关系（$B=U'/K$）

X/cm	U_1'/mV	U_2'/mV	U'/mV	B/mT
0.00				
0.50				
1.00				
1.50				
2.00				
2.50				
3.00				
3.50				
4.00				
4.50				
5.00				
5.50				
6.00				
6.50				
7.00				
7.50				
8.00				
9.00				
10.00				
11.00				
12.00				
13.00				
14.00				
15.00				
16.00				
17.00				
18.00				
19.00				
20.00				
21.00				
22.00				
23.00				
24.00				
24.50				
25.00				
25.50				

（续）

X/cm	U'_1/mV	U'_2/mV	U'/mV	B/mT
26.00				
26.50				
27.00				
27.50				
28.00				
28.50				
29.00				
29.50				
30.00				

根据表 3-12-2 描绘通电螺线管内磁感应强度分布图。

附录：（样图 3-12-5）

在 2.0cm 和 28.0cm 处的霍尔电势差为螺线管中央一半的刻度位置。磁感应强度均匀区为 10.0 ~ 20.0cm 刻度区域，磁感应强度变化 <0.16%。

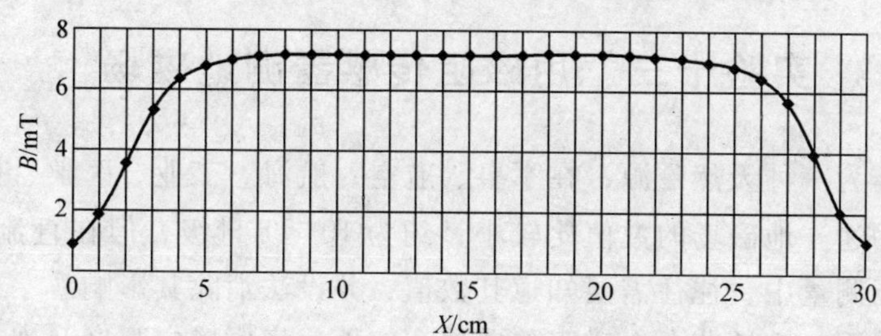

图 3-12-5　理想的 B-X 图

（三）实验结果处理

1. 研究霍尔效应（参照表 3-12-1 和图 3-12-4 数据）

由最小二乘法求出 $K' = \Delta U/\Delta I_m =$ 　　　　V/A，相关系数 $r =$ 　　　　。

由于螺线管内磁感应强度 B 与通过螺线管电流 I 成正比，所以表 3-12-1 数据可以证明霍尔电势差 U 与磁感应强度 B 成正比。

2. 计算集成霍尔元件的灵敏度 K

已知螺线管：

$$B_{中心} = \mu_0 \frac{N}{\sqrt{L^2 + D^2}} I_m, N = 3000匝, L = 26.0\text{cm}, \overline{D} = 3.5\text{cm}$$（为螺线管的平均直径）

所以

$$K=\frac{\Delta U'}{\Delta B}=\frac{\sqrt{L^2+\overline{D}^2}}{\mu_0 N}\frac{\Delta U'}{\Delta I_{\mathrm{m}}}=\frac{\sqrt{L^2+\overline{D}^2}}{\mu_0 N}K'=\frac{\sqrt{0.260^2+0.035^2}}{4\times\pi\times10^{-7}\times3000}K'= \qquad \mathrm{V/T}$$

根据集成霍尔元件产品说明书上所注的，该传感器灵敏度（31.3 ± 1.3）V/T，现计算值与说明书提供的技术指标可比较。

由上面图 3-12-5 可知，在 $X_1=10.0\mathrm{cm}$ 到 $X_2=25.0\mathrm{cm}$ 内，$U=$ mV，螺线管为均匀磁场区。在 $P\approx$ cm，$U_{P1}=$ mV；$P'\approx$ cm，$U_{P'}=$ mV，$P'-P=$ $=$ cm，这说明磁场中心和几何中心偏离约 cm，实验结果符合螺线管磁场分布原理。

七、观察与思考

1. 什么是霍尔效应？霍尔传感器在科研中有何用途？

2. 如果螺线管在绕制中两边的单位匝数不相同或绕制不均匀，这时将出现什么情况？在绘制 *B-X* 分布图时，如果出现上述情况，怎样求 *P* 和 *P′*点？

3. SS95A 型集成霍尔传感器为何工作电流必须标准化？如果该传感器工作电流增大些，对其灵敏度有无影响？

实验十三　用磁阻传感器测地磁场

地磁场作为一种天然磁源，在军事、航空、航海、工业、医学、探矿等科研中有着重要用途。地磁场的数值比较小，约为 10^{-5}T 量级，但在直流磁场测量，特别是弱磁场测量中，往往需要知道其数值，并设法消除其影响。

本实验采用新型坡莫合金磁阻传感器测定地磁场磁感应强度及地磁场磁感应强度的水平分量和垂直分量；测量地磁场的磁倾角，从而掌握磁阻传感器的特性及测量地磁场的一种重要方法。由于磁阻传感器体积小、灵敏度高、易安装，因而在弱磁场测量方面有广泛应用前景。

一、实验目的

1. 了解地磁场的概念和意义。
2. 学会测量地磁场的磁倾角。
3. 掌握磁阻传感器的特性。

二、实验仪器

主要包括底座、转轴、带角刻度的转盘、磁阻传感器的引线、亥姆霍兹线圈、地磁场测定仪控制主机（包括数字式电压表、5V 直流电源等）。

三、实验原理

物质在磁场中电阻率发生变化的现象称为磁阻效应。对于铁、钴、镍及其合金等磁性金属，当外加磁场平行于磁体内部磁化方向时，电阻几乎不随外加磁场变化；当外加磁场偏离金属的内部磁化方向时，此类金属的电阻减小，这就是强磁金属的各向异性磁阻效应。

HMC1021Z 型磁阻传感器由长而薄的玻莫合金（铁镍合金）制成一维磁阻微电路集成芯片（二维和三维磁阻传感器可以测量二维或三维磁场）。它利用通常的半导体工艺，将铁镍合金薄膜附着在硅片上，如图 3-13-1 所示。薄膜的电阻率 $\rho(\theta)$ 依赖于磁化强度 $\boldsymbol{M}$ 和电流 I 方向间的夹角 θ，具有以下关系式：

$$\rho(\theta)=\rho_{\perp}+(\rho_{/\!/}-\rho_{\perp})\cos^2\theta \tag{3-13-1}$$

式中，$\rho_{/\!/}$、$\rho_{\perp}$ 分别是电流 I 平行于 $\boldsymbol{M}$ 和垂直于 $\boldsymbol{M}$ 时的电阻率。当沿着铁镍合金带的长度方向通以一定的直流电流，而垂直于电流方向施加一个外界磁场时，合金带自身的阻值会发生较大的变化，利用合金带阻值这一变化，可以测量磁场大小和方向。同时制作时还在硅片上设计了两条铝制电流带，一条是置位与复位带，该传感器遇到强磁场感应时，将产生磁畴饱和现象，也可以用来置位或复位极性；另一条是偏置磁场带，用于产生一个偏置磁场，补偿环境磁场中的弱磁场部分（当外加磁场较弱时，磁阻相对变化值与磁感应强度成平方关系），使磁阻传感器输出显示线性关系。

HMC1021Z 磁阻传感器是一种单边封装的磁场传感器，它能测量与管脚平行方向的磁场。传感器由四条铁镍合金磁电阻组成一个非平衡电桥，非平衡电桥输出部分接集成运算放大器，将信号放大输出。传感器内部结构如图 3-13-2 所示。图中由于适当配置的四个磁电阻电流方向不相同，当存在外界磁场时，引起电阻值变化有增有减。因而输出电压 U_{out} 可以用下式表示为

$$U_{\mathrm{out}}=\left(\frac{\Delta R}{R}\right)\times U_{\mathrm{b}} \tag{3-13-2}$$

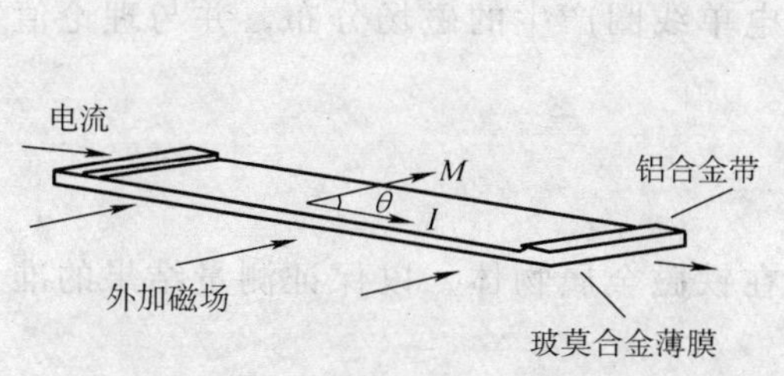

图 3-13-1　磁阻传感器的构造示意图

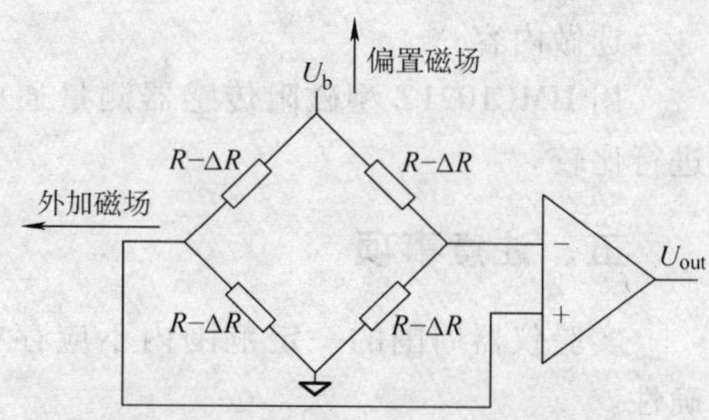

图 3-13-2　磁阻传感器内的惠斯登电桥

对于一定的工作电压，如 $U_b=5.00\text{V}$，HMC1021Z 磁阻传感器输出电压 U_{out} 与外界磁场的磁感应强度成正比关系，即

$$U_{out}=U_0+KB \tag{3-13-3}$$

式中，K 为传感器的灵敏度；B 为待测磁感应强度；U_0为外加磁场为零时传感器的输出量。

由于亥姆霍兹线圈的特点是能在其轴线中心点附近产生较宽范围的均匀磁场区，所以常用作弱磁场的标准磁场。亥姆霍兹线圈公共轴线中心点位置的磁感应强度为

$$B=\frac{\mu_0 NI}{R}\frac{8}{5^{3/2}} \tag{3-13-4}$$

式中，N 为线圈匝数；I 为线圈流过的电流；R 为亥姆霍兹线圈的平均半径，μ_0 为真空磁导率。

四、实验步骤

1. 将磁阻传感器放置在亥姆霍兹线圈公共轴线中点，并使管脚和磁感应强度方向平行。即传感器的感应面与亥姆霍兹线圈轴线垂直。用亥姆霍兹线圈产生磁场作为已知量，测量磁阻传感器的灵敏度 K。

2. 将磁阻传感器平行固定在转盘上，调整转盘至水平（可用水准器指示）。水平旋转转盘，找到传感器输出电压最大方向，这个方向就是地磁场磁感应强度的水平分量 $\boldsymbol{B}_{/\!/}$ 的方向。记录此时传感器输出电压 U_1后，再旋转转盘，记录传感器输出最小电压 U_2，由 $|U_1-U_2|/2=KB_{/\!/}$，求得当地地磁场水平分量 $B_{/\!/}$。

3. 将带有磁阻传感器的转盘平面调整为铅直，并使装置沿着地磁场磁感应强度水平分量 $\boldsymbol{B}_{/\!/}$ 方向放置，只是方向转 90°。转动调节转盘，分别记下传感器输出最大和最小时转盘指示值和水平面之间的夹角 β_1 和 β_2，同时记录此最大读数 U_1' 和 U_2'。由磁倾角 $\beta=(\beta_1+\beta_2)/2$ 计算 β 的值。

4. 由 $|U_1'-U_2'|/2=KB$，计算地磁场磁感应强度 B 的值。并计算地磁场的垂直分量 $B_\perp=B\sin\beta$。

选做内容

用 HMC1021Z 型磁阻传感器测量通电单线圈产生的磁场分布，并与理论值进行比较。

五、注意事项

实验仪器周围的一定范围内不应存在铁磁金属物体，以保证测量结果的准确性。

1. 测量地磁场水平分量，须将转盘调节至水平；测量地磁场 $U_{总}$ 和磁倾角 β

时，须将转盘面处于地磁子午面方向。

2. 测量磁倾角应记录不同 β 时，传感器输出电压 $U_{总}$，应取 10 组 β 值，求其平均值。这是因为测量时，偏差 1°，$U'_{总} = U_{总}\cos1° = 0.998U_{总}$，变化很小；偏差 4°，$U''_{总} = U_{总}\cos4° = 0.998U_{总}$，所以在偏差 1°至 4°范围 $U_{总}$ 变化极小，实验时应测出 $U_{总}$ 变化很小 β 角的范围，然后求得平均值 $\overline{\beta}$。

六、实验数据记录及处理

亥姆霍兹线圈每个线圈匝数 $N = 500$ 匝，线圈的半径 $r = 10\text{cm}$；真空磁导率 $\mu_0 = 4\pi \times 10^{-7}\text{N/A}^2$。

亥姆霍兹线圈轴线上中心位置的磁感应强度为（二个线圈串联）

$$B = \frac{8\mu_0 NI}{R5^{3/2}} = \frac{8 \times 4\pi \times 10^{-7} \times 500}{0.100 \times 5^{3/2}} \times I = 44.96 \times 10^{-4} I$$

式中，B 为磁感应强度，单位 T；I 为通过线圈的电流，单位 A。

1. 某校园内，楼外空旷地，测量地磁场参量

（1）测量传感器的灵敏度 K

表 3-13-1 中，正向输出电压 U_1 是指励磁电流为正方向时测得的磁阻传感器产生的输出电压，而反向电压 U_2 是指励磁电流为反向时传感器输出电压，$\overline{U} = (U_1 - U_2)/2$。测正向和反向两次，目的是消除地磁沿亥姆霍兹线圈方向（水平）分量的影响。

表 3-13-1　室外空旷地上测量传感器灵敏度

励磁电流 I/mA	磁感应强度 $B/\times10^{-4}$T	U/mV		平均 $\|U\|$/mV
		正向 U_1/mV	反向 U_2/mV	
10.00				
20.00				
30.00				
40.00				
50.00				
60.00				

用 casio-3600 计算器进行最小二乘法拟合，得到该磁阻传感器的灵敏度 $K=$　　　V/T，相关系数为　　　（传感器工作电压取 5V，灵敏度 $K = 41$V/T，现产品传感器采用工作电压为 6V，灵敏度约 50V/T）。

（2）测量地磁场的水平分量 $B_{/\!/}$；地磁场的磁感应强度 $B_{总}$；地磁场的垂直分量 $B_{\perp}$；磁倾角 β。

（a）将亥姆霍兹线圈与直流电源的连接线拆去。

（b）把转盘刻度调节到角度 $\theta = 0°$。

(c) 调节底板使磁阻传感器输出最大电压，同时调节底板上螺丝使转盘水平(用仪器配套的水准仪调节水平)。

(d) 测地磁场水平分量：测量输出电压 $U_{//}$ 和反向转 180°时测地磁场水平分量 $U'_{//}$，然后计算地磁场水平分量 $B_{//} = \overline{U}_{//}/K = (U_{//} - U'_{//})/2K$。

(e) 将转盘垂直，此时转盘面为地磁子午面方向，转动转盘角度，测量地磁场的磁感应强度 $B_{总}$ 和磁倾角 β。测量磁倾角时须改变角度，求多次测量的平均值（见表 3-13-2）。

表 3-13-2 磁倾角 β 值的测量

β/°	43.00	43.50	44.00	44.50	45.00	46.00
$U_{总}$/mV						
β/°						
$U_{总}$/mV						

直接测量地磁场水平分量，$\overline{U}_{//} =$ mV，计算得地磁场水平分量磁感应强度 $B_{//} =$ T，地磁场 $\overline{U}_{总} =$ mV，计算得地磁场磁感应强度 $B_{总} =$ T，磁倾角 $\overline{\beta} = 46.00°$；地磁场垂直分量磁感应强度 $B = B_{总}\sin\beta =$ $\times \sin 46.00° =$ T。

最新上海地区地磁场水平分量为 $B_{//} = 0.331 \times 10^{-4}$T，磁倾角为 $\overline{\beta} = 46.0°$。测量误差小于 3%。

2. 某校的教室内，测量地磁场参量（表 3-13-3 ~ 表 3-13-5）

表 3-13-3 磁阻传感器的定标

励磁电流 I/mA	磁感应强度 $B/\times 10^{-4}$T	U/mV 正向 U_1/mV	反向 U_2/mV	平均 $\vert U\vert$/mV
10.00				
20.00				
30.00				
40.00				
50.00				
60.00				

用 casio-3600 计算器对 V-B 直线拟合得：$K=$ V/T，相关系数为 。

表 3-13-4 地磁场测量结果

序号	电压	1	2	3	4	5	平均	结果	
$U_{总}$	U_1/mV							$\vert\overline{U}_{总}\vert$ = mV	$B =$
	U_2/mV								
U	U'_1/mV							$\vert\overline{U}_{//}\vert$ = mV	$B_{//} =$
	U'_2/mV								

测得该教室的磁倾角 $\beta=$ 　　。

表 3-13-5　不同位置及不同结构大楼地磁场水平分量测量结果

测量位置	校园内操场空地	某楼三楼	某楼 2 号楼五楼试制组
金属屏蔽情况	水泥地面无金属	1959 年建造地顶为钢筋水泥，墙为泥砖	2000 年建造全钢筋水泥结构
测得地磁场水平分量 $B_{/\!/}$	0.341×10^{-4}T	0.294×10^{-4}T	0.268×10^{-4}T
磁倾角 β	46.0°	46.0°	46.0°

七、观察与思考

1. 磁阻传感器和霍尔传感器在工作原理和使用方法方面各有什么特点和区别？

2. 如果在测量地磁场时，在磁阻传感器周围较近处，放一个铁钉，对测量结果将产生什么影响？

3. 为何坡莫合金磁阻传感器遇到较强磁场时，其灵敏度会降低？用什么方法来恢复其原来的灵敏度？

附录 1　地磁场

地球本身具有磁性，所以地球和近地空间之间存在着磁场，叫做地磁场。地磁场的强度和方向随地点（甚至随时间）而异。地磁场的北极、南极分别在地理南极、北极附近，彼此并不重合，如图 3-13-3 所示，而且两者间的偏差随时间不断地在缓慢变化。地磁轴与地球自转轴并不重合，有 11°交角。

在一个不太大的范围内，地磁场基本上是均匀的，可用三个参量来表示地磁场的方向和大小（如图 3-13-4 所示）：

（1）磁偏角 α，地球表面任一点的地磁场矢量所在垂直平面（图 3-13-4 中 $B_{/\!/}$ 与 z 构成的平面，称地磁子午面），与地理子午面（图 3-13-4 中 x、z 构成的平面）之间的夹角。

（2）磁倾角 β，磁场强度矢量 $\boldsymbol{B}$ 与水平面（即图 3-13-4 中的矢量 $\boldsymbol{B}$ 和 Ox 与 Oy 构成平面）之间的夹角。

（3）水平分量 $B_{/\!/}$，地磁场矢量 $\boldsymbol{B}$ 在水平面上的投影。

测量地磁场的这三个参量，就可确定某一地点地磁场 $\boldsymbol{B}$ 矢量的方向和大小。当然这三个参量的数值随时间不断地在改变，但这一变化极其缓慢，极为微弱。

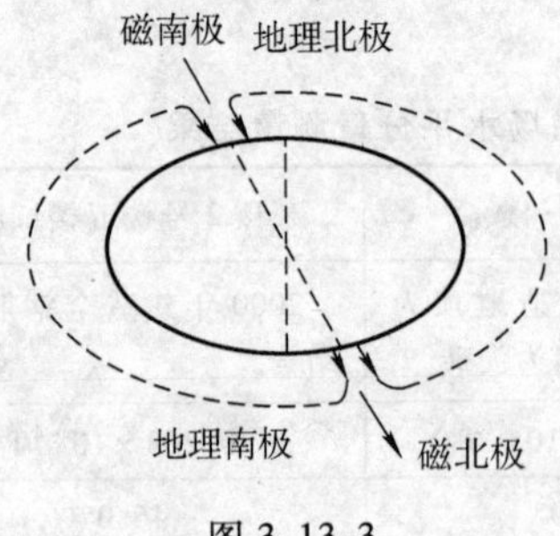

图 3-13-3

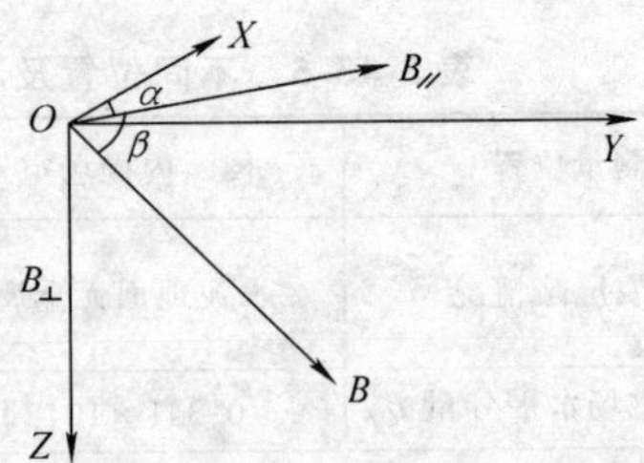

图 3-13-4 地磁场的三个量

附录 2

我国一些城市的地磁参量（地磁要素）如表 3-13-6 所示。

表 3-13-6

地名	地理位置		磁倾角 D（偏西）	磁倾角 I	水平强度 $B_{/\!/}/\times10^{-4}$T	测定年份
	北纬	东经				
齐齐哈尔	47°22′	123°59′	7°34′	64°27′	0. 242	1916
长春	43°51′	126°36′	7°30′	60°20′	0. 266	1916
沈阳	41°50′	123°28′	6°49′	58°43′	0. 277	
北京	39°56′	116°20′	4°48′	57°23′	0. 289	1936
天津	39°05′. 9	117°11′	4°04′	56°21′	0. 293	1916
太原	37°51′. 9	112°33′	3°18′	55°11′	0. 301	1932
济南	36°39′. 5	117°01′	3°36′	53°06′	0. 308	1915
兰州	36°03′. 4	103°48′	1°15′	53°24′	0. 312	
郑州	34°45′	113°43′	0°18′	50°43′	0. 320	1932
西安	34°16′	108°57′	3°02′	50°29′	0. 323	1932
南京	32°03′. 8	118°48′	1°42′	46°43′	0. 331	1922
上海	31°11′. 5	121°26′	3°13′	45°25′	0. 333	
成都	30°38′	104°03′	0°58′	45°06′	0. 346	
武汉	30°37′	114°20′	2°23′	44°34′	0. 343	
安庆	30°32′	117°02′		44°27′	0. 341	1911
杭州	30°16′	120°08′	2°59′	44°05′	0. 337	1917
南昌	28°42′. 4	115°51′	1°51′	41°49′	0. 349	1917
长沙	28°12′. 8	112°53′	0°50′	41°11′	0. 352	1907
福州	26°02′. 2	119°11′	1°43′	27°28′	0. 355	1917
桂林	25°17′. 7	110°12′	0°05′	36°13′	0. 366	1907
昆明	25°04′. 2	102°42′	0°04′	35°19′	0. 372	1911
广州	23°06′. 1	113°28′	0°47′	31°41′	0. 375	

第三部分　光学实验

实验十四　薄透镜焦距的测量

焦距是指透镜的主点到焦点的距离，是透镜的重要参数之一，透镜的成像位置及性质（大小、虚实）均与其有关。焦距测量的准确性取决于主点及焦点（或像点）的定位是否准确。本实验介绍了测量透镜焦距的多种方法，并比较了各种方法的优缺点。

一、实验目的

1. 了解简单光路的调整原则和方法，研究透镜成像的基本规律。
2. 学习几种测量薄透镜焦距的实验方法。

二、实验仪器

几何光学综合实验仪：凸透镜焦距 $f_1=100\text{mm}$、$f_2=200\text{mm}$，凹透镜焦距 $f=-265\text{mm}$（注意：透镜焦距有时不限于以上几种，依据实验室提供而定），导轨的读数精度为1mm。

三、实验原理

在近轴条件下，薄透镜的成像公式为

$$\frac{1}{f'}=\frac{1}{u}+\frac{1}{v} \tag{3-14-1}$$

即 $f'=\dfrac{uv}{u+v}$，式中，f'是（像方）焦距；u 是物距；v 是像距。

注意：在凸透镜焦距测量实验中，物距 u、像距 v、焦距 f' 均取正值，则实验中凸透镜焦距计算公式为：$f'_{凸}=\dfrac{uv}{u+v}$。

1. 粗测法

当物距 u 趋向无穷大时，由式（3-14-1）可得：$f'=v$，即无穷远处的物体成像在透镜的焦平面上。用这种方法测得的结果一般只有 1 ~ 2 位有效数字，多用于挑选透镜时的粗略估计。

2. 自准直法

如图 3-14-1 所示，在透镜 L 的一侧放置被光源照亮的物屏 AB，在另一侧放置一块平面镜 M。移动透镜的位置即可改变物距的大小。当物距等于透镜的焦距时，物屏 AB 上任一点发出的光，经透镜折射后成为平行光；再经平面镜反射，反射光经透镜折射后重新会聚。由透镜成像公式可知，会聚光线必在透镜的焦平面上成一个与原物大小相等的倒立的实像。此时，只需测出透镜到物屏的距离，便可得到透镜的焦距。该方法主要是对透镜与物屏之间距离的测量，其结果可以有三位有效数字。

3. 二次成像法（贝塞耳法）

若保持物屏与像屏之间的距离 D 不变且使 $D>4f$，沿光轴方向移动透镜，可以在像屏上观察到二次成像：一次成放大的倒立实像，一次成缩小的倒立实像。如图 3-14-2 所示。在二次成像时透镜移动的距离为 L，则不难得到透镜的焦距为

$$f=\frac{D^2-d^2}{4D} \tag{3-14-2}$$

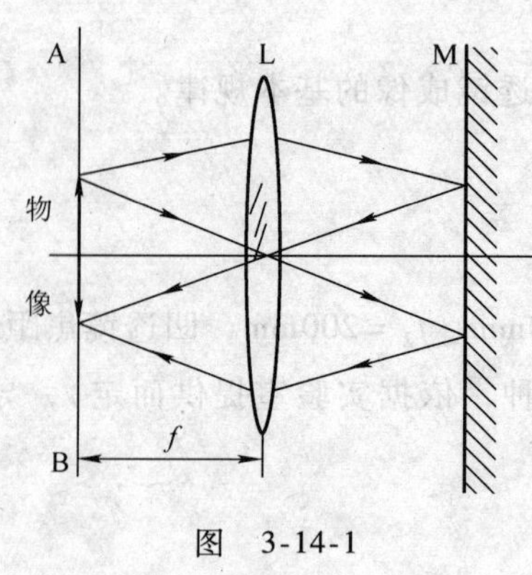

图 3-14-1

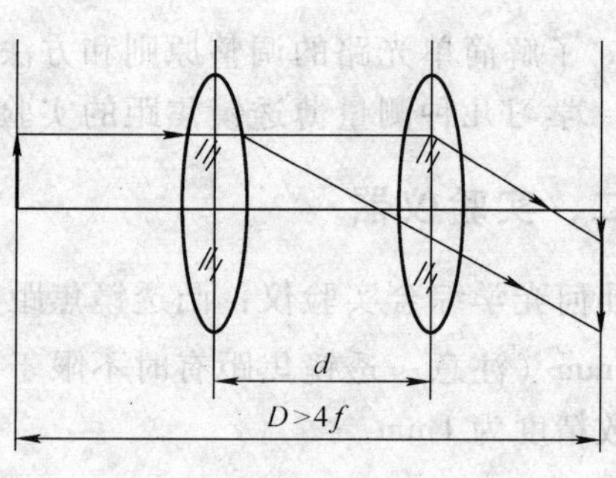

图 3-14-2

4. 凹透镜焦距的测量

上述三种方法要求物体经透镜后成实像，适于测量凸透镜的焦距，而不适于测量凹透镜的焦距。

为了测量凹透镜的焦距，常用一个已知焦距的凸透镜与之组合成为透镜组，物体发出的光线通过凸透镜后会聚，再经凹透镜后成实像。如图 3-14-3 所示。若令 u（>0）为虚物的物距，v 为像距，f' 为焦距，由于凹透镜成像中，像距 v 和焦距 f' 均为负，实验中则一般取绝对值代入计算，因此，由式（3-14-1）得凹透镜的焦距公式为

$$-\frac{1}{f'}=\frac{1}{u}-\frac{1}{v} \tag{3-14-3}$$

$$f'_{凹}=-\frac{uv}{u-v}$$

注意：式（3-14-3）中，凹透镜的物距 u、像距 v、焦距 f' 均取正值。

仪器简介

几何光学综合实验仪是由传统的几何光学实验装置改进而成的，无需电光

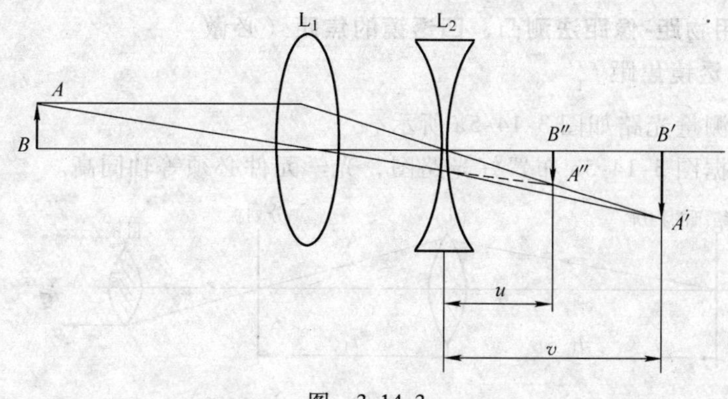

图 3-14-3

源，无需暗室，甚至在室外都可正常进行实验。由于采取了消视差办法，也提高了测量的精度。

仪器由一维滑座 1、读数尺 2、二维滑座 3、导轨 4、调节底脚 5、目镜组 6、透镜组 7 和物屏组 8 组成，如图 3-14-4 所示。

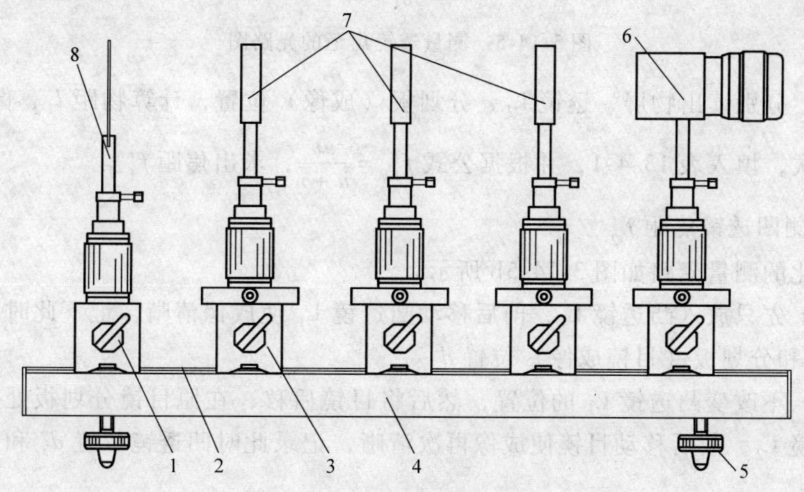

图 3-14-4 仪器结构图

四、实验步骤

实验的测量过程为：将导轨 4 放于平整的桌面上，通过调整调节底脚 5 将导轨调平稳，将各部件按图 3-14-4 所示位置放于导轨上，通过调整一维滑座 1、二维滑座 3 使仪器的光轴位于同一直线上。

先调节目镜与分划板之间的距离，使眼睛能清晰地看到分划板上的十字刻线，然后调节被测的透镜，直到能清晰地看到物屏上的图案或文字为止。测量过程中采取消视差的办法可严格判断像是否成于分划板的平面上。

(一) 用物距-像距法测凸、凹透镜的焦距(必做)

1. 测凸透镜焦距 f'_1

简化的测量光路如图 3-14-5a 所示。

(1) 根据图 3-14-5a 布置好光路图，光学元件必须等轴同高。

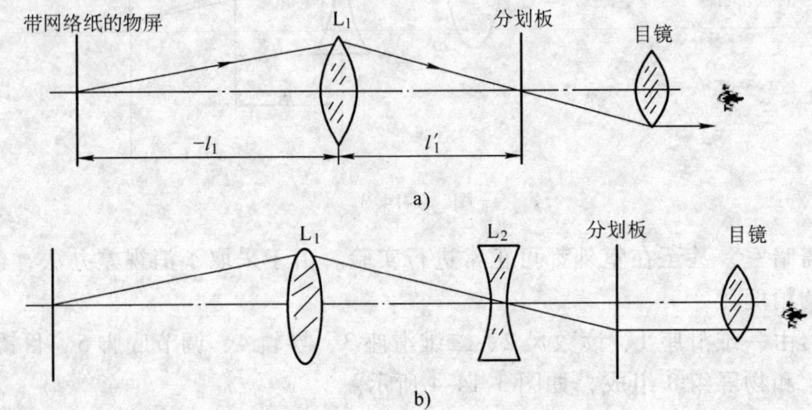

图 3-14-5 测量透镜焦距的光路图

(2) 分别读出物屏、透镜 L_1、分划板(成像)位置，计算物距 l_1、像距 l'_1。反复六次，填入表 13-4-1，并根据公式 $f'_{凸}=\dfrac{uv}{u+v}$，求出焦距 f'_1。

2. 测凹透镜焦距 f'_2

简化的测量光路如图 3-14-5b 所示。

(1) 先只放入凸透镜 L_1，前后移动凸透镜 L_1 使成像清晰，记下此时凸透镜位置 d_1 和分划板(目镜成像)位置 d_2。

(2) 不改变凸透镜 L_1 的位置，然后将目镜后移，在原目镜分划板处放入待测凹透镜 L_2，前后移动目镜使成像再次清晰，记录此时凹透镜位置 d_3 和分划板位置 d_4。

(3) 计算物距和像距，可得物距为 $u=|d_2-d_3|$，像距为 $v=|d_4-d_3|$。

(4) 反复六次，填入表 3-14-2，并根据公式 $f'_{凹}=-\dfrac{uv}{u-v}$，求出焦距 f'_2 及标准偏差 σ_f。

(二) 二次成像法(贝塞耳法)

取物屏和像屏之间的距离 D 大于 4 倍焦距 ($4f$)，且保持不变，沿光轴方向移动透镜，则必能在像屏上观察到二次成像。如图 3-14-6 所示，设物距为 s_1 时，得放大的倒立实像；物距为 s_2 时，得缩小的倒立实像，透镜两次成像之间的位移为 d，根据透镜成像公式，将

$$s_1 = -s_2' = (D-d)/2$$

$$s_1' = -s_2 = (D+d)/2$$

代入式（3-14-1）即得 $f' = \dfrac{D^2 - d^2}{4D}$

式中，D 为物屏与像屏间距；d 为同一凸透镜两次成像时位置间距。

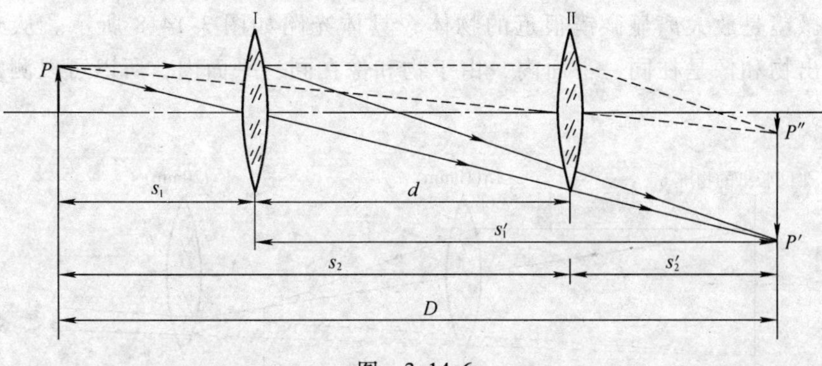

图　3-14-6

可见，只要在光具座上确定物屏、像屏以及透镜二次成像时其滑座边缘所在位置，就可较准确地求出焦距 f'。这种方法毋须考虑透镜本身的厚度，测量误差可达到 1%。

（三）自组聚焦于无穷远的望远镜并用其测量凸、凹透镜的焦距（选做）

在图 3-14-7a 中，只要将凸透镜 L_1 置于分划板前 f_1'（已经测出）处，则凸透镜、分划板和目镜就组成了聚焦于无穷远的望远镜，插入凸透镜 L_3，然后前后移动凸透镜 L_3，直到看清像，量出物屏与凸透镜 L_3 之间的距离，即可得出凸透镜 L_3 的焦距 f_3。

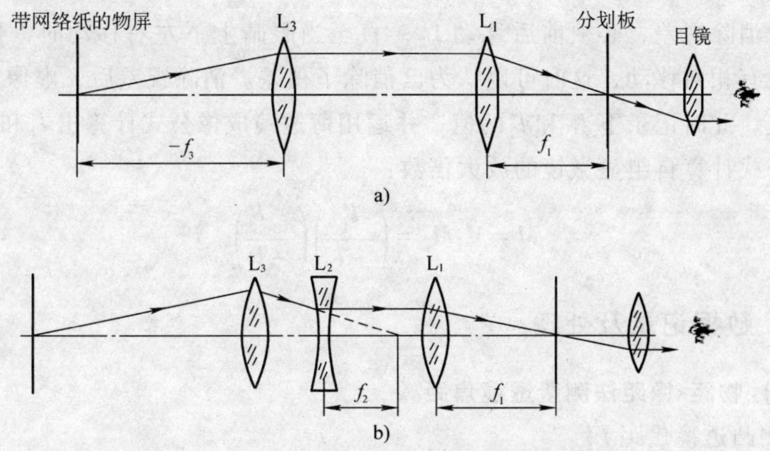

图 3-14-7　自组望远镜并测透镜的焦距光路图

在图 3-14-7b 中，将被测凹透镜 L_2 插入光路中，向右移动凸透镜 L_3，直至成像清晰。由于凸透镜 L_3 的焦距 f_3 已经测出，只要量出凸透镜 L_3 的物距 l_3 则可算出像距 l_3'，再量出凸透镜 L_3 与凹透镜 L_2 之间的距离 d，则（$d-l_3'$）即为被测透镜的焦距 f_2'。

（四）自组显微镜并测量其放大率（选做）

显微镜是放大离显微镜很近的物体，具体光路如图 3-14-8 所示。从光路中可以看出物和像是在同一平面内，由于物和像在同一平面内，所以可以测定虚像的位置。

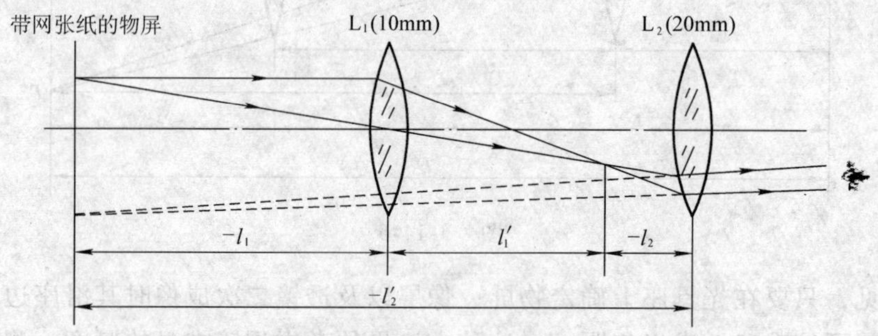

图 3-14-8 自组显微镜并测量其放大率的光路图

如图 3-14-8 所示，将 L_1 作为物镜，L_2 作为目镜，将两透镜放在导轨的一端，屏放在导轨的中央。移动 L_1 使物清晰地成像在屏上（你可以用眼睛凑近 L_2 来观察像），然后移动 L_2 直至像和物都在同一平面而消除视差。为了观察视差，你可以同时用两只眼睛来观察，一只眼睛通过透镜观察像，而另一只眼睛直接观察网格纸。当眼睛上下左右移动时，由于视差的关系，像线和物线之间有相对移动。为了消除视差，必须前后移动 L_2，直至当眼睛上下左右移动时，像线和物线之间没有相对移动，这时可以认为已消除了视差。消除视差后，虚像正好会聚在物屏上。此时记录下 l_1 和 l_2'的值，并运用薄透镜成像公式计算出 l_1'和 l_2 的值，用下列公式计算自组显微镜的放大倍数：

$$M = M_1 M_2 = \left(\frac{l_1'}{-l_1}\right)\left(\frac{-l_2'}{-l_2}\right)$$

五、数据记录及处理

（一）物距-像距法测量透镜焦距

1. 测凸透镜焦距 f_1'

测量读数记录：

导轨标尺：

总长度：____ cm；Δ：____ cm；分度值：____ cm；读数误差：____ cm。

测量次数 i	物屏位置 d_1/cm	透镜 L_1 d_2/cm	分划板位置 d_3/cm	物距 $u=\|d_2-d_1\|$ /cm	像距 $v=\|d_3-d_2\|$ /cm	焦距 $f_1'=\frac{uv}{u+v}$ /cm	标准偏差 $\sigma_f=\sqrt{\frac{\sum(f_i-\overline{f_1})^2}{n-1}}$/cm
1							
2							
3							
4							
5							
6							
平均值							

$u_f=\sqrt{\Delta^2+\sigma_f^2}=$

$u_{rf}=\frac{u_f}{\bar{f}}=$

$f=\bar{f}\pm u_f=$

2. 测凹透镜焦距 f_2'

测量读数记录：

导轨标尺：

总长度：____ cm；Δ：____ cm；分度值：____ cm；读数误差：____ cm。

测量次数 i	凸透镜 L_1 d_1/cm	分划板位置1 d_2/cm	凹透镜 L_2 d_3/cm	分划板位置2 d_4/cm	物距 $u=\|d_2-d_3\|$ /cm	像距 $v=\|d_4-d_3\|$ /cm	焦距 $f_2=-\frac{uv}{u-v}$ /cm	标准偏差 $\sigma_f=\sqrt{\frac{\sum(f_i-\overline{f_2})^2}{n-1}}$ /cm
1								
2								
3								
4								
5								
6								
平均值	/	/	/	/	/	/		

f_2'的计算和结果表示：

$u_{f'}=\sqrt{\sigma_{f'}^2+\Delta_{f'}^2}=$

$u_{rf'}=\frac{u_{f'}}{f'}=$

$f'_2 =$ ____ ± ____ cm；$u_{rf} =$ ____% 。

（二）贝塞尔法（两次成像法）测量透镜焦距 $f=\dfrac{D^2-d^2}{4D}$

测量读数记录：

导轨标尺：

Δ：____ cm；分度值：____ cm；读数误差：____ cm

i	物屏位置 /cm	像屏位置 /cm	D/cm	透镜位置 /cm	透镜位置 /cm	d_i/cm	$\overline{d}$/cm	$\sigma_d=\sqrt{\dfrac{\sum(d_{i_i}-\overline{d})^2}{n-1}}$/cm
1			43.00（各次 D 取相同的值，σ_d 未显现）					
2								
3								
4								
5								
6								
Δ								

1. D 测量结果计算

$\overline{D}=43.00\text{cm}$；$\Delta_D =$ ________ cm

因为 D 各次测量值相同，随机误差未显现，所以 $u_D=\Delta_D=$ ________ cm；

$u_{rD}=\dfrac{u_D}{\overline{L}}=$ ________%

D 的测量结果：

$D=$ ________ ± ________ cm；$u_{rD}=$ ________%

2. d 测量结果计算

$\overline{d}=$

$\sigma_d=$

$\Delta_d=$

$u_d=\sqrt{\sigma_d^2+\Delta_d^2}=$

$u_{rd}=\dfrac{u_d}{\overline{d}}=$

d 的测量结果

$d=$ ________ ± ________ cm；$u_{rd}=$ ________%

3. $f_{贝}$ 的计算结果表示

(1) $f_{贝}$ 计算式：

$f=\dfrac{D^2-d^2}{4D}=$

(2) 误差传递式：

$$\frac{\partial f}{\partial D}=\frac{D^2+d^2}{4D^2}=$$

$$\frac{\partial f}{\partial d}=-\frac{d}{2D}=$$

(因为误差最多只能取 2 位，所以这些误差传递系数只要取 2 位有效数字即可)

$$u=\sqrt{\left(\frac{\partial f}{\partial D}\right)^2u_D^2+\left(\frac{\partial f}{\partial d}\right)^2u_d^2}=$$

$$u_r=\frac{u}{f}=$$

(3) $f_{贝}$ 的测量结果：

$f_{贝}$ = ________ ± ________ cm； u_{rf} = ________%。

(三) 自组聚焦于无穷远的望远镜并用其测量凸、凹透镜的焦距 (数据略)

六、注意事项

1. 仪器应保持清洁，光学件表面灰尘应用皮老虎吹掉，或用脱脂棉轻轻揩擦，切勿用手触摸表面。

2. 导轨面可涂以少许润滑剂。

3. 仪器应保存在干燥的场所。

4. 透镜不使用时应将其放在有干燥剂的箱子里存放，防止透镜发霉。去除透镜污垢要用专用纸或专用镜头擦湿布，以免损坏透镜表面。

七、观察与思考

1. 为什么要调节光学元件“同轴等高”？如何调节？

2. 如何用最简单的方法把凹透镜及两个焦距不同的凸透镜分辨出来？

3. 设计一个用平面镜（自准直法）测量凹透镜的实验，要求画出光路图，写出实验步骤和公式。

附：实验十四数据记录处理样例

(一) 物距-像距法测量透镜焦距

导轨标尺：$\Delta=0.05$cm（因是一般米尺，取最小分度值的 1/2）

分度值：0.1cm（最小分度值）

读数误差：0.05cm（因读数标线与米尺未紧贴，故视差较大，且照明条件较差，仅能分辨到最小分格的 1/2）

i	物屏位置 /cm	透镜位置 /cm	f_i/cm	$\bar{f}$/cm	σ_f/cm
1	40.00	65.85	25.85	25.917	0.094
2	45.00	70.80	25.80		
3	50.00	75.90	25.90		
4	55.00	81.05	26.05		
5	60.00	86.00	26.00		
6	65.00	90.90	25.90		
Δ	0.05	0.05	0.071		

$f_{自}$的计算和测量结果表示：

$\bar{f}=25.917\text{cm}$；$\sigma_f=0.094\text{cm}$；$\Delta_f=0.071\text{cm}$

$u_f=\sqrt{\sigma_f^2+\Delta_f^2}=\sqrt{0.094^2+0.071^2}\text{cm}=0.14\text{cm}$

$u_{rf}=\dfrac{u_f}{\bar{f}}=\dfrac{0.14}{25.92}=0.54\%=0.6\%$

$f_{自}=(25.92\pm0.14)\text{cm}$；$u_{rf}=0.6\%$

【虽每次测量读数仅能分辨到 0.05cm，但最佳值 $\bar{f}$ 末位不一定是 0.05cm，因它是一个计算的平均值。】

（二）贝塞尔法（两次成像法）测量透镜焦距

导轨标尺：$\Delta=0.05\text{cm}$；分度值：0.1cm；读数误差：0.05cm

i	物屏位置 /cm	像屏位置 /cm	L/cm	透镜位置 /cm	透镜位置 /cm	d_i/cm	$\bar{d}$/cm	σ_d/cm
1	15.00	130.00	115.00（各次L取相同值，σ_L未显现）	90.15	55.05	35.10	35.32	0.33
2	17.00	132.00		92.30	56.80	35.50		
3	19.00	134.00		94.25	59.10	35.15		
4	20.00	135.00		95.00	59.10	35.90		
5	21.00	136.00		96.50	61.30	35.20		
6	22.00	137.00		97.65	62.60	35.05		
Δ	0.05	0.05		0.05	0.05	0.071		

1. L 测量结果计算

$\bar{L}=115.00\text{cm}$；$\Delta_L=0.071\text{cm}$

因为 L 各次测量值相同，随机误差未显现，所以

$$u_L=\Delta_L=0.071\text{cm};\ u_{rL}=\frac{u_L}{\bar{L}}=\frac{0.08}{115.00}=0.07\%$$

$$L=(115.00\pm0.08)\text{cm};\ u_r=0.07\%$$

2. d 测量结果计算

$\bar{d}=35.32\text{cm}$；$\sigma_d=0.33\text{cm}$；$\Delta_L=0.071\text{cm}$

$$u_d=\sqrt{\sigma_d^2+\Delta_d^2}=\sqrt{0.33^2+0.071^2}\ \text{cm}=0.34\text{cm};\quad u_{rd}=\frac{u_d}{\bar{d}}=\frac{0.34}{35.32}=0.97\%$$

$$d=(35.32\pm0.34)\text{cm};\ u_r=0.97\%$$

3. $f_{贝}$ 的计算表示

（1）$f_{贝}$ 计算式：$f=\dfrac{L^2-d^2}{4L}=\dfrac{115.00^2-35.32^2}{4\times115.00}\ \text{cm}=26.04\text{cm}$

（2）误差传递式：$\dfrac{\partial f}{\partial L}=\dfrac{L^2+d^2}{4L^2}=0.27$；$\dfrac{\partial f}{\partial d}=-\dfrac{d}{2L}=0.15$

$$u=\sqrt{\left(\frac{\partial f}{\partial L}\right)^2u_r^2+\left(\frac{\partial f}{\partial d}\right)^2u_d^2}=0.06\text{cm};\quad u_r=\frac{u}{f}=\frac{0.055}{26.04}=0.23\%$$

（3）$f_{贝}$ 的测量结果：

$$f_{贝}=(26.04\pm0.06)\text{cm};\ u_r=0.23\%$$

自准法和贝塞尔法两种方法测量结果的一致性讨论：

$f_{自}=(25.92\pm0.14)\text{cm}$；$u_r=0.54\%$

$f_{贝}=(26.04\pm0.06)\text{cm}$；$u_r=0.23\%$

$\delta=\left|\overline{f_{自}}-\overline{f_{贝}}\right|=|25.92-26.04|\text{cm}=0.12\text{cm}$

$\Delta=\sqrt{u_{自}^2+u_{贝}^2}=\sqrt{0.14^2+0.06^2}\text{cm}=0.15\text{cm}$

因为 $\delta<\Delta$，所以用两种方法测量的结果在相对不确定度为 0.6% 条件下一致。

实验结论：

1. 实验用自准法测得样品透镜焦距为 25.92cm，不确定度是 0.14cm，相对不确定度达万分之五十四。

2. 用贝塞尔法测量同一块透镜的焦距，结果为 26.04cm，不确定度是 0.06cm，相对不确定度达万分之二十二，测量可靠性高于自准法。

3. 通过一致性讨论，两种方法的测量结果在万分之五十四的相对不确定度上一致，未发现显著的系统误差。

实验十五　用牛顿环干涉测量平凸透镜曲率半径

“牛顿环”是一种用分振幅方法实现的等厚干涉现象，最早为牛顿所发现。为了研究薄膜的颜色，牛顿曾经仔细研究过凸透镜和平面玻璃组成的实验装置。他的最有价值的成果是发现通过测量同心圆的半径就可算出凸透镜和平面玻璃板之间对应位置空气层的厚度；对应于亮环的空气层厚度与 1，3，5，…成比例，对应于暗环的空气层厚度与0，2，4，…成比例。但由于他主张光的微粒说（光的干涉是光的波动性的一种表现）而未能对它作出正确的解释。直到19世纪初，托马斯·杨才用光的干涉原理解释了牛顿环现象，并参考牛顿的测量结果计算了不同颜色的光波对应的波长和频率。

若将同一点光源发出的光分成两束，让它们各经不同路径后再相会在一起，当光程差小于光源的相干长度时，一般就会产生干涉现象。干涉现象在科学研究和工业技术上有着广泛的应用，如测量光波的波长，精确地测量长度、厚度和角度，检验试件表面的光洁度，研究机械零件内应力的分布以及在半导体技术中测量硅片上氧化层的厚度等。

一、实验目的

1. 进一步熟悉读数显微镜的使用，观察牛顿环的条纹特征。
2. 利用等厚干涉测量平凸透镜曲率半径。
3. 学习用逐差法处理实验数据的方法。

二、实验仪器

牛顿环仪、读数显微镜、低压钠灯。

三、实验原理

牛顿环装置是由一块曲率半径较大的平凸玻璃透镜，以其凸面放在一块光学玻璃平板（平晶）上构成的，如图3-15-1所示。平凸透镜的凸面与玻璃平板之间的空气层厚度从中心到边缘逐渐增加，若以平行单色光垂直照射到牛顿环上，则经空气层上、下表面反射的二光束存在光程差，它们在平凸透镜的凸面相遇后，将发生干涉。从透镜上看到的干涉花样是以玻璃接触点为中心的一系列明暗相间的圆环，如图3-15-2所示，称为牛顿环。由于同一干涉环上各处的空气层厚度是相同的，因此它属于等厚干涉。

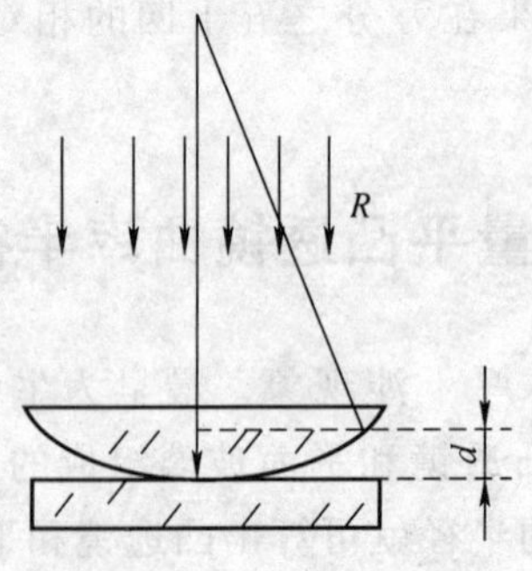

图3-15-1 牛顿环装置

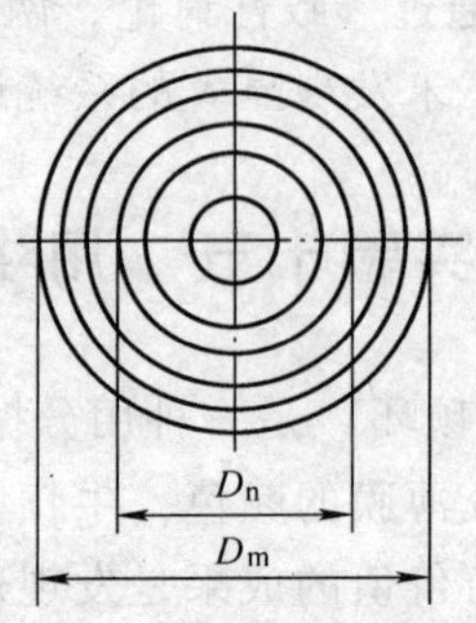

图3-15-2 牛顿环

由图 3-15-1 可见，如设透镜的曲率半径为 R，与接触点 O 相距为 r 处空气层的厚度为 d，其几何关系式为

$$R^2=(R-d)^2+r^2=R^2-2Rd+d^2+r^2$$

由于 $R\gg d$，可以略去 d^2 得

$$d=\frac{r^2}{2R} \tag{3-15-1}$$

光线应是垂直入射的，计算光程差时还要考虑光波在平玻璃板上反射会有半波损失，从而带来 $\lambda/2$ 的附加程差，所以总程差为

$$\Delta=2d+\frac{\lambda}{2} \tag{3-15-2}$$

产生暗环的条件是

$$\Delta=(2k+1)\frac{\lambda}{2} \tag{3-15-3}$$

式中，$k=0$，1，2，3，…为干涉暗条纹的级数。综合式（3-15-1）、式（3-15-2）和式（3-15-3）可得第 k 级暗环的半径为

$$r_k^2=kR\lambda \tag{3-15-4}$$

由式（3-15-4）可知，如果单色光源的波长 λ 已知，测出第 m 级的暗环半径 r_m，即可得出平凸透镜的曲率半径 R；反之，如果 R 已知，测出 r_m 后，就可计算出入射单色光波的波长 λ。但是用此测量关系式往往误差很大，原因在于凸面和平面不可能是理想的点接触；接触压力会引起局部形变，使接触处成为一个圆形平面，干涉环中心为一暗斑。或者空气间隙层中有了尘埃，附加了光程差，干涉环中心为一亮（或暗）斑，均无法确定环的几何中心。实际测量时，我们可以通过测量距中心较远的两个暗环的半径 r_m 和 r_n 的平方差来计算曲率半径 R。因为

$$r_m^2=mR\lambda \qquad r_n^2=nR\lambda$$

两式相减可得

$$r_m^2-r_n^2=R(m-n)\lambda$$

所以

$$R=\frac{r_m^2-r_n^2}{(m-n)\lambda} \quad 或 \quad R=\frac{D_m^2-D_n^2}{4(m-n)\lambda} \tag{3-15-5}$$

由式（3-15-5）可知，只要测出 D_m 与 D_n（分别为第 m 与第 n 条暗环的直径）的值，就能算出 R 或 λ。这样就可避免实验中条纹级数难以确定的困难，利用后一计算式还可克服确定条纹中心位置的困难。

四、实验步骤

1. 光路调整：调节鼓轮使显微镜筒和牛顿环装置在竖直方向上，调整显微

镜与钠光灯的方位，使钠光通过反射玻璃片能垂直入射到牛顿环装置上，目镜视场内最亮。

2. 显微镜调焦：调整显微镜，看清十字叉丝；调节调焦手轮，使镜筒自最低位置缓慢向上运动，直到观察到清晰的牛顿环为止。

3. 中心对准：移动牛顿环装置使牛顿环中心与十字叉丝交点对准。

4. 转动测微鼓轮，使叉丝的交点移近某暗环，当竖直叉丝与条纹相切时(观察时要注意视差)，从测微鼓轮及主尺上读取其位置 x。为了熟练操作和正确读数，在正式读数前应反复练习几次，直到同一个方向每次移到该环时的读数都很接近为止。

5. 在测量各干涉环的直径时，只可沿同一个方向旋转鼓轮，不能进进退退，以避免测微螺距间隙引起的回程误差。在测量某一条纹的直径时，如果在左侧测的是条纹的外侧位置，而在右侧测的是条纹的内侧位置，此条纹的直径可认为就等于这两个位置之间的距离。因为实验时主要测量间隔为 k 个干涉环的两个暗环的直径平方差。为了减少读数误差，应将 k 值取得大一些。如取 $k=m-n=5$，则干涉条纹的相对误差就可减小近 5 倍。只要依次测出 k 从 5 ~ 14 的每一暗环的直径，利用逐差法分组求取条纹的直径平方差，就可获得较好的 R 的实验值。

五、数据记录及处理

读数显微镜：$\Delta=0.015$mm；分度值：0.01mm；读数误差：0.001mm

钠光波长：$\lambda=(589.3\pm0.3)$nm

环数 m	读数 x/mm		直径 D_m/mm	环数 n	读数 x/mm		直径 D_n/mm	$(\Delta D_i=D_m^2-D_n^2)$ /mm²
	左	右			左	右		
14				9				
13				8				
12				7				
11				6				
10				5				
平均值								$\Delta\overline{D}=$

计算曲率半径 R 及不确定度：

$$R=\frac{D_{mi}^2-D_{ni}^2}{4(m-n)\lambda}=\frac{\Delta\overline{D}}{4(m-n)\lambda}=$$

$$\Delta D\text{ 的 }A\text{ 分量：}\delta_{\Delta D}=\sqrt{\frac{\sum_{i=1}^{n}(\Delta D_i-\Delta\overline{D})^2}{n-1}}=$$

ΔD 的 B 分量：$\Delta B = 0.1\text{mm}$

所以 $u_{\Delta D} = \sqrt{\delta_{\Delta D}^2 + \Delta B^2} =$

$$u_{rR} = \frac{u_R}{\overline{R}} = \sqrt{\left(\frac{u_\lambda}{\overline{\lambda}}\right)^2 + \left(\frac{u_{\Delta D}}{\overline{\Delta D}}\right)^2} =$$

所以 $u_R = u_{rR}\overline{R}$

$$\begin{cases} R = (\overline{R} \pm u_R) = \\ u_{rR} = \dfrac{u_R}{\overline{R}} \times 100\% \end{cases}$$

六、注意事项

1. 牛顿环仪、透镜和显微镜的光学表面不清洁，要用专门的擦镜纸轻轻揩拭。

2. 测量显微镜的测微鼓轮在每一次测量过程中只能向一个方向旋转，中途不能反转。

3. 当用镜筒对待测物聚焦时，为防止损坏显微镜物镜，正确的调节方法是使镜筒移离待测物（即提升镜筒）。

七、观察与思考

1. 牛顿环干涉条纹形成在哪一个面上？产生的条件是什么？

2. 牛顿环干涉条纹的中心在什么情况下是暗的？什么情况下是亮的？

3. 分析牛顿环相邻暗（或亮）环之间的距离（靠近中心的与靠近边缘的大小）。

4. 如何用等厚干涉原理检验光学平面的表面质量？

附：实验十五数据记录处理样例

读数显微镜：$\Delta = 0.015\text{mm}$；分度值：0.01mm；读数误差：0.001mm

钠光波长：$\lambda = (589.3 \pm 0.3)\text{nm}$

环数 m	读数 x/mm		直径 D_m/mm	环数 n	读数 x/mm		直径 D_n/mm	$(\Delta D_i = D_m^2 - D_n^2)$ /mm²
	左	右			左	右		
25	29.295	17.700	11.592	15	27.900	18.985	8.915	54.967
24	29.178	17.820	11.358	14	27.817	19.185	8.632	54.493
23	29.079	17.940	11.139	13	27.645	19.369	8.276	55.584
22	28.831	18.000	10.851	12	27.500	19.525	7.975	54.143
21	28.805	18.190	10.615	11	27.332	19.695	7.637	54.354
20	28.670	18.355	10.355	10	27.150	19.870	7.280	54.228
平均值								$\overline{\Delta D} = 54.628$

计算曲率半径 R 及不确定度：

$$\overline{R}=\frac{D_{mi}^2-D_{ni}^2}{4(m-n)\lambda}=\frac{\Delta\overline{D}}{4(m-n)\lambda}=2.318\text{m}$$

ΔD 的 A 分量：$\delta_{\Delta D}=\sqrt{\dfrac{\sum\limits_{i=1}^{n}(\Delta D_i-\Delta\overline{D})^2}{n-1}}=0.5509\text{mm}$

ΔD 的 B 分量：$\Delta B=0.1\text{mm}$

所以 $u_{\Delta D}=\sqrt{\delta_{\Delta D}^2+\Delta B^2}=0.5599\text{mm}$

$$u_{rR}=\frac{u_R}{\overline{R}}=\sqrt{\left(\frac{u_\lambda}{\lambda}\right)^2+\left(\frac{u_{\Delta D}}{\Delta D}\right)^2}=\sqrt{\left(\frac{0.3}{589.3}\right)^2+\left(\frac{0.5599}{54.628}\right)^2}=0.011=1.1\%$$

所以 $u_R=u_{rR}\overline{R}=2.318\times0.011\text{m}=0.0255\text{m}\approx0.026\text{m}$

$$\begin{cases}R=(\overline{R}\pm u_R)=(2.318+0.026)m\\ u_{rR}=\dfrac{u_R}{\overline{R}}\times100\%=\dfrac{0.026}{2.318}\times100\%\approx1.1\%\end{cases}$$

实验十六　分光计的调整与使用

光线在传播过程中，遇到不同介质的分界面时，会发生反射和折射，光线将改变传播的方向，结果在入射光与反射光或折射光之间就存在一定的夹角。通过对某些角度的测量，可以测定折射率、光栅常数、光波波长、色散率等许多物理量。因而精确测量这些角度，在光学实验中显得十分重要。

分光计是一种能精确测量上述要求角度的典型光学仪器，经常用来测量材料的折射率、色散率、光波波长，以及进行光谱观测等。由于该装置比较精密，控制部件较多而且操作复杂，所以使用时必须严格按照一定的规则和程序进行调整，方能获得较高精度的测量结果。

分光计的调整思想、方法与技巧，在光学仪器中有一定的代表性，学会它的调节和使用方法，有助于掌握更为复杂的光学仪器的操作。对于初次使用者来说，往往会遇到一些困难。但只要在实验调整观察中，弄清调整要求，注意观察出现的现象，并努力运用已有的理论知识去分析、指导操作，在反复练习之后再开始正式实验，一般也能掌握分光计的使用方法，并顺利地完成实验任务。

一、目的要求

1. 了解分光计的结构及各组成部件的作用。
2. 熟悉分光计的调整要求，掌握其调整技术。

3. 测定棱镜顶角、最小偏向角。

4. 测定棱镜材料的折射率。

二、实验仪器

分光计、双面镜、钠光灯、三棱镜。

三、实验原理

三棱镜如图 3-16-1 所示，AB 和 AC 是透光的光学表面，又称折射面，其夹角 α 称为三棱镜的顶角；BC 为毛玻璃面，称为三棱镜的底面。

1. 反射法测三棱镜顶角 α

如图 3-16-2 所示，一束平行光入射于三棱镜，经过 AB 面和 AC 面反射的光线分别沿 T_3 和 T_4 方位射出，T_3 和 T_4 方向的夹角记为 θ，由几何学关系可知

$$\alpha=\frac{\theta}{2}=\frac{1}{2}\left|T_4-T_3\right|$$

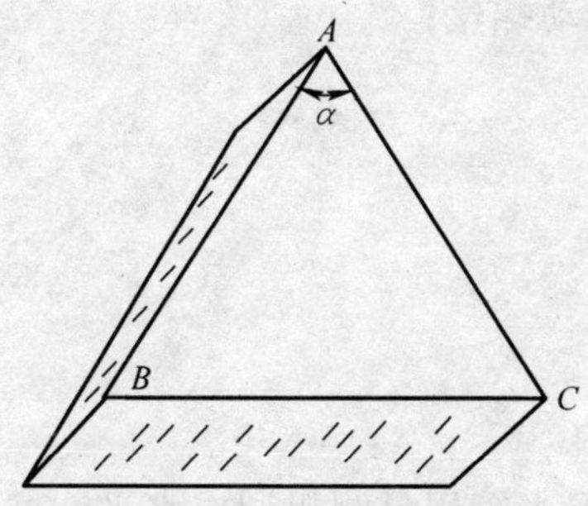

图 3-16-1　三棱镜示意图

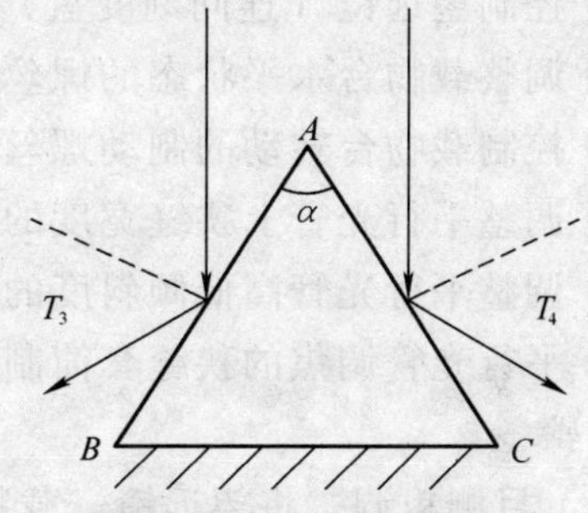

图 3-16-2　反射法测顶角

2. 最小偏向角法测三棱镜玻璃的折射率

假设有一束单色平行光 LD 入射到棱镜上，经过两次折射后沿 ER 方向射出，则入射光线 LD 与出射光线 ER 间的夹角 δ 称为偏向角，如图 3-16-3 所示。

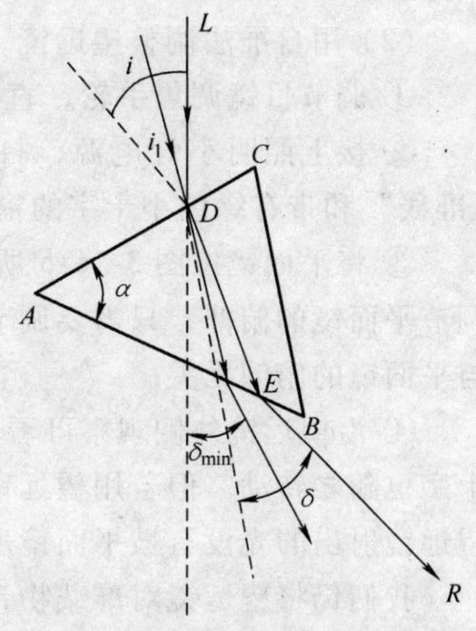

图 3-16-3　最小偏向角的测定

转动三棱镜，改变入射光对光学面 AC 的入射角，出射光线的方向 ER 也随之改变，即偏向角 δ 发生变化。沿偏向角减小的方向继续缓慢转动三棱镜，使偏向角逐渐减小，当转到某个位置时，若再继续沿此方向转动，偏向角又将逐渐增大，此位置时偏向角达到最小值，测出最小偏向角 $\delta_{\min}$。可以证明棱镜材料的折射

率 n 与顶角 α 及最小偏向角的关系式为

$$n=\frac{\sin\frac{1}{2}(\delta_{\min}+\alpha)}{\sin\frac{\alpha}{2}}$$

实验中，利用分光镜测出三棱镜的顶角 α 及最小偏向角 $\delta_{\min}$，即可由上式算出棱镜材料的折射率 n。

四、实验步骤

1. 分光计的调整

在进行调整前，应先熟悉所使用的分光计中下列螺丝的位置：

① 目镜调焦（看清分划板准线）手轮；

② 望远镜调焦（看清物体）调节手轮（或螺丝）；

③ 调节望远镜高低倾斜度的螺丝；

④ 控制望远镜（连同刻度盘）转动的制动螺丝；

⑤ 调整载物台水平状态的螺丝；

⑥ 控制载物台转动的制动螺丝；

⑦ 调整平行光管上狭缝宽度的螺丝；

⑧ 调整平行光管高低倾斜度的螺丝；

⑨ 平行光管调焦的狭缝套筒制动螺丝。

步骤：

(1) 目测粗调。将望远镜、载物台、平行光管用目测粗调成水平，并与中心轴垂直（粗调是后面进行细调的前提和细调成功的保证）。

(2) 用自准法调整望远镜，使其聚焦于无穷远。

① 调节目镜调焦手轮，直到能够清楚地看到分划板“准线”为止。

② 接上照明小灯电源，打开开关，可在目镜视场中看到图 3-16-4 所示的“准线”和带有绿色小十字的窗口。

③ 将平面镜按图 3-16-5 所示方位放置在载物台上。这样放置是考虑：若要调节平面镜的俯仰，只需要调节载物台下的螺丝 a_1 或 a_2 即可，而螺丝 a_3 的调节与平面镜的俯仰无关。

④ 沿望远镜外侧观察可看到平面镜内有一亮十字，轻缓地转动载物台，亮十字也随之转动。但若用望远镜对着平面镜看，往往看不到此亮十字，这说明从望远镜射出的光没有被平面镜反射到望远镜中。

我们仍将望远镜对准载物台上的平面镜，调节镜面的俯仰，并转动载物台让反射光返回望远镜中，使由透明十字发出的光经过物镜后（此时从物镜出来的

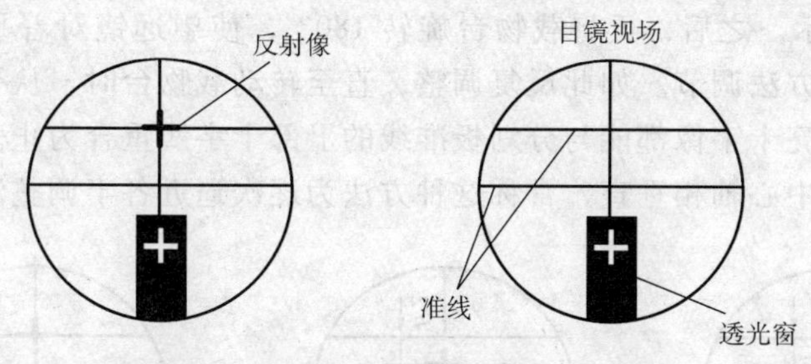

图 3-16-4　目镜视场

光还不一定是平行光），再经平面镜反射，由物镜再次聚焦，于是在分划板上形成模糊的像斑（注意：调节是否顺利，以上步骤是关键）。然后先调物镜与分划板间的距离，再调分划板与目镜的距离使在目镜中既能看清准线，又能看清亮十字的反射像。注意使准线与亮十字的反射像之间无视差，如有视差，则需反复调节，予以消除。如果没有视差，说明望远镜已聚焦于无穷远。

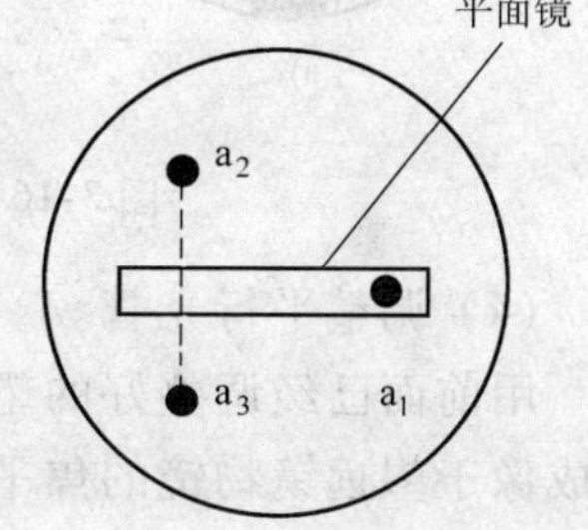

图 3-16-5　平面镜的放置

（3）调整望远镜光轴，使之与分光计的中心轴垂直。

平行光管与望远镜的光轴分别代表入射光和出射光的方向。为了测准角度，必须分别使它们的光轴与刻度盘平行。刻度盘在制造时已垂直于分光计的中心轴。因此，当望远镜与分光计的中心轴垂直时，就达到了与刻度盘平行的要求。

具体调整方法为：平面镜仍竖直置于载物台上，使望远镜分别对准平面镜前后两镜面，利用自准法可以分别观察到两个亮十字的反射像。如果望远镜的光轴与分光计的中心轴相垂直，而且平面镜反射面又与中心轴平行，则转动载物台时，从望远镜中可以两次观察到由平面镜前后两个面反射回来的亮十字像与分划板准线的上部十字线完全重合，如图 3-16-6c 所示。若望远镜光轴与分光计中心轴不垂直，平面镜反射面也不与中心轴相平行，则转动载物台时，从望远镜中观察到的两个亮十字反射像必然不会同时与分划板准线的上部十字线重合，而是一个偏低，一个偏高，甚至只能看到一个。这时需要认真分析，确定调节措施，切不可盲目乱调。重要的是必须先粗调：即先从望远镜外面目测，调节到从望远镜外侧能观察到两个亮十字像；然后再细调：从望远镜视场中观察，当无论以平面镜的哪一个反射面对准望远镜，均能观察到亮十字时，如从望远镜中看到准线与亮十字像不重合，它们的交点在高低方面相差一段距离，如图 3-16-6a 所示。此时调整望远镜高低倾斜螺丝使差距减小为 $h/2$，如图 3-16-6b 所示。再调节载物台下的水平调节螺丝，消除另一半距离，使准线的上部十字线与亮十字线重合，如图 3-16-6c 所示。之后，再将载物台旋转 180°，使望远镜对着平面镜的另一面，采用同样的方法调节。如此反复调整，直至转动载物台时，从平面镜前后两表面反射回来的亮十字像都能与分划板准线的上部十字线重合为止。这时望远镜光轴和分光计的中心轴相垂直，常称这种方法为逐次逼近各半调整法。

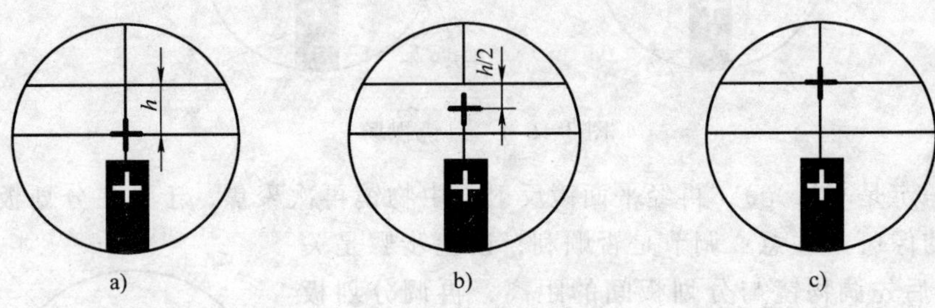

图 3-16-6 亮十字像与分划板准线的位置关系

（4）调整平行光管。

用前面已经调整好的望远镜调节平行光管。当平行光管射出平行光时，则狭缝成像于望远镜物镜的焦平面上，在望远镜中就能清楚地看到狭缝像，并与准线无视差。

1）调整平行光管产生平行光。取下载物台上的平面镜，关掉望远镜中的照明小灯，用钠光灯照亮狭缝，从望远镜中观察来自平行光管的狭缝像，同时调节平行光管狭缝与透镜间的距离，直至能在望远镜中看到清晰的狭缝像为止，然后调节缝宽使望远镜视场中的缝宽约为 1mm。

2）调节平行光管的光轴与分光计中心轴相垂直。望远镜中看到清晰的狭缝像后，转动狭缝（但不能前后移动）至水平状态，调节平行光管倾斜螺丝，使狭缝水平像被分划板的中央十字线上、下平分，如图 3-16-7a 所示。这时平行光管的光轴已与分光计中心轴相垂直。再把狭缝转至铅直位置，并需保持狭缝像最清晰而且无视差，位置如图 3-16-7b 所示。

至此分光计已全部调整好，使用时必须注意分光计上除刻度圆盘制动螺丝及其微调螺丝外，其他螺丝不能任意转动，否则将破坏分光计的工作条件，需要重新调节。

2. 测量

在正式测量之前，请先弄清所使用的分光计中下列各螺丝的位置：①控制望远镜（连同刻度盘）转动的制动螺丝；②控制望

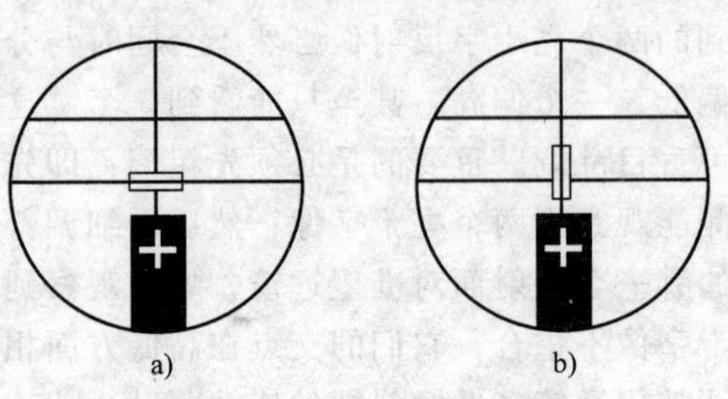

图 3-16-7 狭缝像与分划板位置

远镜微动的螺丝。

（1）用反射法测三棱镜的顶角 α。

如图 3-16-2 所示，使三棱镜的顶角对准平行光管，开启钠光灯，使平行光照射在三棱镜的 AC、AB 面上，旋紧游标盘制动螺丝，固定游标盘位置，放松望远镜制动螺丝，转动望远镜（连同刻度盘）寻找 AB 面反射的狭缝像，使分划板上竖直线与狭缝像基本对准后，旋紧望远镜螺丝，用望远镜微调螺丝使竖直线与狭缝完全重合，记下此时两对称游标上指示的读数 T_3、T_3'。转动望远镜至 AC 面进行同样的测量，得 T_4、T_4'。可得

$$\theta_1 = |T_3 - T_4|,\ \theta_1' = |T_3' - T_4'|$$

三棱镜的顶角 α 为

$$\alpha = \frac{1}{2}\left[\frac{1}{2}(\theta_1 + \theta_1')\right]$$

重复测量六次。

（2）最小偏向角的测量（选做）。

分别放松游标盘和望远镜的制动螺丝，转动游标盘（连同三棱镜）使平行光射入三棱镜的 AC 面，如图 3-16-3 所示。转动望远镜在 AB 面处寻找平行光管中狭缝的像。然后向一个方向缓慢地转动游标盘（连同三棱镜）在望远镜中观察狭缝像的移动情况，当随着游标盘转动而向某个方向移动的狭缝像，正要开始向相反方向移动时，固定游标盘。轻轻地转动望远镜，使分划板上竖直线与狭缝像对准，记下两游标指示的读数，记为 T_5、T_5'；然后取下三棱镜，转动望远镜使它直接对准平行光管，并使分划板上竖直线与狭缝像对准，记下对称的两游标指示的读数，记为 T_6、T_6'，可得

$$\delta_{\min} = \frac{1}{2}(|T_6 - T_5| + |T_6' - T_5'|)$$

重复测量六次。

（3）求出三棱镜材质的折射率（选做）。

利用公式

$$n = \frac{\sin\frac{1}{2}(\delta_{\min} + \alpha)}{\sin\frac{\alpha}{2}}$$

求出三棱镜材质的折射率，并与公认值比较，求出百分误差。

五、注意事项

1. 望远镜、平行光管上的镜头，三棱镜、平面镜的镜面不能用手摸、揩。如发现有灰尘，应该用镜头纸轻轻揩擦。三棱镜、平面镜不准磕碰或跌落，以免损坏。

2. 分光计是较精密的光学仪器，要加倍爱护，不应在制动螺丝锁紧时强行转动望远镜，也不要随意拧动狭缝。

3. 在测量数据前务须检查分光计的几个制动螺丝是否锁紧，若未锁紧，取得的数据会不可靠。

4. 测量中应正确使用望远镜转动的微调螺丝，以便提高工作效率和测量准确度。

5. 在游标读数过程中，由于望远镜可能位于任何方位，故应注意望远镜转动过程中是否过了刻度的零点。如越过刻度零点，则必须按式（$360° - |\theta' - \theta|$）来计算望远镜的转角。例如当望远镜由位置Ⅰ转到位置Ⅱ时，双游标的读数分别如表 3-16-1 所示：

表 3-16-1

望远镜位置	Ⅰ	Ⅱ
左游标读数	175°45′	295°43′
右游标读数	355°45′	115°43′

由左游标读数可得望远镜转角为：$\varphi_{左} = \theta'_{Ⅰ} - \theta_{Ⅰ} = 119°58'$。

由右游标读数可得望远镜转角为：$\varphi_{右} = 360° - |\theta'_{Ⅱ} - \theta_{Ⅱ}| = 119°58'$。

6. 一定要认清每个螺丝的作用再调整分光计，不能随便乱拧。掌握各个螺丝的作用可使分光计的调节与使用事半功倍。

7. 调整时应调整好一个方向，这时已调好部分的螺丝不能再随便拧动，否则会前功尽弃。

8. 望远镜的调整是一个重点。首先转动目镜手轮看清分划板上的十字线，而后伸缩目镜筒看清亮十字。

六、观察与思考

1. 分光计调整的要求是什么？

2. 转动载物台上的平面镜时，望远镜中看不到由镜面反射的绿十字像，应如何调节？

3. 分析分光计的设计原理。

4. 分光计为什么要调整为望远镜光轴与分光计中心轴相垂直？如果两者不垂直对测量结果有何影响？

5. 若平面镜两面的绿十字像，一个偏高，在水平线上方，距水平线为 a；另一个偏低，与水平线距离为 $5a$，应如何调节？

6. 用反射法测量三棱镜顶角时，为什么必须将三棱镜的顶角置于载物台中心附近？试作图说明。

第四章　综合性实验

实验十七　模拟法测静电场

在研究静电现象或电子束的运动规律时，需要确定带电体周围的电场分布情况。用理论计算求解电场的分布一般比较复杂和困难，若用实验手段来研究或测绘静电场，相对来说较为简单。但直接测绘静电场将有很大的困难，因为将测量仪器的探针引入静电场时，静电感应会使原静电场的分布发生改变。采用“模拟法”则可以克服这一困难。

一、实验目的

1. 学习用计算机进行实验的辅助设计和模拟实验。
2. 学习用模拟法测绘静电场的分布。
3. 加深对电场强度和电位概念的理解。

二、实验仪器

一套计算机硬件系统、中文 Win98 操作系统、正版“模拟法测绘静电场”仿真实验软件（软件中仿真了数学式电压表和 AC5/2 型直流指针式检流计的使用）。

三、实验原理

（一）静电场的模拟

由于在一定条件下电介质中的稳恒电流场与静电场服从相同的数学规律，因此可用稳恒电流场模拟静电场进行测量，这种实验方法称为模拟法。对电子管、示波管、电子显微镜等许多复杂电极的静电场分布都可用这种方法进行研究，这是电子光学中最重要的一种研究手段。本实验通过测绘简单电极间的电场分布学习模拟法的运用。

模拟法本质上是用一种易于实现、便于测量的物理状态或过程模拟另一种不易实现、不便测量的物理状态或过程。其条件是两种状态或过程有两组一一对应的物理量，并且满足相同形式的数学规律。理论分析知，除静电场外，传热学中的热流向量场和理想流体的速度场都可用电流场来模拟。此外，模拟法还常常用于大量缩小和小量放大等情况。因此，模拟法是一种重要的实验研究方法。

模拟法测静电场的特点是，仿造一个电场（模拟场），使它和静电场分布完全一样，当用探针去探测模拟场时，不会由于探针对引入而改变原模拟场的分布，这样就可以方便地间接测出静电场分布。模拟内容有两点：一是电极形状的模拟，二是建立稳恒电流场（即模拟场）。

电场既可以用电场强度 $\boldsymbol{E}_0$ 来描述，也可以用电势 φ 来描述。由于标量的测量和计算比矢量简便，因此，人们更愿意用电势来描述电场。

静电场与稳恒电流场的对应关系见表 4-17-1，根据对应关系可知，要想在实验上用稳恒电流场来模拟静电场，需要满足下面三个条件：

(1) 电极系统与导体几何形状相同或相似。

(2) 导电质与电介质分布规律相同或相似。

(3) 电极的电导率远大于导电质的电导率，以保证电极表面为等势面。

表 4-17-1

静电场	稳恒电流场
导体上的电荷 $\pm Q$	极间电流 I
电场强度 $\boldsymbol{E}$	电场强度 $\boldsymbol{E}$
介电常数 ε	电导率 σ
电位移 $\boldsymbol{D}=\varepsilon\boldsymbol{E}$	电流密度 $\boldsymbol{J}=\sigma\boldsymbol{E}$
无荷区 $\oint \varepsilon\boldsymbol{E}\cdot d\boldsymbol{S}=0$	无源区 $\oint \sigma\boldsymbol{E}\cdot \mathrm{d}\boldsymbol{S}=0$
电势分布 $\nabla^2\varphi=0$	电势分布 $\nabla^2\varphi=0$

根据稳恒电流场和相应静电场的计算公式推导可知，稳恒电流场与相应静电场具有等效性。从电磁理论还可以证明，只要电极形状一定，电极电位不变，空间介质均匀，对任何一个参考点，均存在 $\varphi_{稳恒}=\varphi_{静电}$（或 $E_{静电}$）这样的等效性。因此，要测绘静电场的分布，只要测绘相应的稳恒电流场即可，该模拟称数学模拟。

与静电场中的空气介质（或真空）相对应，稳恒电流场中的导电介质应是不良导体。在实验中的导电介质是一种导电纸，其电导率远比金属低，符合模拟条件。

已知电场强度 $\boldsymbol{E}$ 在数值上等于电位梯度，方向指向电位降落的方向。考虑到 $\boldsymbol{E}$ 是矢量，φ 是标量，所以从实验测量来讲，测定电位较之测定电场强度要容易实现。即先测绘等位线，然后根据电力线与等位线正交原理，再画出电力线。这样由等位线的间距、电力线的疏密和指向，就形象地反映了电场的分布情况。

实际的模拟场应是空间分布的，等位面是一簇互不相交的曲面。为简单起见，我们只研究横截面上的平面电场分布。

（二）利用计算机仿真技术对本实验的再模拟（即二次模拟）

近年来，计算机仿真技术方兴未艾，在许多领域颇有建树，如汽车的风洞实验、电子技术中的线路设计实验等。计算机仿真技术的优点十分明显：可以仿真各种客观实物，物理条件与现实也相当吻合，使得实验可以反复试验，既见效快且无需成本。

物理实验中引入计算机仿真技术是物理实验改革的有益尝试。通过在计算机上对本实验的训练，既使同学掌握了“模拟法测绘静电场”的原理和方法，也使同学了解了计算机仿真技术的一种应用。

四、实验步骤

首先启动中文 Win98，再双击桌面上的静电场图标即可进入“模拟法测静电场”仿真实验的主界面（计算机屏幕上可见）。

主界面分六个主模块：“背景介绍”、“原理阐述”、“实验仪器”、“基本训练”、“分析思考”、“其他”。操作者用鼠标单击相应的菜单按钮即可进入该模块进行下一步操作。

其中在“背景介绍”、“原理阐述”、“实验仪器”和“分析思考”四个主模块中只需单击相应按钮，并拖动滚动条便可翻阅。

主模块“基本训练”是本实验的重点，它有四个子模块：

◆ 训练指导

◆ 模拟法测静电场

◆ 模拟法测其他场的简单介绍

◆ 实验演示

下面分别介绍四个子模块：

子模块“训练指导”是实际静电场实验的实验内容。

子模块“模拟法测静电场”是本实验的核心部分，它又有四个子菜单：

√“调节稳压电源”

√“初始电压点定位”

√“测量等势线”

√“理想场分布”

当单击“模拟法测静电场”的菜单后，屏幕又出现两个菜单：“基本训练”和“返回”。初始情况下，基本训练菜单下虽然只有子菜单“调节稳压电源”一个内容。但在该内容中，包含了进入下一个实验内容的命令。操作方法可参见绿色帮助文字：左边的按钮表示本内容操作完毕，若有操作错误，最下方的状态栏将以红色字显示错误信息；右边的按钮表示跳过本内容，直接进入下一个实验内容——子菜单“初始电压点定位”。

在此界面中，鼠标在导电纸范围内为笔形，操作方法参见右侧的帮助文字。此时在“基本训练”菜单下多了“初始电压点定位”这一条命令，则在此时可查看其他内容，然后再继续进行初始电压点定位，在初始电压点定位界面中，关掉数字式电压表后，自动进入下一个实验内容，也即具体软件模拟的最后一个实验内容——子菜单“测量等势线”。

在本内容中，先用鼠标左键单击固定探笔图像，然后移动鼠标到导电纸上，鼠标光标会变成笔的形状：单击上一步标记出的初始电压点处，则在该点位置放下固定探笔，将于相应位置显现固定探笔的微缩图像，且它的探头尖端位于该点位置。

然后再用鼠标左键单击活动探笔图像，随后移动鼠标到导电纸上，按下左键，观察检流计读数是否为零，若读数为零，则在左键按住不动情况下又按下右键，则在该点以绿点作标记，且标记点的位置与按下左键时鼠标所处位置重合。若检流计指针来回摆动，此时应在检流行的短路钮上按下鼠标左键或按住“D”键让指针停摆，停摆后再松开鼠标左键或“D”键。

子模块“模拟法测其他场的简单介绍”则简单介绍了模拟法测河流水流场等的方法。

子模块“实验演示”则播放仿真实验的全过程，它能使你迅速掌握本实验的使用方法。因此建议在开始实验操作之前务必看一下，演示完以后请关闭播放程序。

此外，主模块“分析思考”中有几道小题目你可以课下思考。

主模块“其他”中是一些零碎的内容，主要是版权说明。

五、实验记录

用毫米方格纸描绘计算机屏幕上的稳恒电流场的等位线及正交的电力线图。

实验十八　声速的测量

声波是一种在弹性媒质中传播的机械波，声速是描述声波在媒质中传播特性的一个基本物理量。在空气中，一些波动现象，不仅可以用可见光与微波演示，也可以用声波演示。在气体中，声波是纵波而不是横波，因而不出现偏振现象，这是与电磁波现象的一个重大区别，但声音所产生的几种干涉和衍射效应与电磁波干涉和衍射效应完全相似。

由于超声波具有波长短，易于定向发射及抗干扰等优点，所以在超声波段进行声速测量是比较方便的。本实验用共振干涉法和相位比较法测量声音在空气中传播的速度；并研究声波双缝干涉、单缝衍射及反射现象，将测量结果与理论计算进行比较，从而对波动学的物理规律和基本概念有更深的理解。

一、实验目的

1. 学习超声波产生和接收原理，学习用相位法和共振干涉法测量声音在空气中传播的速度，并与公认值进行比较。

2. 观察和测量声波的双缝干涉和单缝衍射，并与理论值进行比较。

3. 研究声波的反射波与原始波干涉形成的干涉图，即声波“洛埃镜”实验的实现与分析计算。

4. 研究声波对不同介质或不同表面的反射，测量反射率。

二、实验仪器

仪器主要由三部分组成：声速测定装置、正弦信号发生器和示波器。

三、实验原理

（一）共振干涉法

设有一从发射源发出的一定频率的平面声波，经过空气传播到达接收器，如果接收面与发射面严格平行，入射波即在接收面上垂直反射，入射波与反射波相干涉形成驻波，反射面处为位移的波节。改变接收器与发射源之间的距离 l，在一系列特定的距离上，媒质中出现稳定的驻波共振现象。此时，l 等于半波长的整数倍，驻波的幅度达到极大；同时，在接收面上的声压波腹也相应地达到极大值。不难看出，在移动接收器的过程中，相邻两次达到共振所对应的接收面之间的距离即为半波长。因此，若保持频率 f 不变，通过测量相邻两次接收信号达到极大值时接收面之间的距离（$\lambda/2$），就可以用 $v=f\lambda$ 计算声速。

（二）相位比较法

发射波通过传声媒质到达接收器，所以在同一时刻，发射处的波与接收处的波的相位不同，其相位差 φ 可利用示波器的李萨如图形来观察。φ 和角频率 ω、传播时间 t 之间有关系式

$$\varphi=\omega t$$

同时有，$\omega=2\pi/T$，$t=\dfrac{l}{v}$，$\lambda=Tv$（T 为周期），代入上式得

$$\varphi=2\pi l/\lambda$$

当 $l=n\lambda/2$（$n=1, 2, 3, \cdots$）时，得 $\varphi=n\pi$。

实验时，通过改变发射器与接收器之间的距离，可观察到相位的变化。而当相位差改变 π 时，相应的距离 l 的改变量即为半个波长。由波长和频率值可求出声速。

（三）理想气体中的声速值

声波在理想气体中的传播可认为是绝热过程，因此传播速度可表示为

$$v=\sqrt{\frac{\gamma R\Theta}{M}} \tag{4-18-1}$$

式中，R 为摩尔气体常数（$R = 8.314\mathrm{J/(mol \cdot K)}$）；$\gamma$ 是气体的等熵指数（气体摩尔定压热容与摩尔定容热容之比）；M 为相对分子质量；Θ 为气体的热力学温度，若以摄氏温度 θ 计算，则 $\Theta = \Theta_0 + \theta$，$\Theta_0 = 273.15\mathrm{K}$。代入式（4-18-1）得

$$v = \sqrt{\frac{\gamma R}{M}(\Theta_0 + \theta)} = \sqrt{\frac{\gamma R}{M}\Theta_0}\sqrt{1 + \frac{\theta}{\Theta_0}} = v_0\sqrt{1 + \frac{\theta}{\Theta_0}} \tag{4-18-2}$$

对于空气介质，0℃时的声速 $v_0 = 331.45\mathrm{m/s}$ 。若同时考虑到空气中的蒸汽的影响，校准后声速公式为

$$v = 331.45\sqrt{\left(1 + \frac{\theta}{\Theta_0}\right)\left(1 + \frac{0.319p_w}{p}\right)} \tag{4-18-3}$$

式中，p_w为蒸汽的分压强；p 为大气压强。

（四）声波的干涉、衍射和反射

许多用可见光束产生的衍射和干涉实验都可以用超声波来实现和演示。其中最简单的是双缝干涉实验。实验装置如图 4-18-1 所示。对于不同的 α 角，如果从双缝到接收器的程差是零或波长的整数倍，就会产生相长干涉，因而观察到干涉强度的极大值；当程差是半波长的奇数倍时，干涉强度有极小值。因此，干涉强度出现极大值与极小值的条件如下：

极大值：
$$d\sin\alpha = n\lambda \tag{4-18-4}$$

极小值：
$$d\sin\alpha = \left(n + \frac{1}{2}\right)\lambda \tag{4-18-5}$$

式中，n 为零或整数；d 为两个缝中心位置的距离；λ 为声波的波长。

另一种称作“洛埃（Lloyd）镜”装置，其中反射面形成波源的一个虚像，如图 4-18-2 所示。这里仍然可以用接收器来研究由初始波与反射波所形成的干涉图形中的波节图。

衍射效应用超声波也可以观察到，采用一个单缝，如图 4-18-3 所示。当来自单缝的一半的辐射与来自另一半的辐射相差半波长奇数倍时，会产生相消干

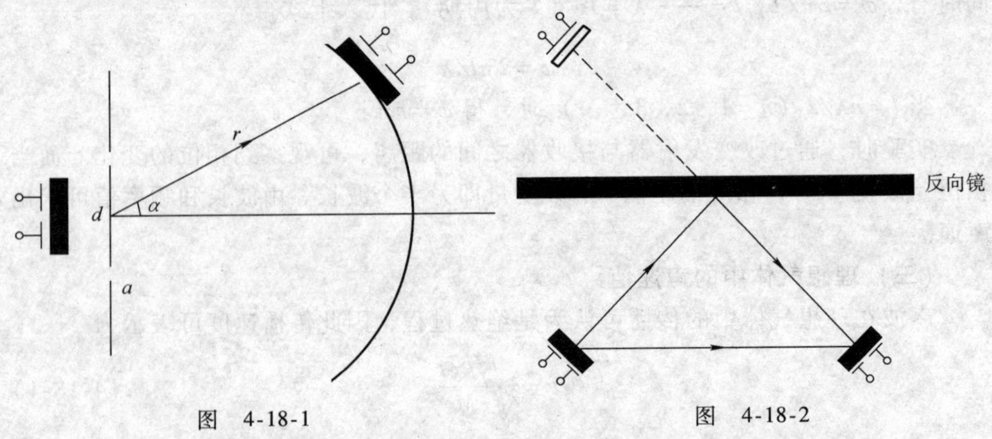

图 4-18-1　　图 4-18-2

涉，因此相消干涉条件是

$$\frac{a}{2}\sin\alpha=\left(n+\frac{1}{2}\right)\lambda \qquad (4\text{-}18\text{-}6)$$

式中，$n=0$，±1，±2，…；a 为单缝缝宽：α 为接收器由中心位置转过角度。

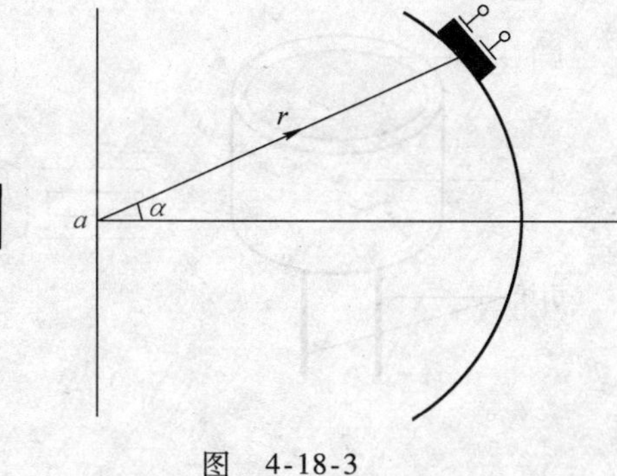

图 4-18-3

仪器介绍：

仪器主要由三部分组成：声速测定装置、正弦信号发生器和示波器。

(1) 声速测定装置如图 4-18-4 所示。

(2) 声速测定装置。

1) 超声波发射器和超声波接收器。超声波传感器结构如图 4-18-5 所示。

超声波传感器的工作频率约为 40kHz，其中超声波接收器与超声波发射器结构相似，只是两种压电晶片的性能有所差别。接收型压电晶片的机械能转变为电能的效率高；而发射型相反，电能转变为机械能效率高。振荡频率 (40.1 ± 0.4) kHz。

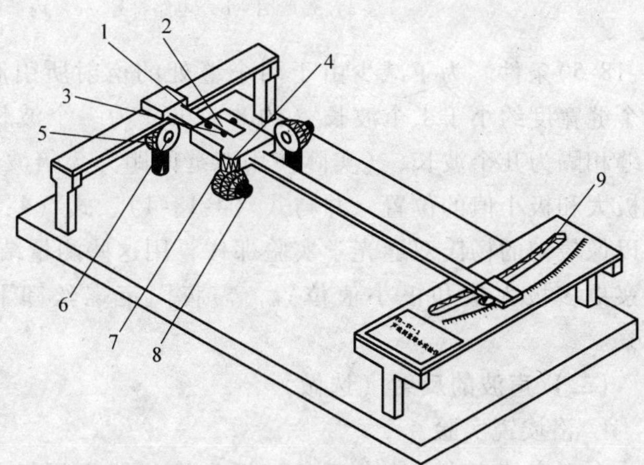

图 4-18-4 数显声速测量装置结构图

1—数显游标卡尺电源开关 2—位移显示 3—位移显示置零 4—位移调节 5—信号输入 6—超声发射器 7—超声接收器 8—接收信号输出 9—转动导轨

2) 数显游标卡尺。它有一个位移传感器及液晶显示器。游标移动时，能直接显示其移动距离，液晶显示器上有一个电源开关（见图 4-18-4），使用时打开，使用完毕即关断。还有一置零开关（见图 4-18-4），正式测量前先将数字置零。量程：0 ~ 200mm，精度：0.01mm。

3) 正弦波发生器。正弦波发生器输出正弦波信号，频率连续可调。频率显示分辨率：0.001kHz。

四、实验步骤

(一) 声波的双缝干涉（选做）

用图 4-18-2 所示双缝装置来做干涉实验，需满足式（4-18-4）和式

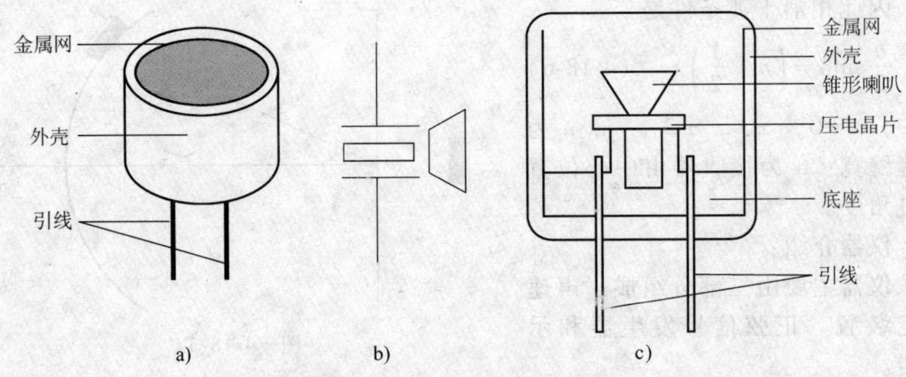

图 4-18-5　超声波传感器

a）外形图　b）电路符号　c）内部结构

(4-18-5)条件。为了减少由于两个缝处的衍射所引起的复杂性、简单的办法是每个缝宽度约小于 1 个波长（约 8 ~ 9mm 为一个波长），缝宽仅 2 ~ 3mm，而两个缝相隔为几个波长，(实际使用双缝间距为 3 倍波长)。这时，测量出主极大、次极大和极小值的位置，并与式（4-18-4）、式（4-18-5）预期值进行比较。也可以像最初的杨氏双缝光学实验那样，用这些测量结果，来计算声波的波长。要观察更多极大值和极小值位置，需将固定螺丝卸下，放好后，转动更大角度观察。

（二）声波的反射（选做）

1. 洛埃镜实验

在两个相互成一定角度的波源和接收器之间与入射波成约 20° ~ 30°角放一反射板，如图 4-18-2 所示。观察由初始波和反射波在接收器处干涉形成干涉图形的波节。然后将反射板平行向后移动，可以观察到波峰和波节出现，解释此干涉现象。如果在底板上放 1 张作图纸，用此方法可否测量声波的波长？

2. 声波的反射与吸收

将两种不同材料板（对声波吸收与反射不相同材料板）进行反射试验，了解材质及表面形状对声波吸收的影响。

3. 观察声波的单缝衍射（注意卸下的固定螺丝必须保管好），体会声波衍射的物理含义。

（三）声音在空气中传播速度测量（必做）

1. 调整测试系统的谐振频率

按图 4-18-4 将实验装置接好。正弦波的频率取 40kHz，调节接收换能器尽可能近距离，且使示波器上的电源信号为最大。然后，将两个换能器分开稍大些距离（约 6 ~ 7cm），使接收换能器输入示波器上的电压信号为最大（近似波节位置）。再调节频率，使该信号确实为该位置极大值。最后，细调频率，使接收器输出信号与信号发生器信号同相位。此时信号源输出频率才最终等于两个换能器的固有频率。在该频率上，换能器输出较强的超声波。

2. 在谐振频率处用共振法和相位法测声速

当测得一声速极大值后，连续地移动接收端的位置，测量相继出现 20 个极大值所相应的各接收面位置 L_i，再用逐差法求波长值。

在用相位比较法时，将接收器与示波器的 Y 轴相连，发射器与示波器 X 轴相连，即可利用李萨如图形来观察发射波与接收波的相位差，适当调节 Y 轴和 X 轴灵敏度，就能获得比较满意的李萨如图形。对于两个同频率互相垂直的简谐振动的合成，随着两者之间相位差从 0～π 变化，其李萨如图形由斜率为正的直线变为椭圆，再由椭圆变到斜率为负的直线。记录游标卡尺上读数时，应选择李萨如图形为直线时所对应的位置。每移动半个波长，就会重复出现斜率正负交替的直线图形。

3. 本实验温度应正确仔细地测量（为什么），并测出温度计干泡温度和湿泡温度，查表得到该状态下的 p_w 值，再测得实验室当时的气压值 p（干燥天气可不必测量 p_w 和 p），则可由式（4-18-3）求出声速值。

4. 将上述两种方法的测量结果比较，计算相对偏差。

五、数据记录及处理

（一）相位法测声速（表 4-18-1）

表 4-18-1　相位法测量结果（温度 $\theta=$　，频率 $f=$　kHz）

接收序号 i	L_i/mm	接收序号 i	L_i/mm	ΔL_i/mm	$\Delta \overline{L_i}$/mm
1		11			
2		12			
3		13			
4		14			
5		15			
6		16			
7		17			
8		18			
9		19			
10		20			

$$\overline{\lambda}=\Delta\overline{L_i}\times\frac{1}{5}=\quad \text{mm} \quad 声速：v=f\times\overline{\lambda}=\quad \text{m/s}$$

在温度 $\theta=28.05$℃时，干燥空气的声速 $v_{公认}=348.4\text{m/s}$，测量结果与公认值百分差

$$E_v=\frac{|v-v_{公认}|}{v'_{公认}}\times100\%=\quad\%$$

（二）共振干涉法测声速（表 4-18-2）

表 4-18-2 共振干涉测量结果（温度 $\theta=$ ，频率 $f=$ kHz）

接收序号 i	L_i/mm	接收序号 i	L_i/mm	ΔL_i/mm	$\Delta\overline{L_i}$/mm
1		11			
2		12			
3		13			
4		14			
5		15			
6		16			
7		17			
8		18			
9		19			
10		20			

$$\overline{\lambda}=\Delta\overline{L_i}/5=\quad \text{mm} \qquad 声速：v=f\times\overline{\lambda}=\quad \text{m/s}$$

在干燥空气温度 $\theta=28.75$℃时，声速 $v_{公认}=348.5\text{m/s}$。测量结果与公认值百分差

$$E_v=\frac{|v-v_{公认}|}{v_{公认}}\times100\%=\quad\%$$

（三）声波的双缝干涉测量（选做）

双缝中间间距 $d=26.08\text{mm}$

声波频率为 40.511kHz，双缝干涉测量表 4-18-3 结果（温度 $\theta=28.75$℃）记录于表 4-18-3 中。

$$\lambda_2=d\sin\alpha_2=26.08\sin\alpha_2=\quad \text{mm}$$

在温度 $\theta=28.75$℃时，干燥空气的声速 $v_{公认}=348.5\text{m/s}$，$\lambda_{正确值}=348.5/40.511\text{mm}=8.60\text{mm}$。

$$E_\lambda=\frac{|\lambda_2-\lambda_{正确值}|}{\lambda_{正确值}}\times100\%=$$

表　4-18-3

极小值角 α_1/°	极大值角 α_2/°
平均：	平均：

两者测量结果应该较为接近，百分偏差约 1%。

（四）声波的单缝衍射（选做）

单缝缝宽 $a=25.0\text{mm}$，约为超声波长 3 倍。由式（4-18-6）可估算一级极小值的角度。将转动紧固螺丝卸下（注意螺丝和螺帽不能掉）放在纸盒内。将接收器绕轴心转动，可以在满足式（4-18-6）的条件下，观测到一级极小值。估算一下衍射是否与理论值一致，转动更大角度时，可观测到一级极大值。

六、注意事项

1. 仪器与装置连接的电缆线，不宜多拆、多接。角度固定螺丝也不易让学生经常卸下。最佳方案是配一套公用“声速测量综合实验仪”。让学生学习接拆同轴电缆接头，以及观测大角度时双缝干涉和单缝衍射，并备一个大量角器。

2. 数显游标卡尺使用时，应轻轻移动，移动时速度需慢而均匀。实验结束时，应将数显部分电源关闭。

3. 搬动仪器时，不能将数显游标卡尺当手柄使用。应两手拿底板搬动装置。

4. 平时不做实验时，应用防尘罩（或布）防尘，以避免灰尘进入换能器。

5. 双缝干涉实验中注意双缝必须与超声发生器严格对称旋置，若有偏离将影响实验结果。

七、观察与思考

1. 声波与光波、微波有何区别？

2. 为何在声波形成驻波时，在波节位置声压最大，因而接收器输出信号最大？

附：实验十八数据记录处理样例

（一）相位法测声速（表4-18-4）

表4-18-4 相位法测量结果（温度 $\theta=28.05$℃，频率 $f=39.850$kHz）

接收序号 i	L_i/mm	接收序号 i	L_i/mm	ΔL_i/mm	$\Delta \overline{L_i}$/mm
1	0	11	42.40	42.40	41.325
2	4.52	12	45.77	41.25	
3	8.77	13	49.92	41.15	
4	12.97	14	54.06	41.09	
5	17.39	15	58.18	40.79	
6	21.54	16	62.72	41.18	
7	25.92	17	67.05	41.13	
8	30.06	18	71.24	41.18	
9	34.29	19	75.82	41.53	
10	38.66	20	80.21	41.55	

$$\overline{\lambda}=\Delta \overline{L_i}\times\frac{1}{5}=8.265\text{mm}，声速：v=f\times\overline{\lambda}=330.6\text{m/s}$$

在温度 $\theta=28.05$℃时，干燥空气的声速 $v_{公认}=348.4$m/s，测量结果与公认值百分差

$$E_v=\frac{|v-v_{公认}|}{v_{公认}}\times100\%=5.1\%$$

（二）共振干涉法测声速（表4-18-5）

表4-18-5 共振干涉测量结果（温度 $\theta=28.75$℃，频率 $f=40.010$kHz）

接收序号 i	L_i/mm	接收序号 i	L_i/mm	ΔL_i/mm	$\Delta \overline{L_i}$/mm
1	0	11	42.02	42.02	44.591
2	4.05	12	40.29	42.24	
3	7.93	13	50.17	42.24	
4	12.20	14	55.58	43.38	
5	16.37	15	60.64	44.27	
6	20.53	16	65.95	45.42	
7	24.69	17	70.25	45.56	
8	28.23	18	75.30	47.07	
9	32.57	19	79.55	46.98	
10	37.47	20	84.20	46.73	

$$\overline{\lambda}=\overline{\Delta L_i}/5=8.920\text{mm}，声速：v=f\times\overline{\lambda}=356.73\text{m/s}$$

在干燥空气温度 $\theta=28.75$℃时，声速 $v_{公认}=348.5$m/s。测量结果与公认值百分差

$$E_v=\frac{|v-v_{公认}|}{v_{公认}}\times100\%=2.4\%$$

实验十九　数码摄影

数码相机是近几年发展起来的新型摄影工具，是集光学、机械、电子于一体的产品。它的操作方便、快捷以及数字图像的无穷变化，为摄影爱好者带来了更丰富的想象力和创造性。随着计算机的普及、数码相机技术性能的不断提高和价格的不断下降，尤其是互联网的应用越来越普及、使得数码相机进入千家万户，有了更宽广的用武之地。因此，对生活在信息时代的人们来说，了解和使用数码相机，已经是一件既必要又很平常的事情。

数码图像处理有很广泛的应用领域。作为一种技术，数码图像处理既需要理论知识，又需要应用技能，特别是要熟练掌握与数码图像处理有关的应用软件。Kodak EasyShare 软件是一款专门为数码影像处理的优秀软件，具体来说，是集数码影像的图像制作、艺术合成以及输入输出于一体的管理软件。

一、实验目的

1. 了解数码相机的成像原理。
2. 认识数码相机各部件的作用，学会使用数码相机。
3. 熟练掌握数码影像处理 Kodak EasyShare 软件。

二、实验仪器

柯达 EasyShare LS753 变焦数码相机（如图 4-19-1 ~ 图 4-19-3 所示）、一套计算机系统、安装正版的数码影像处理 Kodak EasyShare 软件、学生拍摄的数码照片、一台高级彩色打印机或照片专用打印机、若干高级打印纸或照片印相纸。

柯达 EasyShare LS753 变焦数码相机相机部件说明：

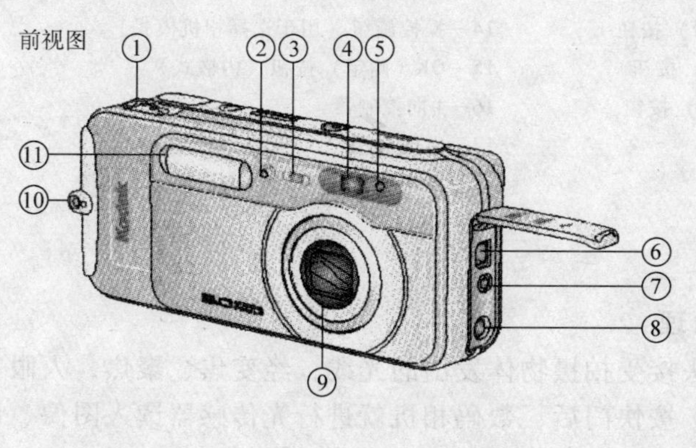

图　4-19-1

1—操控旋钮（用于选择相机模式）

2—麦克风

3—自拍/录像指示灯

4—取景器镜头

5—光线传感器

6—USB 端口

7—视频输出（用于电视接口）

8—直流输入（5V），用于可选购的交流变压器

9—镜头/镜头盖

10—颈带孔

11— 闪光装置

底部视图

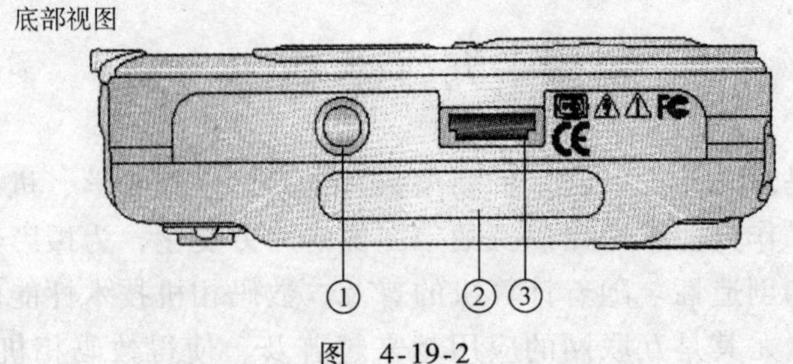

图 4-19-2

1—用于 EasyShare 相机底座或多功能底座打印机的三脚架连接孔/定位器

2—带相机序列号的铭牌

3—底座接口

后视图

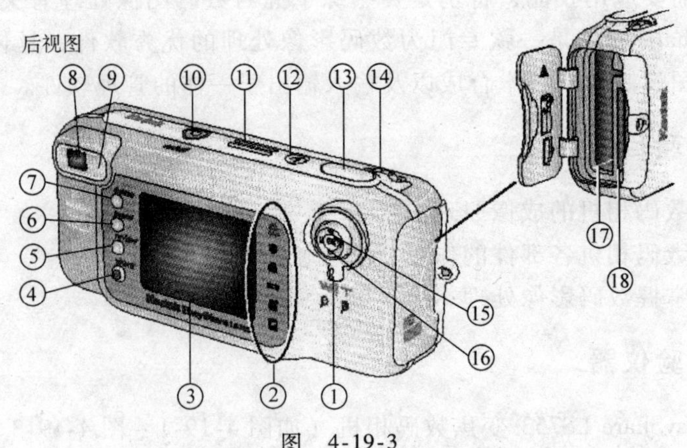

图 4-19-3

1—变焦（广角/远摄）/放大器	10—开/关按钮/电源指示灯
2—相机模式	11—扬声器
3—相机屏幕（LCD）	12—闪光灯按钮
4—Share（分享）按钮	13—快门按钮
5—Review（查看）按钮	14—操控旋钮（用于选择相机模式）
6—Menu（菜单）按钮	15—OK（确定）按钮（内嵌式）
7—Delete（删除）按钮	16—4 向控制器
8—取景器	17—电池插槽
9—就绪指示灯	18—用于可选购的 SD/MMC 存储卡插槽

三、实验原理

（一）数码相机的工作原理

首先数码相机的光学镜头接受拍摄物体发出的光线，经变焦、聚焦，人眼在取景系统观察，当觉得合适，按快门后，数码相机就进行光传感器读入图像、调整光圈或改变快门速度、自动聚焦、打开闪光灯等操作，耗时约 1.5s。此后相机真正开始纪录图像，即面阵光电转换器感应光线，将光信号转换为电信号，并将每个像素上的电子模拟量信息通过串行扫描的方法传输出来。转换完毕后，将模拟电信号放大，再传入 A/D 设备转换为数字信号。接着用数码相机固化的程序（压缩算法）按照设定的文件格式，将图像以二进制数字形式存入存储器中。到此时一张数字相片形成了。以后集中在存储器内的数字相片可以通过标准串口或并口传入计算机（需要相应的驱动程序）。最后，在计算机中图像软件环境支持下，数字相片就可以显示、编辑、渲染等，也可打印输出照片。

（二）数码相机的几个部件功能

数码相机可分为普通型和专业型，主要部件有：

1. 光学成像系统

数字照相机的光学成像系统目前有定焦镜头、广角与望远可转换镜头、可变焦镜头等。与传统相机不同的是，数码相机的光学镜头的视场光栏及分辨率由所选的光电转换的器件参数决定。

2. 数码相机的快门

数码相机的曝光宽容度由面阵光电转换器件的暗电流噪声和饱和电荷量所决定，它比传统的光化学胶片的曝光宽容度要小，因此数码相机快门对曝光精度的要求高，一般有机械式快门和电子式快门两种形式。

3. 面阵光电转换器件

它的作用是将图像的光能量信息转换为电能量信息，并将每个像素上的电子模拟量信息通过串行扫描的方法自动传输出来。目前多采用 CCD 面阵光电转换器件，拍摄照片时，每个感光元件 CCD 感受光线生成一个像素，众多的像素排列成方阵就形成了照片。在数码相机中照片以数字文件的形式存在，每个像素的颜色用二进制数字表示，可通过计算机显示或打印。同样尺寸的一张照片，包含的像素数（CCD 总数）越多，信息量越大，照片越清晰。所以像素数就决定了数码相机的档次。

目前数码相机的像素数有 300 万、500 万、800 万素数等，这些还是普通型数码相机的标准。若达到上千万像素数（3302 × 3036），则是专业型数码相机了。上述括号内的数字也称为数码相机的分辨率，它是指拍出的照片的水平方向和垂直方向的像素数。可见像素数与分辨率紧密相关。所以人们有时也以分辨率的高低来衡量数码相机的档次。但个别数码相机有两种以上的分辨率。

由于像素的颜色用二进制数表示，所以数码相机的技术指标中常见有 16bit（65536 种颜色）、24bit（百万种颜色）的描述。颜色数越高，照片的颜色层次越丰富。

4. 液晶显示屏（LCD）

数码相机的取景系统有两种：一种是与传统相机相同的光学取景器；另一种

是从 CCD 面阵光电转换器件中直接提取图像信号，用彩色液晶显示取景。后者技术先进，逐渐成为主流。此外也有同时采用两种模式的。

5. 信息处理、转换、压缩和存储

它的工作是将面阵光电转换器件上得到的电子模拟量信息进行放大、A/D 转换成数字信息，再经过预设的压缩程序处理后，以文件形式存储在内存卡上。

数码相机的压缩程序常有从高到低多档的压缩方式：压缩比越高，像素损失越多，照片分辨率则低，但文件容量却小了，同样的内存卡上可存的照片数就多了。压缩比越低，上述的情况则逆推。

数码相机的内存卡有多种型号，但不通用；同种型号也有多种容量。速度快、容量大的内存卡则属高级。一旦内存卡被数字照片存满了，也可用备用的同型号内存卡置换，可满足室外一次多拍照片的情况。已经存储在内存卡上的照片，液晶显示屏上观察不满意，可以随时删除。

6. 输出接口

数码相机的输出接口一般都有串行数据接口，用以将数据输出到计算机；或视频输出接口将图像输出到电视机；也有的两者兼而有之。

7. 数码相机总体控制电路

数码相机要实现测光、运算、曝光控制、闪光控制以及拍摄逻辑控制，必须有一套完善的总体控制电路，通过 CPU 实现对各个操作的统一协调和控制。

四、实验步骤

(一) 数码照片的拍摄过程

● **打开和关闭相机**

■ 按下开/关按钮

当开/关按钮呈稳定蓝色亮起时，相机即可用于拍照。此时相机将选定自动模式。

■ 按下开/关按钮关闭相机电源

相机将结束正在处理的操作。

注意：如果在打开相机时遇到障碍物，镜头将缩回。确保镜头可自由伸缩并再次按开/关按钮。

● **设置日期和时间**

■ 第一次设置日期和时间

首次打开相机或电池被卸下过长时间时，屏幕上将显示日期和时间已被复位消息。

1. “设置日期和时间”将会突出显示。按 OK（确定）按钮。

（选择“取消”以在稍后设置日期和时间）

2. 转到下面“随时设置日期和时间”中的步骤4。

■ 随时设置日期和时间

1. 打开相机电源，按Menu（菜单）按钮。

2. 按▲/▼以突出显示设置菜单，然后按OK（确定）按钮。

3. 按▲/▼以突出显示“日期和时间”，然后按OK（确定）按钮。

4. 按▲/▼调整日期和时间。按◀▶转到下一个设置。

5. 完成后按OK（确定）按钮。

6. 按Menu（菜单）按钮退出菜单。

● **查看照片和录像**

按Review（查看）按钮，查看并处理照片和录像。要节省电池电力，请购买5V交流变压器或将您的相机插接到可选购的柯达EasyShare相机底座或多功能底座打印机。

■ 查看单张照片和单部录像

1. 按Review（查看）按钮。

2. 按◀▶向前或向后滚动照片和录像（要快速滚动，请按住◀▶）。

3. 按Review（查看）按钮退出。

注意：以“最佳（3:2）”质量设置拍摄的照片将以3:2的宽高比显示，并且屏幕顶部会出现黑条。

■ 不弹出镜头查看照片和录像

1. 将操控旋钮旋转至“收藏夹”，然后按下操控旋钮。如果镜头没有弹出，则不能进行拍照。

2. 按Review（查看）按钮。

3. 请参阅查看单张照片和单部录像下的步骤2。

■ 查看多张照片和多部录像

1. 按Review（查看）按钮。

2. 按▼。

注意：您也可以按Menu（菜单）按钮，突出显示“多张同屏”，然后按OK（确定）按钮。此时将显示照片和录像的缩略图。

◆ 要一次滚动一张缩略图，请按◀▶。

◆ 要显示上一行或下一行缩略图，请按▼/▲。

◆ 按OK（确定）按钮显示所选照片的单个视图。

3. 按Review（查看）按钮退出。

■ 播放录像

1. 按Review（查看）按钮。

2. 按◀▶查找录像（在多张同屏视图中，突出显示录像，然后按OK（确定）按钮）。

3. 按 OK（确定）按钮播放或暂停录像。

◆ 要调整音量，请按▲/▼。

◆ 要对录像倒带，请在播放期间按◀▶。

◆ 要重播录像，请按 OK（确定）按钮。

◆ 要转至上一张（部）或下一张（部）照片或录像，请按◀▶。

■ 删除照片和录像

1. 按 Review（查看）按钮。

2. 按◀▶查找一张照片或一部录像（或突出显示多视图中的一个），然后按 Delete（删除）按钮。

3. 按▲/▼突出显示一个选项，然后按 OK（确定）按钮：照片或录像—删除所显示的照片或录像。退出—退出删除屏幕。全部—从当前存储位置删除所有照片和录像。要删除更多照片和录像，请转至步骤2。

注意：您不能删除受保护的照片和录像。删除之前取消保护。

■ 更改可选的查看设置

在查看模式下，按 Menu（菜单）按钮可以访问可选的查看设置。

■ 放大照片

1. 按 Review（查看）按钮，然后查找照片。

2. 反复将变焦杆按到远摄（T）可放大高达 8 倍，或按到广角（W）进行缩小。

◆ 要查看照片的不同部分，请按▲/▼，◀▶。

◆ 要以 1 倍（原始）大小重新显示照片，请按 OK（确定）按钮。

3. 要退出查看模式，请按 Review（查看）按钮。

■ 保护照片和录像，防止删除

1. 按 Review（查看）按钮，然后查找照片或录像。

2. 按 Menu（菜单）按钮。

3. 按▲/▼突出显示“保护”，然后按 OK（确定）按钮。该照片或录像受保护，防止删除。保护图标与受保护的照片或录像一起出现。

4. 要取消保护，请再次按 OK（确定）按钮。

5. 按 Menu（菜单）按钮退出。

（二）数码照片的处理过程

● 在桌面上启动 EasyShare 软件

启动 EasyShare 软件图标后，会出现 EasyShare 主窗口“我的照片集”。“我的照片集”提供了下列菜单：

◆“文件”菜单提供了用于执行以下操作的命令：将照片添加到照片集，

从硬盘上删除照片，从照片集删除照片，查看关于突出显示的照片的信息，刻录光盘，以及关闭 EasyShare 软件。

◆“编辑”菜单提供了用于执行以下操作的命令：在“编辑”窗口中显示突出显示的照片，旋转选定的照片，选择或取消选择当前视图中的全部照片，以及恢复原始照片。

◆“视图”菜单提供了用于执行以下操作的命令：全屏显示突出显示的照片，更改“我的照片集”视图和任务工作区中缩略图的显示大小，播放幻灯片，以及选择视图中显示的照片的类型。“单个”视图还提供了用于缩放所显示的照片的命令。

◆“排序”菜单提供了用于更改任务工作区中所显示照片的排序顺序的命令。

◆“工具”菜单提供了用于执行以下操作的命令：为所选照片指定关键字，使用 EasyShare 地址簿，按任务列表上放置的延迟任务而采取措施，将突出显示的照片设置为桌面墙纸，以及设置应用程序首选项。

◆“相册”菜单提供了用于执行以下操作的命令：创建新相册，将所选照片添加到相册，从相册中删除照片，以及更改任务选项窗格中相册的显示顺序。某些命令只有选中任务选项窗格中的相册选项卡时才可用。

◆“帮助”菜单提供了用于执行以下操作的命令：显示此“帮助”文件，注册 EasyShare 软件，查看应用程序和版权信息，以及发送建议至柯达。

◆“任务”窗口为菜单提供了选定任务特定的命令。每个窗口里的菜单栏中也包括“帮助”菜单。有关某个特定窗口中可用菜单的信息，请单击以下其中一项。

◆ 在家打印

◆ 在线订购照片

◆ 电子邮件

右键单击单张照片、任务工作区的空白处、系统托盘的 Kodak EasyShare 图标、及任务窗口中的缩略图窗格，均可显示上下文相关菜单。

◆ 照片提供了处理突出显示的照片的特定命令。

◆“我的照片集”任务工作区提供了用于执行以下操作的命令：更改“缩略图”视图中缩略图的显示大小，以及选择或取消选择任务工作区中的全部照片。

◆ 系统托盘提供了用于执行以下操作的命令：打开 EasyShare 软件，选择连接的设备和开始传输照片，显示“首选项”对话框，查看在线帮助，以及关闭 EasyShare 软件。在任务窗口中执行操作时，并非所有命令都是可用的。

◆“任务”窗口提供了在任务窗口中选择或取消选择全部照片的命令。

●“编辑”窗口概述

“编辑”窗口提供您编辑并增强照片的入口。使用“编辑”窗口以新文件名保存已编辑的照片（“另存为”）或者以所做的更改来改写当前的照片（“保存”）。您可以撤消直到上次保存版本为止的所有编辑，还可以按撤消的顺序恢复编辑。

要从“我的照片集”或任务窗口访问“编辑”窗口，请执行以下操作：

◆ 双击照片，然后在全屏查看器中单击“编辑照片”。

◆ 单击照片以使其成为突出显示的照片，然后单击工具栏上的“编辑照片”。

◆ 右键单击照片，从菜单中选择“编辑照片”：

■ **调整亮度和对比度**

使用“编辑”窗口的“亮度/对比度”屏幕，从中可调整照片的整体外观。要达到最佳效果，应先设置亮度，使照片的亮度足以看清最明亮区域的细节而不丢失任何细节。

调整亮度和对比度

1. 在“编辑”窗口显示照片，然后单击工具栏上的“亮度/对比度”。

2. 在“亮度/对比度”任务选项窗格中，执行以下操作来调整照片的外观：

◆ 亮度。要增加亮度，请向右拖放“亮度”滑块。要减少亮度，请向左拖放滑块。增加亮度可以使所有颜色更亮，而减少亮度可以使所有颜色更暗。

◆ 对比度。要增加对比度，请向右拖放“对比度”滑块。要减少对比度，请向左拖放滑块。如果对比度较低，十分接近的色彩就会模糊不清；而如果对比度较高，则可以明确区别亮区和暗区之间的过渡区域。

多窗口屏幕左侧显示了原始照片，而右侧则显示了照片所应用的调整。要查看对整个照片所作的调整，请将中心线拖至左侧。

3. 要应用所作的调整，请单击“接受”。随即返回到“编辑”窗口主屏幕。

4. （可选）然后执行以下操作。

◆ 保存照片。要以新文件名保存该照片，请单击“另存为”。要改写当前照片，并保存所做的任何更改，请单击“保存”。如果该照片受保护，则您只能选择“另存为”。

◆ 撤消/恢复编辑。要撤消编辑，请单击“撤消”。您可以撤消直到上次保存版本为止的所有编辑。要重做编辑，请单击“重做”。

5. 要关闭“编辑”窗口，请单击“关闭”。

如果改写现有照片，则该照片会显示在您选择它的位置上。如果使用新文件名（“另存为”）保存照片，则该照片将添加至当前视图或任务窗口中所示照片的最后。

如果您要按相册查看您的照片集，则系统将取消选择该相册，因为保存的照片不在该相册中。如果按日期查看照片集，则系统将取消选择日期文件夹，因为保存的照片可能与当前选定的日期不相符。

■ 调整曝光

使用“编辑”窗口的“曝光”屏幕，从中可以更正逆光或关闭闪光曝光。调整曝光可以为显示模糊的主体增加细节或使较亮背景上的较暗主体更亮。

调整曝光

1. 在“编辑”窗口显示照片，然后单击工具栏上的“曝光”。

2. 在“曝光”任务选项窗格中，执行以下操作来调整曝光：

◆ 使照片变暗。要为主体添加细节，请向左拖放滑块。如果将照片调整得太暗，可能会出现红色色彩。对于大多数照片来说，稍微调整一下即可获得较佳效果。

◆ 使照片变亮。要使较暗主体变亮，请向右拖放滑块。

多窗口屏幕左侧显示了原始照片，而右侧则显示了照片所应用的调整。要查看对整个照片所作的调整，请将中心线拖至左侧。

3. 要应用所作的调整，请单击“接受”。随即返回到“编辑”窗口主屏幕。

4. （参看前文的4）

5. （参看前文的5）

■ 应用趣味效果

使用“编辑”窗口的“趣味效果”屏幕将照片更改为黑白照片，使照片看上去像张旧照片，创建彩色书籍或卡通效果，以及将鱼眼镜头效果应用到照片中。

应用趣味效果

1. 在“编辑”窗口显示照片，然后单击工具栏上的“趣味效果”。

2. 在“趣味效果”任务选项窗格中，单击下面一个或多个按钮：

◆ 黑白将删除照片中的彩色，使其看似以灰度显示一样。

◆ 怀旧色调将为照片添加褐色色彩，使其看似旧照片。

◆ 彩色书籍会将照片的边缘变成具有白色背景的黑线；这样，照片看上去就像是可上色的线条画。

◆ 卡通将勾画出照片的边缘轮廓，使色彩饱和，从而将照片变成有趣味的卡通。

◆ 鱼眼会使照片变形，就好像照片上有玻璃透境一样。

3. 要应用趣味效果，请单击“接受”。随即返回到“编辑”窗口主屏幕。

4. （参看前文的4）

5. （参看前文的5）

■ 裁剪照片

使用“编辑”窗口的“裁剪”屏幕，确定要保留的照片区域，去掉不要的照片部分。要裁剪照片，请执行以下操作：

1. 在“编辑”窗口显示照片，然后单击工具栏上的“裁剪”，“裁剪”屏幕将显示裁剪框内的照片。

2. 在“裁剪”任务选项窗格中，选择裁剪方法，便于确定要保留的照片区域。

◆ 照片尺寸裁剪提供标准照片尺寸的下拉式菜单。选择照片尺寸时，该照片周围会出现一个所选尺寸的裁剪框。使用四个角编辑点可以调整裁剪框的大小。

调整裁剪框的大小时，裁剪框的宽高尺寸会按比例变化，从而保持所选尺寸的宽高比，以便可以以所选照片尺寸输出在裁剪框内确定的区域。

◆ 自由形式裁剪将用具有八个编辑点（每个角上有一个编辑点，每条边上也有一个编辑点）的裁剪框框住照片。使用这些编辑点可调整大小并确定裁剪区域。

要更改裁剪框的宽度和高度，请单击角编辑点，并向内拖放，以缩小裁剪框，或向外拖放，以放大裁剪框。要单独更改裁剪框的宽度或高度，请单击并拖放相应的边编辑点。

要将裁剪框居中置于照片之上，请在裁剪框内单击并拖放裁剪框，直至您希望保留的照片部分位于裁剪框内。

3. 要裁剪该照片，请单击“接受”。随即返回到“编辑”窗口主屏幕。

4. （参看前文的4）

5. （参看前文的5）

■ **增强照片**

使用“编辑”窗口的“增强”屏幕自动调整照片的色彩平衡和对比度。

1. 在“编辑”窗口显示照片，然后单击工具栏上的“增强”。

多窗口屏幕左侧显示了原始照片，而右侧则显示了照片所应用的调整。要查看对整个照片所作的调整，请将中心线拖至左侧。

2. 要应用增强，请单击“接受”。随即返回到“编辑”窗口主屏幕。

3. （参看前文的4）

4. （参看前文的5）

■ **消除红眼**

使用“编辑”窗口的“消除红眼”屏幕，消除闪光曝光造成的红眼。

1. 在“编辑”窗口显示照片，然后单击工具栏上的“消除红眼”。

2. 在“红眼”屏幕上，将光标放在红眼区域，然后单击鼠标按钮。依此反复处理照片中的每个红眼。如果照片的另一部分被涂黑了，请单击“取消”。在“编辑”窗口中，单击“红眼”。单击工具栏中的“缩放”，然后重复步骤1。

3. 要应用更改，请单击“接受”。随即返回到“编辑”窗口主屏幕。

4. （参看前文的4）

5.（参看前文的 5）

■ **恢复原始照片**

要恢复原始照片，请执行以下操作：

1. 在“我的照片集”任务工作区或任何任务窗口中，单击照片，然后选择“编辑”“恢复原始照片”。

2. 在“恢复原始照片”对话框中，单击以下其中一项。

◆ 复制原件到照片集可将原始照片的副本添加至您的照片集中并关闭此对话框。该照片将显示在当前视图或任务窗口中照片的最后。

◆ 用原件替换当前照片可将改写选中（当前）的照片并关闭此对话框。该照片将显示在选择照片时该照片所在的位置，并保留与被替换的照片关联的任何属性（例如，受保护和收藏指定、照片相册、标题以及关键字）。

■ **旋转照片**

旋转照片

◆ 我的照片集。请执行以下操作：

◆ 选择要旋转的照片，然后单击工具栏中表示照片旋转方向的“旋转”图标，或选择“编辑”“顺时针旋转 90 度”或“编辑”“逆时针旋转 90 度”。

◆ 要旋转单张照片，请单击该照片使其成为突出显示的照片，然后单击工具栏其中的一个“旋转”图标，或者右键单击该照片，然后从菜单中选择“顺时针旋转 90 度”或“逆时针旋转 90 度”。

◆“编辑”窗口。单击工具栏上表示照片旋转方向的“旋转”图标。（可选）单击“另存为”以用新文件名保存该照片。要改写当前照片，并保存所作的任何更改，请单击“保存”。只有保存该照片后该旋转结果才会永久应用到该照片上。

注：如果该照片受保护，您只能选择“另存为”。

◆ 任务窗口。右键单击照片，从菜单中选择“顺时针旋转 90 度”或“逆时针旋转 90 度”。

■ **将编辑过的照片另存为新照片**

要将编辑过的照片另存为新照片，请执行以下操作：

1. 在“编辑”窗口中，单击“另存为”，此时将出现“另存为”对话框。

2. 在保存位置下拉式菜单中，选择硬盘中要保存编辑过的照片的具体位置。

3. 在文件名称文本框中，键入文件名。默认值为当前文件名。

4. 在保存类型下拉式菜单中，从列表中选择照片文件格式，或在文本框中键入备选文件扩展名。JPEG 照片的备选文件扩展名为 JPG 和 JPE；TIFF 照片的备选文件扩展名为 TIF。

如果选择 JPEG，系统将用可平衡照片文件大小和质量的压缩级别保存照片，从而得到较好的照片质量。使用“首选项”对话框中的一般选项卡可更改压缩级别。

5. 从调整照片大小下拉式菜单中，选择所需的大小来保存照片。选项包括：

■ **放大照片**

您可以在所有“编辑”屏幕和“我的照片集”的单个视图中放大照片。放大照片后，可以看到更多细节。放大照片并不会更改原始照片的大小。

1. 在“我的照片集”中，单击照片使其成为突出显示的照片，然后单击“我的照片集”中“照片显示”部分的单个视图，或者单击工具栏上的“编辑照片”。

2. 在“我的照片集”或“编辑”窗口工具栏上，单击“放大”图标（带 + 号的放大镜）。每次单击该图标时，照片都会以预定义的百分比进行放大，因此照片的外边框在视图中无法看见。

要查看不在视图中的照片部分，请拖动滚动条。也可以单击照片上的光标，按住鼠标按钮并拖动以全幅显示该照片。

要缩小放大的照片，请单击“缩小”图标（带 ~ 号的放大镜）。每次单击该图标时，照片都会以预定义的百分比进行缩小。您不能将照片缩小到其原始尺寸以下。

五、实验结果

在老师的指导下，拍摄、处理并打印出一张自己拍摄的精美而又符合艺术修饰的彩色照片。

六、观察与思考

1. 为什么数码相机的照片拍摄可以有不同的张数？
2. 数码相机的总像数有什么意义？
3. 为什么同一架数码相机拍摄的同景地的两张照片却可有不同的清晰度？

实验二十　温度传感器特性和制冷温控实验

温度传感器的特性测量是高校理工科中的一个基本物理实验，温度的测量和控制在科研和生产实践上具有重要意义。本实验仪器采用温度传感器实时测量，由半导体制冷器控制温度的变化，形成温度可调的实验环境。

本实验仪使用安全，实验方便，升温或降温快速，控温精确，可在同一温度点上同时测量四种实验样品的物理参数，因此有利于不同样品的参数对比，是研究热敏电阻和集成温度传感器特性的理想实验设备。

一、实验目的

1. 了解温度传感器的测量原理。

2. 了解半导体制冷器控制温度的原理。

3. 学会测量热敏电阻的各项特性。

二、实验仪器（见图 4-20-1）

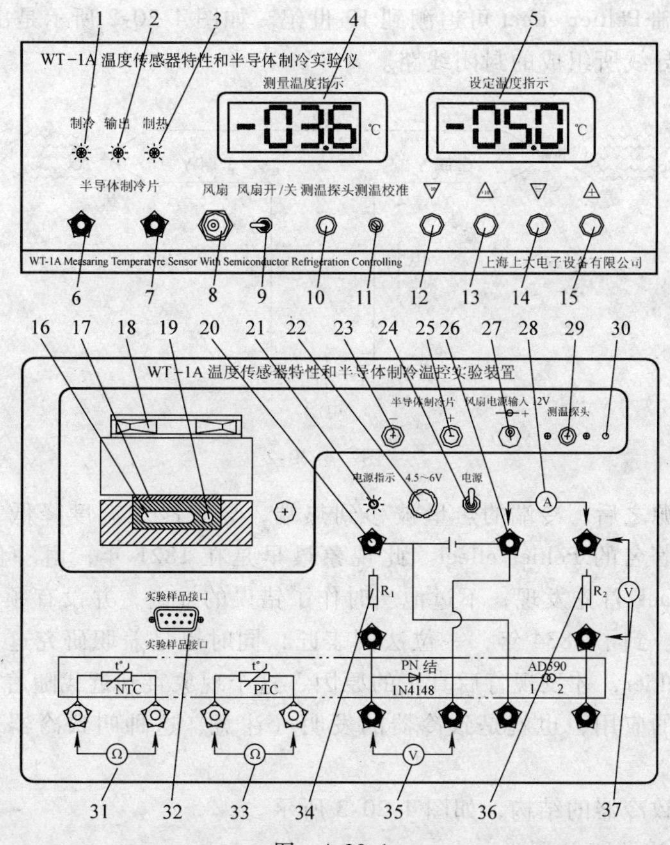

图　4-20-1

1—制冷工作指示灯　2—电压输出指示灯，输出电压高时较亮　3—制热工作指示灯　4—测量温度指示窗　5—设定温度指示窗　6—制冷片工作电压输出负接线柱　7—制冷片工作电压输出正接线柱　8—风扇电源插座　9—风扇电源开关　10—测温探头插座　11—测温探头校准电位器　12—温度设定按钮，按一下变化 -5℃　13—温度设定按钮，按一下变化 +5℃　14—温度设定按钮，按一下变化 -0.1℃，连续按快速变化。　15—温度设定按钮，按一下变化 +0.1℃，连续按快速变化。　16—样品放置室　17—半导体制冷片　18—铝型材散热风扇　19—测温温控传感器　20—样品测量辅助电源正（+）接线柱　21—辅助电源指示灯　22—电源电压调节　23—半导体制冷片输入负（-）接线　24—辅助电源开关　25—半导体制冷片输入正接线柱测温传感器连接插座　26—样品测量辅助电源负（-）接线柱　27—风扇电源输入插座　28—实验样品 AD590 电流测量接线柱，测量采样电阻电压降时应短接　29—测温温控传感器连接插座（立体声插座）　30—温度校正电位器孔　31—NTC 电阻测量接线柱　32—实验样品接口插座，供连接实验样品　33—PTC 电阻测量接线柱　34—PN 结限流电阻 1kΩ，可外接　35—PN 结电压测量接线柱　36—AD590 采样电阻 1kΩ，可外接　37—AD590 采样电阻电压测量接线柱

仪器组成及技术指标：

1）实验装置温度范围：-2.0℃ ~ +72.0℃，四位数码管显示。

2）温度设定范围为 -5.0℃ ~75.0℃，四位数码管显示。

3）实测实验样品温度稳定度：±0.1℃ ±1 字。

4）实验样品 4 种：NTC、PTC 热敏电阻、PN 结和 AD590 电流型集成温度传感器。

5）电源输入 AC220 ±10%，50Hz，功耗 <60W。

三、实验原理

1. 半导体制冷和制热

半导体致冷器是由半导体所组成的一种冷却装置，于 1960 左右才出现，然而其理论基础 Peltier effect 可追溯到 19 世纪。如图 4-20-2 所示是由 X 及 Y 两种不同的金属导线所组成的封闭线路。

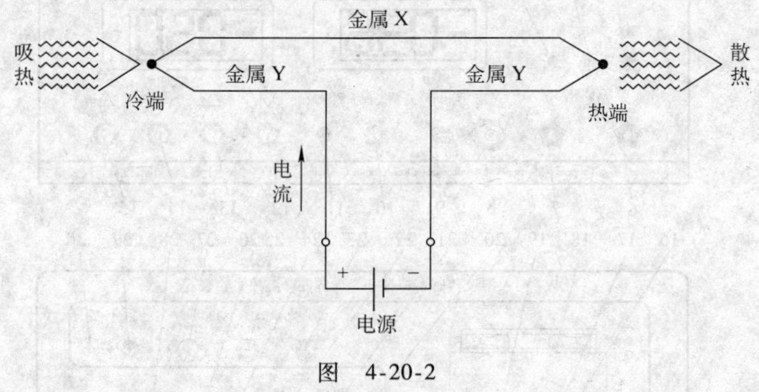

图 4-20-2

通上电源之后，冷端的热量被移到热端，导致冷端温度降低，热端温度升高，这就是著名的 Peltier effect。此现象最早是在 1821 年，由一位德国科学家 Thomas Seeback 首先发现，不过他当时作了错误的推论，并没有领悟到背后真正的科学原理。到了 1834 年，一位法国表匠，同时也是兼职研究这一现象的物理学家 Jean Peltier，才发现背后真正的原因，这个现象直到近代随着半导体的发展才有了实际的应用，也就是致冷器的发明（注意，这种叫致冷器，还不叫半导体致冷器）。

半导体致冷器的结构，如图 4-20-3 所示。

由许多 N 型和 P 型半导体的颗粒互相排列而成，而 NP 之间以一般的导体相连接而成一完整线路，通常是铜、铝或其他金属导体，最后由两片陶瓷片像夹心饼干一样夹起来，陶瓷片必须绝缘且导热良好。

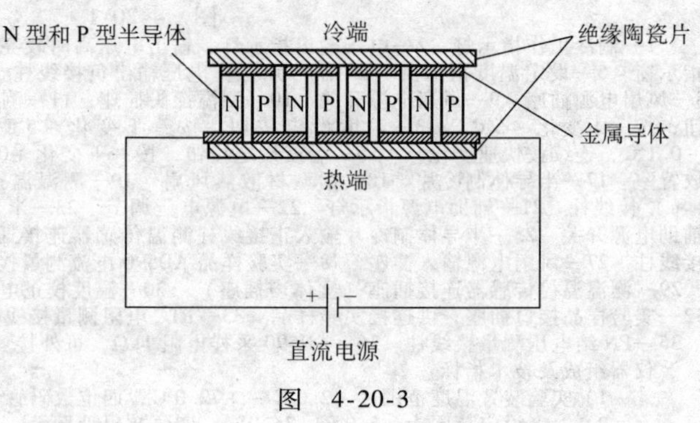

图 4-20-3

2. 温度控制原理

实验样品室结构如图 4-20-4 所示，将半导体制冷片一面（热端）与铝质散热器紧贴，并用风扇强行散热，使其与环境温度接近。另一面（冷端）与实验样品室紧贴，实验样品室用铝质良导热材料，并装上温度传感器，温度传感器测量实验样品室的温度，由该温度与仪器设定的温度相比较，通过微型处理器确定半导体制冷片工作方式，即制冷方式或制热方式。由温度差距确定制冷或制热的策略，即在不同的温度差值下，输出不同的制冷或制热功率，并以适当的速度改变温度的变化，从而实现实验样品室的温度控制，保持温度的稳定。

半导体制冷片的制冷和制热工作方式由输入电流的方向确定，如图 4-20-3 所示，即由其引线两端所加的电压正负决定。其制冷或制热功率与输入电流的大小成正比，通过控制其两端的电压来控制半导体制冷或制热的功率。

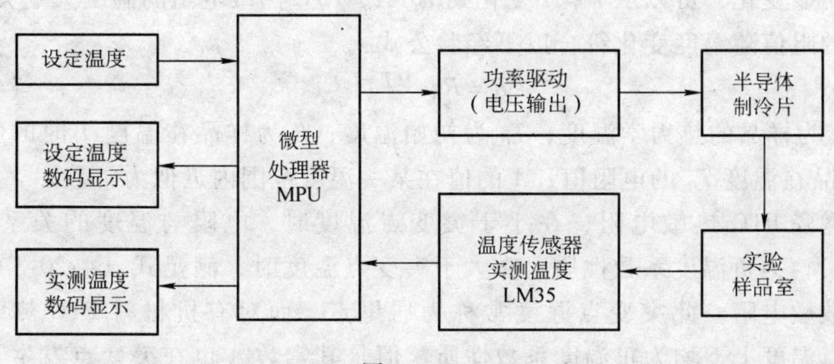

图 4-20-4

3. NTC 电阻器的温度系数（负温度系数）——温度特性

NTC 热敏电阻通常由 Mg、Mn、Ni、Cr、Co、Fe、Cu 等金属氧化物中的 2～3 种均匀混合物压制后，在 600～1500℃温度下烧结而成，由这类金属氧化物半导体制成的热敏电阻，具有很大的负温度系数，在一定的温度的范围内，NTC 热敏电阻的阻值与温度关系满足下列经验公式：

$$R = R_0 e^{B\left(\frac{1}{T} - \frac{1}{T_0}\right)} \tag{4-20-1}$$

式中，R 为该热敏电阻在热力学温度 T 时的电阻值；R_0 为热敏电阻处于热力学温度 T_0 时的阻值；B 是材料的常数，它不仅与材料性质有关，而且与温度有关，在一个不太大的温度范围内，B 是常数。

由式（4-20-1）可得，NTC 热敏电阻在热力学温度 T_0 时的电阻温度系数 α 为

$$\alpha = \frac{1}{R_0}\left(\frac{dR}{dT}\right)_{T=T_0} = -\frac{B}{T_0^2} \tag{4-20-2}$$

由式（4-20-2）可知，NTC 热敏电阻的电阻温度系数是与热力学温度的平方有关的量，在不同的温度下，α 值不相同。

对式（4-20-1）两边取对数，得

$$\ln R = B\left(\frac{1}{T}-\frac{1}{T_0}\right)+\ln R_0$$

在一定温度范围内，$\ln R$ 与$\frac{1}{T}-\frac{1}{T_0}$成线性关系，可以用作图法或最小二乘法求得斜率 B 的值，并由式（4-20-2）求得某一温度时 NTC 热敏电阻的电阻温度系数 α。

4. 热敏电阻器 PTC 的温度系数（正温度系数）——温度特性

PTC 热敏电阻具有独特的电阻-温度特性，这一特性是由其微观结构决定的，当温度升高超过 PTC 热敏电阻突变点温度时，其材料结构发生了突变，它的电阻值有明显变化，可以从 $10^1\Omega$ 变化到 $10^7\Omega$，PTC 热敏电阻的温度大于突变点的温度时的阻值随温度变化符合以下经验公式：

$$R = R_0 e^{A(T-T_0)} \tag{4-20-3}$$

式中，T 为样品的热力学温度；T_0 为初始温度；R 为样品在温度 T 时的电阻值；R_0 为样品在温度 T_0 的电阻值；A 的值在某一温度范围内近似为常数。

对陶瓷 PTC 热敏电阻，在小于突变点温度时，电阻与温度的关系满足式（4-20-1），为负温度系数性质；在大于突变点温度时，满足式（4-20-3），为正温度系数敏电阻。此突变点温度常称为居里点，而对有机材料 PTC 热敏电阻，在突变点温度上下均为正温度系数性质，但是其常数 A 也在突变点发生了突变，即 A 值在温度高于突变点后明显激增。

5. 集成温度传感器的特性——温度特性

AD590 集成电路温度传感器是由多个参数相同的三极管和电阻组成。该器件的两引出端当加有一定直流工作电压时（一般工作电压可在 4.5V 至 20V 范围内），它的输出电流与温度满足以下关系：

$$I = B\theta + A$$

式中，I 为其输出电流，单位 μA；θ 为摄氏温度；B 为斜率（一般 AD590 的 B = 1μA/℃，即如果该温度传器的温度升高或降 1℃，那传感器的输出电流增加或减少 1μA）；A 为摄氏零度时的电流值，该值恰好与冰点的热力学温度 273K 相对应（对市售一般 AD590，其值从 273～278μA 略有差异）。利用 AD590 集成电路温度传感器的上述特性，可以制成各种用途的温度计。采用非平衡电桥线，可以制作一台数字式摄氏温度计，即 AD590 器件 0℃ 时，数字电压显示值为“0”，而当 AD590 器件处于 θ℃ 时，数字电压显示值为“θ”。

四、实验步骤

4 种实验样品装于同一块印板中，放置实验样品时注意实验样品放入铝质样品室时，样品引脚不弯折、卡住铝壁，可在同一温度点上同时测量 4 种实验样品的物理参数，因此有利于不同样品的参数对比。注意实验样品引线脚间的样品名称。

PN 为半导体二极管，型号：1N4148，正极红导线/负极黑导线；

AD590 为集成电流型温度传感器，型号：AD590，正极红导线/负极黑导线；

NTC 为负温度热敏电阻，型号：MF52E102G310，黄导线；

PTC 为正温度热敏电阻，型号：MZ11A-50A，绿导线。

（一）测量 NTC 热敏电阻器的电阻与温度关系特性，计算热敏电阻材料常数 B

1. 热敏电阻 NTC 插入实验样品室，适当加入变压器油，当仪器测量保温箱中的温度保持不变时，改变仪器温控设定的温度，每当温度达到稳定时，测量相应的一组 θ_i 与 R_i 的值，要求温度从 0～60℃范围内测出 8～10 组数据，用公式 $T=273.15+\theta$，把摄氏温度 θ 换算成热力学温度 T。

2. 最小二乘法求出温度在 0～60℃范围内的材料常数 B。

3. 用公式（4-20-2）计算 NTC 热敏电阻在温度 $\theta=20.0$℃时的电阻温度系数。

实验时，放 NTC 样品电阻于实验样品室中，设定仪器温度为 0～60℃，每一温点保温时间不少于 10 分钟，用数字万用表相应的电阻档测量在该温度点时的电阻。如图 4-20-5a 所示，对于电阻变化较小，或需精密测量时可用图 4-20-5b 所示的电桥法测量。当然也可用图 4-20-5c 所示的伏安法测量，选择适当的工作电流，以减小实验样品自身的温升影响。

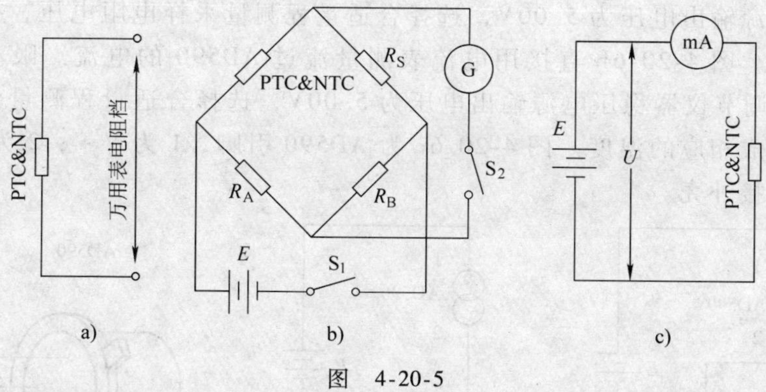

图　4-20-5

图 4-20-5 中 R_A、R_B、R_S 为电阻箱，NTC 或 PTC 为热敏电阻，实验测量时，将其先常温下测量其电阻，然后放于样保温槽中，通过半导体温控测量在 0、10、20、30、40、50、60、70℃时的电阻，并作 R-T 图。

（二）PTC 热敏电阻器的电阻与温度关系特性，计算热敏电阻材料常数 B

1. 敏电阻 PTC 插入实验保温箱中，可适当加入变压器油，仪器测量保温箱中的温度保持不变。

2. 仪器温控设定的温度，每当温度达到稳定时，测量相应的一组 θ_i 与 R_i 的值，要求温度从 0 ~ 60℃范围内测出 8 ~ 10 组数据，用公式 $T = 273.15 + \theta$，把摄氏温度 θ 换算成热力学温度 T。

3. 最小二乘法求出温度在 0 ~ 60℃范围内的材料常数 B。

4. 用式（4-20-2）计算 PTC 热敏电阻在温度 $\theta = 20.0$℃时的电阻温度系数。

实验时，放 PTC 样品电阻于实验样品室中，盖上塑料盖，设定仪器温度为 0 ~ 60℃，每一温度点保温时间不少于 15 分钟，用数字万用表相应的电阻档测量在该温度点时的电阻。对于电阻变化较小，或需精密测量时可用图 4-20-5b 所示的电桥法测量

（三）D590 集成电路温度传感器的电流 I 与温度 θ 的关系

1. 按图 4-20-6 接线（AD590 的正负极不能接错）。测量 AD590 集成电路温度传感器的电流 I 与温度 θ 的关系，取样电阻 R 阻值为 1000Ω。

2. 改变仪器温控设定的温度，每当温度达到稳定时，测量相应的一组电流 I 与温度 θ，要求温度从 0 ~ 60℃范围内测出 8 ~ 10 组数据，用公式 $T = 273.15 + \theta$，把摄氏温度 θ 换算成热力学温度 T。

3. 把实验数据用最小二乘法进行直线拟合，求斜率 B 截距 A 相关系数 r。

4. 制作量程为 0 ~ 50℃范围的数字温度计。

图 4-20-6a 用电压表测量采样电阻的电压降。采样电阻为 1kΩ，调节仪器稳压电源输出电压为 5.00V，选择合适量程测量采样电阻电压，换算成相应的温度。图 4-20-6b 直接用电流表测量流过 AD590 的电流。限流电阻为 1000Ω，调节仪器稳压电源输出电压为 5.00V，选择合适量程测量流过的电流，换算成相应的温度。图 4-20-6c 为 AD590 引脚，1 为 V +；2 为 V −；3 为空脚，接外壳。

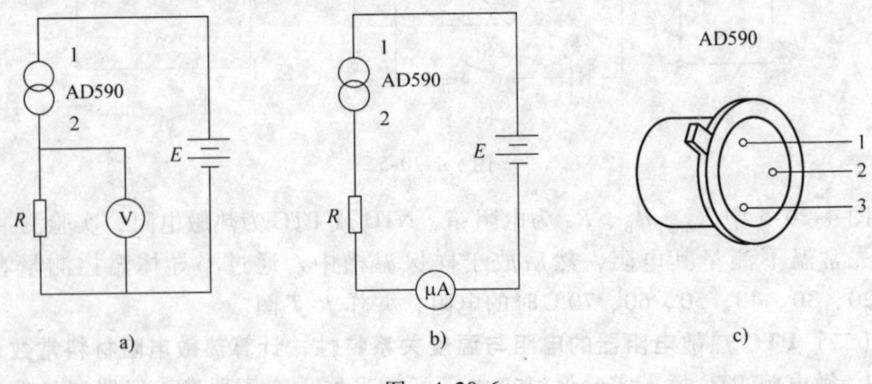

图 4-20-6

五、仪器的使用

1. 如图 4-20-7 所示，连接实验装置和实验仪器间的连线，（a）用双头 DC 插头线连接风扇；（b）用立体声连线连接测温探头；（c）用双叉红线和黑线连接半导体制冷片，红线连接红接线柱（即 + 极），黑线连接黑接线柱（即 - 极），务请正确连接。

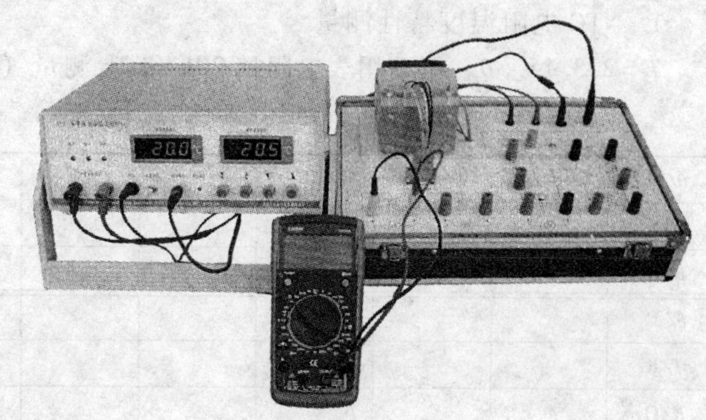

图　4-20-7

2. 确认上述连线准确后接通电源，仪器设定温度指示为 20.0℃，测量温度指示环境温度，由于半导体制冷片的作用，测量温度指示值会缓慢接近设定温度指示。但因环境温度和设定温度的差异大小不同，实际控制的温度值（即测量温度指示值）和设定温度有 0 ~ 1.0℃不等的差距。

3. 在设定温度指示窗下有四个调节按钮，用于设定目标温度，但不宜频繁改变从高温到低温或从低温到高温。

4. 放实验样品于实验装置的铝样品室中，可在铝槽中放一些变压器油以利导热。一般须保温 10 ~ 20 分钟以上，才有可能使实验样品的温度内外一致。4 种实验样品焊装在同一块印刷电路板上，4 种元件引线处设有图案和文字表识，PN 结为 1N4148 二极管；AD590 为电流型集成温度传感器；PTC 为正温度系数电阻；NTC 为负温度系数电阻。

5. 实验时应读取测量温度指示窗内温度值，且该温度须保持一定的时间。实验中可适当调高或调低 0.1 ~ 2.0℃温度补偿环境温度的散热，可读取实验温度为整数。

6. 测量实验样品的温度特性时，一般选择 0、5、10、15、20、25、30、35、40、45、50、55、60、65、70℃的温度点进行测量实验。

7. 实验时风扇开关处在打开位置，确认风扇正在转动中。

六、注意事项

1. 仪器通电前，必须连接好仪器和实验装置的控温测温连线（双头立体声插头线），方可接通电源；在电源接通时，不得插拔该连线。

2. 使用万用测量电流后再测电压须认清万用表测量孔为非电流测量孔，以避免烧坏万用表保险丝。

七、实验数据和处理

1. NTC 电阻温度特性测量

$T=273.15+\theta$ 用万用表电阻档 20k 和 2k 测量（表 4-20-1）

表 4-20-1

θ/℃	0	5	10	15	20	25	30	35
T/K								
R/Ω								
θ/℃								
T/K								
R/Ω								

作电阻-温度曲线 R-T 图

附样图（见图 4-20-8）：

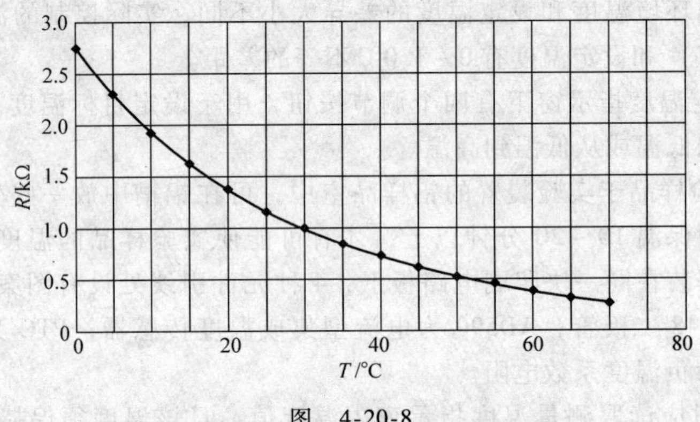

图 4-20-8

2. PTC 电阻温度特性测量

$T=273.15+\theta$ 用万用表电阻档 2k 测量（表 4-20-2）

表 4-20-2

θ/℃	0	5	10	15	20	25	30	35
T/K								
R/kΩ								
θ/℃								
T/K								
R/kΩ								

作电阻-温度曲线 R-T 图

附样图（见图 4-20-9）：

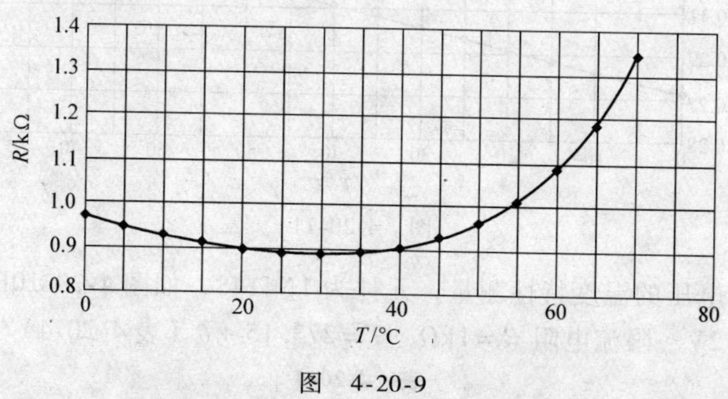

图 4-20-9

3. AD590 电流的温度特性，如图 4-20-10a 所示

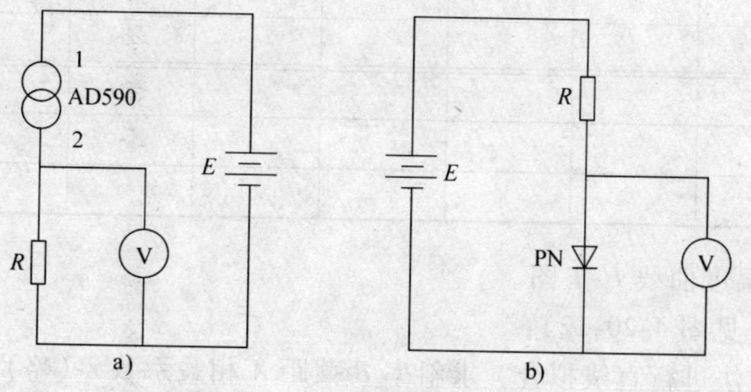

图 4-20-10

电源 $E=5.00\text{V}$ 采样电阻 $R=1.00\text{k}\Omega$ $T=273.15+\theta$（表 4-20-3）

表 4-20-3

θ/℃	0	5	10	15	20	25	30	35
T/K								
U/V								
θ/℃								
T/K								
U/V								

最小二乘法进行直线拟合，求斜率 B 截距 A 相关系数 r（略）。

作电流-温度曲线 I-T 图

附样图（见图 4-20-11）：

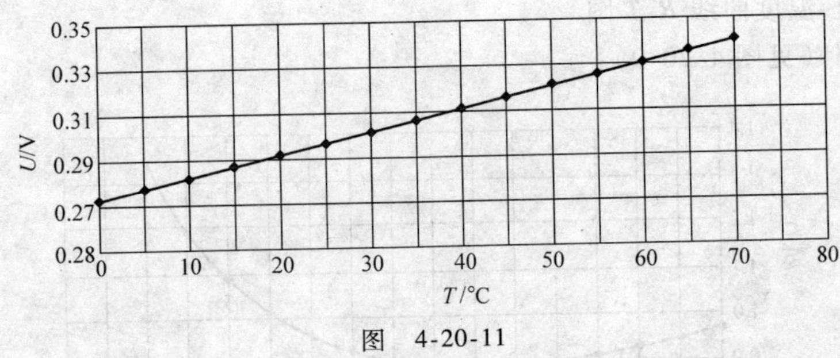

图 4-20-11

4. PN 结电压的温度特性测量，元件为 1N4148，如图 4-20-10b 所示

电源 $E=2\text{V}$　限流电阻 $R=1\text{k}\Omega$　$T=273.15+\theta$（表 4-20-4）

表 4-20-4

θ/℃	0	5	10	15	20	25	30	35
T/K								
U/V								
θ/℃								
T/K								
U/V								

作电压-温度曲线 U-T 图。

附样图（见图 4-20-12）：

最小二乘法进行直线拟合，求斜率 B 截距 A 相关系数 r（略）。

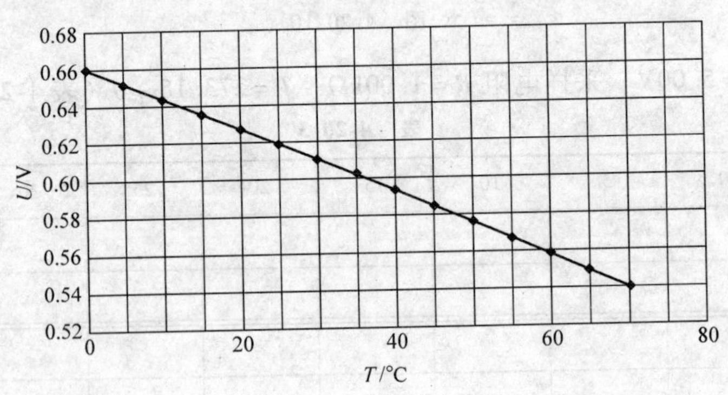

图 4-20-12

八、观察与思考

1. 在实验测量时流过 NTC 热敏电阻的电流应小于 300μA，为什么？如何保证此实验条件的实现？

2. 若玻璃温度计的温度示值与实际温度有所差异，对实验结果有何影响？

3. PTC 热敏电阻与 NTC 热敏电阻在电阻温度特性方面有哪些区别？它们各有哪些应用？

4. 电流型集成电路温度传感器有哪些特性？它比半导体热敏电阻、热电偶有哪些优点？

5. 如何用 AD590 集成电路温度传感器制作一个热力学温度计，画出电路图并说明调节方式。

6. 如果 AD590 集成电路温度传感器的灵敏度不是严格的 1.000μA/℃，而是略有差异，请考虑如何利用改变 R_2 值，使数字式温度计测量误差减少。

附录：广泛应用的热敏电阻

热敏电阻是一种电阻值对温度敏感的电阻器件，在温度变化时，它的电阻值会按照预期的规律来变化。一般来说，它的电阻会随着温度的上升而减少。在某些用热敏电阻作为电路保护元件的应用中，会使用正温度系数的热敏电阻；但在温度控制、温度补偿等应用中，则是广泛地使用负温度系数热敏电阻。

热敏电阻的物理特性用下列参数表示：电阻值、B 值、耗散系数、热时间常数、电阻温度系数。

1. 电阻值：R（Ω）

电阻值的近似值表示为　$R_2 = R_1 \exp\left(\frac{1}{T_2} - \frac{1}{T_1}\right)$

其中，R_2：绝对温度为 T_2（K）时的电阻（Ω）

R_1：绝对温度为 T_1（K）时的电阻（Ω）

B：B 值（K）

2. B 值：B（K）

B 值是电阻在两个温度之间变化的函数，表达式为 $B = \ln R_1 - \ln R_2 = \ln \frac{R_1}{R_2}$

其中，B：B 值（K）

R_1：绝对温度为 T_1（K）时的电阻（Ω）

R_2：绝对温度为 T_2（K）时的电阻（Ω）

3. 耗散系数：δ（mW/℃）

耗散系数是物体消耗的电功与相应的温升值之比：$\delta = \frac{W}{T - T_a} = \frac{I_2 R}{T - T_a}$。

其中，

δ：耗散系数 δ（mW/℃）

W：热敏电阻消耗的电功（mW）

T：达到热平衡后的温度值（℃）

T_a：室温（℃）

I：在温度 T 时加热敏电阻上的电流值（mA）

R：在温度 T 时加热敏电阻上的电阻值（kΩ）

在测量温度时，应注意防止热敏电阻由于加热造成的升温。

4. 热时间常数：τ（s）

热敏电阻在零能量条件下，由于步阶效应使热敏电阻本身的温度发生改变，当温度在初始值和最终值之间改变 63.2% 所需的时间就是热时间系数 τ。

5. 电阻温度系数：α（%/℃）

α 是表示热敏电阻器温度每变化 1℃，其电阻值变化程度的系数（即变化率），用 $\alpha=\frac{1}{R}\cdot\frac{\mathrm{d}R}{\mathrm{d}T}$表示，计算式为：$\alpha=\frac{1}{R}\cdot\frac{\mathrm{d}R}{\mathrm{d}T}\times100=-\frac{B}{T_2}\times100$。

其中，α：电阻温度系数（%/℃）

R：绝对温度 T（K）时的电阻值（Ω）

B：B 值（K）

第五章　设计性实验

实验二十一　太阳电池伏-安特性的测量

太阳电池（Solar Cells），也称为光伏电池，是将太阳光辐射能直接转换为电能的器件。由这种器件封装成太阳电池组件，再按需要将一块以上的组件组合成一定功率的太阳电池方阵，经与储能装置、测量控制装置及直流-交流变换装置等相配套，即构成太阳电池发电系统，也称为之光伏发电系统。它具有不消耗常规能源、无转动部件、寿命长、维护简单、使用方便、功率大小可任意组合、无噪音、无污染等优点。世界上第一块实用型半导体太阳电池是美国贝尔实验室于1954 年研制的。经过人们 40 多年的努力，太阳电池的研究、开发与产业化已取得巨大进步。目前，太阳电池已成为空间卫星的基本电源和地面无电、少电地区及某些特殊领域（通信设备、气象台站、航标灯等）的重要电源。随着太阳电池制造成本的不断降低，太阳能光伏发电将逐步地部分替代常规发电。近年来，在美国和日本等发达国家，太阳能光伏发电已进入城市电网。从地球上化石燃料资源的渐趋耗竭和大量使用化石燃料必将使人类生态环境污染日趋严重的战略观点出发，世界各国特别是发达国家对于太阳能光伏发电技术十分重视，并将其摆在可再生能源开发利用的首位。因此，太阳能光伏发电有望成为 21 世纪的重要新能源。有专家预言，在 21 世纪中叶，太阳能光伏发电将占世界总发电量的 15% ~20%，成为人类的基础能源之一，在世界能源构成中占有一定的地位。

一、实验目的

1. 了解太阳电池的工作原理及其应用。
2. 测量太阳电池的伏-安特性曲线。

二、实验仪器

太阳能光伏组件（功率为 5W）、辐射光源（300W 卤钨灯）、数字万用表（2 个）、接线板及负载电阻等。

三、实验原理

1. 太阳电池的结构

以晶体硅太阳电池为例，其结构示意图如图 5-21-1 所示。晶体硅太阳电池以硅半导体材料制成大面积 PN 结进行工作。一般采用 N^+/P 同质结的结构，如在约 10cm × 10cm 面积的 P 型硅片（厚度约 500μm）上用扩散法制作出一层很薄（厚度约 0.3μm）的经过重掺杂的 N 型层。然后在 N 型层上面制作金属栅线，作为正面接触电极。在整个背面也制作金属膜，作为背面欧姆接触电极。这样就形成了晶体硅太阳电池。为了减少光的反射损失，一般在整个表面上再覆盖一层减反射膜。

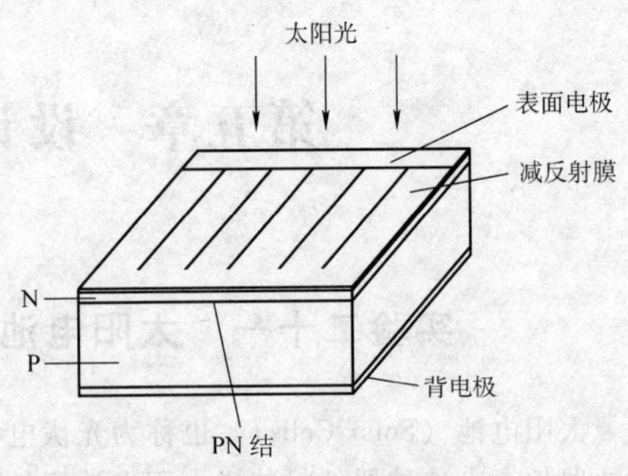

图 5-21-1　晶体硅太阳电池的结构示意图

2. 光伏效应

当光照射在距太阳电池表面很近的 PN 结时，只要入射光子的能量大于半导体材料的禁带宽度 E_g，则在 P 区、N 区和结区光子被吸收会产生电子-空穴对。那些在结附近 N 区中产生的少数载流子由于存在浓度梯度而要扩散。只要少数载流子离 PN 结的距离小于它的扩散长度，总有一定几率扩散到结界面处。在 P 区与 N 区交界面的两侧即结区，存在一空间电荷区，也称为耗尽区。在耗尽区中，正负电荷间形成一电场，电场方向由 N 区指向 P 区，这个电场称为内建电场。这些扩散到结界面处的少数载流子（空穴）在内建电场的作用下被拉向 P 区。同样，如果在结附近 P 区中产生的少数载流子（电子）扩散到结界面处，也会被内建电场迅速拉向 N 区。结区内产生的电子-空穴对在内建电场的作用下分别移向 N 区和 P 区。如果外电路处于开路状态，那么这些光生电子和空穴积累在 PN 结附近，使 P 区获得附加正电荷，N 区获得附加负电荷，这样在 PN 结上产生一个光生电动势。这一现象称为光伏效应（Photovoltaic Effect，缩写为 PV）。

3. 太阳电池的表征参数

太阳电池的工作原理是基于光伏效应。当光照射太阳电池时，将产生一个由 N 区到 P 区的光生电流 I_{ph}。同时，由于 PN 结二极管的特性，存在正向二极管电流 I_D，此电流方向从 P 区到 N 区，与光生电流相反。因此，实际获得的电流 I 为

$$I = I_{ph} - I_D = I_{ph} - I_0\left[\exp\left(\frac{qV_D}{nk_BT}\right) - 1\right] \tag{5-21-1}$$

式中，V_D 为结电压；I_0 为二极管的反向饱和电流；I_{ph}为与入射光的强度成正比的光生电流，其比例系数是由太阳电池的结构和材料的特性决定的；n 称为理想系数（n 值），是表示 PN 结特性的参数，通常在 1~2 之间；q 为电子电荷；k_B 为波尔茨曼常数；T 为温度。

如果忽略太阳电池的串联电阻 R_s，V_D 即为太阳电池的端电压 V，则式（5-21-1）可写为

$$I = I_{ph} - I_0\left[\exp\left(\frac{qV}{nk_B T}\right) - 1\right] \tag{5-21-2}$$

当太阳电池的输出端短路时，$V = 0$（$V_D \approx 0$），由式（5-21-2）可得到短路电流

$$I_{sc} = I_{ph} \tag{5-21-3}$$

即太阳电池的短路电流等于光生电流，与入射光的强度成正比。当太阳电池的输出端开路时，$I = 0$，由式（5-21-2）和式（5-21-3）可得到开路电压

$$V_{oc} = \frac{nk_B T}{q}\ln\left(\frac{I_{sc}}{I_0} + 1\right) \tag{5-21-4}$$

当太阳电池接上负载 R 时，所得的负载伏-安特性曲线如图 5-21-2 所示。负载 R 可以从零到无穷大。当负载 R_m 使太阳电池的功率输出为最大时，它对应的最大功率 P_m 为

$$P_m = I_m V_m \tag{5-21-5}$$

（注意：P_m为电压和电流乘积的最大值，并非电压最大值乘以电流最大值。式中，I_m 和 V_m 分别为最佳工作电流和最佳工作电压。）

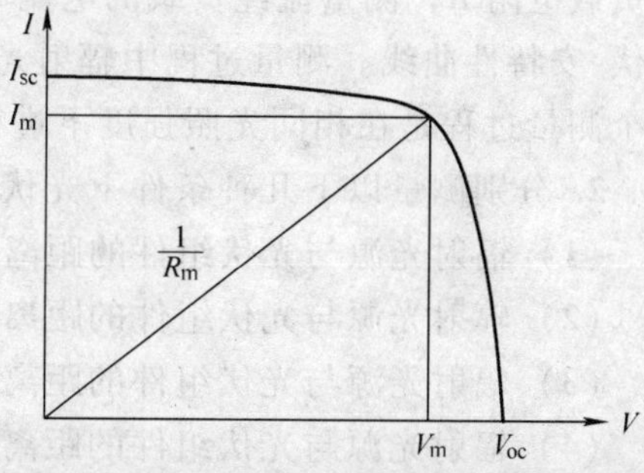

图 5-21-2 太阳电池的伏-安特性曲线

将 V_{oc}（开路电压）与 I_{sc}（短路电流）的乘积与最大功率 P_m 之比定义为填充因子 FF，则

$$FF = \frac{P_m}{V_{oc}I_{sc}} = \frac{V_m I_m}{V_{oc}I_{sc}} \tag{5-21-6}$$

FF 为太阳电池的重要表征参数，FF 愈大则输出的功率愈高。FF 取决于入射光强、材料的禁带宽度、理想系数、串联电阻和并联电阻等。

太阳电池的转换效率 η 定义为太阳电池的最大输出功率与照射到太阳电池的总辐射能 P_{in}之比，即

$$\eta = \frac{P_m}{P_{in}} \times 100\% \tag{5-21-7}$$

4. 太阳电池的等效电路

太阳电池可用PN结二极管VD、恒流源I_{ph}、太阳电池的电极等引起的串联电阻R_s和相当于PN结泄漏电流的并联电阻R_{sh}组成的电路来表示，如图5-21-3所示，该电路为太阳电池的等效电路。由等效电路图可以得出太阳电池两端的电流和电压的关系为

$$I = I_{ph} - I_0\left[\exp\left\{\frac{q(V+R_sI)}{nk_BT}\right\}-1\right] - \frac{V+R_sI}{R_{sh}} \qquad (5\text{-}21\text{-}8)$$

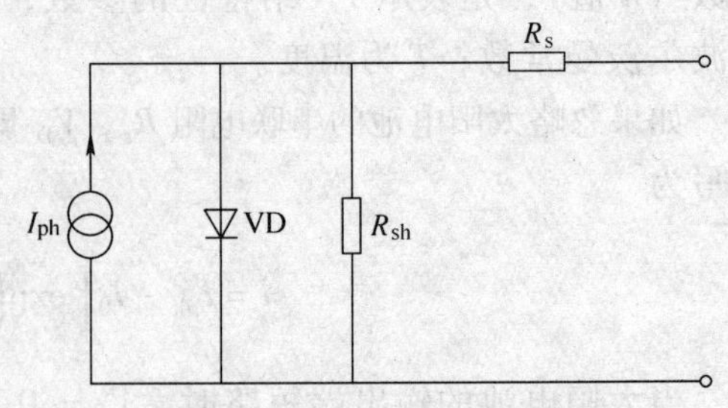

图5-21-3　太阳电池的等效电路

为了使太阳电池输出更大的功率，必须尽量减小串联电阻R_s，增大并联电阻R_{sh}。

四、实验内容

1. 将太阳能光伏组件，数字万用表，负载电阻通过接线板连接成回路，改变负载电阻R，测量流经负载的电流I和负载上的电压V，即可得到该光伏组件的伏-安特性曲线。测量过程中辐射光源与光伏组件的距离要保持不变，以保证整个测量过程是在相同光照强度下进行的。

2. 分别测量以下几种条件下光伏组件的伏-安特性曲线

(1) 辐射光源与光伏组件的距离为60cm；(选做)

(2) 辐射光源与光伏组件的距离为80cm；

(3) 辐射光源与光伏组件的距离为80cm，将两组光伏组件串联；

(4) 辐射光源与光伏组件的距离为80cm，将两组光伏组件并联。

3. 用坐标纸或计算机绘图软件画出不同条件下

(1) 光伏组件的伏-安特性曲线；

(2) 光伏组件的输出功率P随负载电压V的变化；

(3) 光伏组件的输出功率P随负载电阻R的变化。

确定不同条件下光伏组件的短路电流I_{sc}，开路电压V_{oc}，最大功率P_m，最佳工作电流I_m、工作电压V_m及负载电阻R_m，填充因子FF，并将这些实验数据列在同一表格内进行比较。

五、注意事项

1. 辐射光源的温度较高，应避免与灯罩接触。

2. 辐射光源的供电电压为220V，应小心触电。

六、实验数据记录与处理

太阳电池 *I-V* 特性测量实验数据表格

80cm				80cm 串联				80cm 并联			
V/V	I/mA	P/W	R/Ω	V/V	I/mA	P/W	R/Ω	V/V	I/mA	P/W	R/Ω
$FF=\dfrac{V_m I_m}{V_{oc} I_{sc}}$				FF				FF			

根据上述数据，完成前述实验内容中的第 3 点的作图要求。

七、观察与思考

试总结太阳电池与普通电池的异同点。

实验二十二　非线性元件伏-安特性的研究

满足欧姆定律 $V = RI$ 的电阻，若加在其两端的电压 V 与通过电阻的电流 I 成线性关系，这种电阻叫线性电阻。但是很多器件的电压与电流不满足线性关系，这种电阻叫非线性电阻。非线性元件的阻值用微分电阻表示，定义为

$$R = \frac{dV}{dI} \tag{5-22-1}$$

它表示电压随电流的变化率，又叫动态电阻或特性电阻，这个定义是电阻的普遍定义。

非线性电阻伏-安特性总是与一定的物理过程相联系，如发热、发光、能级跃迁等。江崎玲於奈等人因研究与隧道二极管负电阻有关的隧穿现象而获得1973年的诺贝尔物理学奖。

一、实验目的

1. 学习测量非线性元件的伏-安特性，针对所给各种非线性元件的特点，选择一定的实验方法，选用配套的实验仪器，测绘出它们的伏-安特性曲线。

2. 学习从实验曲线获取有关信息的方法。

二、实验仪器

1. 非线性元件：检波二极管、整流二极管、发光二极管（5种颜色）、稳压二极管。

2. 电源与仪表：直流稳压电源（0～20V）、直流恒流电源（0～2mA，0～20mA），数字万用表（2只）。

三、设计提示

要测量各非线性元件的伏-安特性曲线，一定要了解各非线性元件的特性，才能选择正确的实验方法，合适的监测电路，得出正确的实验结论。常用的非线性元件有：检波二极管、整流二极管、稳压二极管和发光二极管，这些二极管都具有单向导电作用，但工作方式方法是不一样的，整个伏-安特性曲线如图5-22-1所示。

1. 检波和整流二极管

检波二极管和整流二极管都工作在1、4象限。第1象限区又称为正向工作区。当所加的电压较低时，流过的电流很小，继续增加电压时，电流急剧上升。这个转折点对应的电压称为二极管的开启电压，它与所用的半导体材料的禁带宽

度有关。在常温下，一般为 0.2 ~ 0.7V。第 4 象限区又称为反向工作区，其特点是加一个相当高的电压时，电流会突然增大，导致损坏，这种现象称为击穿。检波二极管和整流二极管工作范围不能超过击穿区。

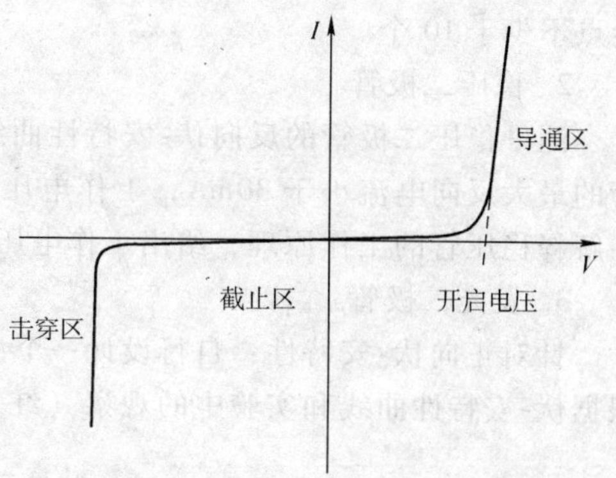

图 5-22-1　二极管的伏-安特性曲线

检波二极管的 PN 结是针形接触，其特点是工作电流小，工作频率范围宽，但反向耐压低。整流二极管的 PN 结是面形接触，其特点是工作电流大，工作频率低，反向耐压可达上千伏。它们的共同特点是要求反向工作时流过的电流越小越好。

2. 稳压二极管

稳压二极管工作在第 4 象限，而且工作在击穿区。其特点是反向工作电压加到一定值时，电流突然增大，在此基础上再加大电压时，电流的变化非常剧烈，这时稳压二极管承受的功率急剧增大，若不加限流措施，PN 结极易烧毁。

3. 发光二极管

发光二极管由半导体发光材料制成，工作在第 1 象限，发出光的波长与材料的禁带宽度 E 对应。根据量子力学原理 $E = eV = h\upsilon$ 可知，对于可见光，开启电压 V 约在 2 ~ 3V。当加在发光二极管两端的电压小于开启电压时，发光二极管不会发光，也没有电流流过。电压一旦超过开启电压，电流急剧上升，二极管处于导通状态并发光，此时电流与电压呈线性关系，直线与电压坐标的交点可以认为是开启电压。

四、设计内容

1. 检波和整流二极管（选一种二极管）

（1）检波二极管：

针对正向伏-安特性：自行设计一个测量电路，要求最大正向电流 $I \leq 20$mA，二极管两端电压 $V \leq 1.2$V，实验点不少于 20 个。

针对反向伏-安特性：自行设计一个测量电路，要求反向电压 $V \leq 20$V，实验点不少于 10 个。

（2）整流二极管：

针对正向伏-安特性：自行设计一个测量电路，要求最大正向电流 $I \leq 20$mA，二极管两端电压 $V \leq 1$V，实验点不少于 20 个。

针对反向伏-安特性：自行设计一个测量电路，要求反向电压 $V \leq 20$V，实验点不少于 10 个。

2. 稳压二极管

测量稳压二极管的反向伏-安特性曲线。自行设计一个测量电路，稳压二极管的最大反向电流小于 30mA，工作电压约为 5V 左右，实验点不得少于 20 个。并解释稳压管的工作原理，给出工作电压。测量时注意电流不能超过 30mA。

3. 发光二极管

针对正向伏-安特性：自行设计一个测量电路（提示：此时宜采用恒流源）。根据伏-安特性曲线和实验中的观察（红外除外）找到的开启电压，并根据公式

$$eV_{开} = h\frac{c}{\lambda} \tag{5-22-2}$$

计算 4 个发光二极管发出光的波长。式中，e 为电子的电荷；h 为普朗克常量；c 为光速；λ 为光的波长。本实验 $e = 1.6022 \times 10^{-19}$ C，$h = 6.6261 \times 10^{-34}$ J · s，$c = 2.9979 \times 10^{8}$ m/s。发光二极管最大正向电流 $I \leqslant 20$mA，二极管两端电压 $V \leqslant$ 3V，实验点不少于 15 个。

对于上述设计内容 1、2、3，请同学自行设计每一个数据表格，填入实验数据，并作伏-安特性图。

五、注意事项

1. 实验开始时要检查所配置的器件数目以及是否正常，二极管可用万用表的二极管档检查，正向导通，反向截止。

2. 接线时，开关要处于断开的状态。测量时，电压和电流一定从零开始，由小到大增加！实验点应均匀分布在实验曲线上。

3. 整个测量过程中，要保证电流表的量程不变。

4. 实验后对每一元件进行检查。

六、观察与思考

试总结各非线性元件的伏-安特性。

实验二十三 光偏振现象的研究

光的偏振现象是波动光学中一种重要现象，对于光的偏振现象的研究，使人们对光的传播（反射、折射、吸收和散射等）的规律有了新的认识。特别是近年来利用光的偏振性所开发出来的各种偏振光元件、偏振光仪器和偏振光技术在现代科学技术中发挥了极其重要的作用，在光调制器、光开关、光学计量、应力分析、光信息处理、光通信、激光和光电子学器件等方面都有着广泛的应用。本

实验将对光偏振的基本知识和性质进行观察、分析和研究。

一、实验目的

1. 了解偏振光的种类。着重了解和掌握线偏振光、圆偏振光、椭圆偏振光的产生及检验方法。

2. 了解和掌握1/4波片的作用及应用。

3. 了解和掌握1/2波片的作用及应用。

二、实验仪器

带布儒斯特窗片的He-Ne激光器或白炽灯源，带有刻度盘的可旋转的1/2波片、1/4波片、起偏片、验偏片各一片（转盘刻度360°，格值1°，游标精度0.1°），光电接收器，光功率计或数字式万用表，光具座和磁性支架，玻璃堆（转盘刻度360°，格值5°）旋光管（$\phi 45 \times 85$）

三、实验原理

1. 偏振光的种类

光是电磁波，它的电矢量 $\boldsymbol{E}$ 和磁矢量 $\boldsymbol{H}$ 相互垂直，且又垂直于光的传播方向，通常用电矢量代表光矢量，并将光矢量和光的传播方向所构成的平面称为光的振动面，按光矢量的不同振动状态，可以把光分为五种偏振态：如矢量沿着一个固定方向振动，称线偏振光或平面偏振光；如在垂直于传播方向内，光矢量的方向是任意的，且各个方向的振幅相等，则称为自然光；如果有的方向光矢量振幅较大，有的方向振幅较小，则称为部分偏振光；如果光矢量的大小和方向随时间作周期性变化，且光矢量的末端在垂直于光传播方向的平面内的轨迹是圆或椭圆，则分别称为圆偏振光或椭圆偏振光。

2. 线偏振光的产生

（1）反射和折射产生偏振　根据布儒斯特定律，当自然光以 $i_b = \arctan n$ 的入射角从空气或真空入射至折射率为 n 的介质表面上时，其反射光为完全的线偏振光，振动面垂直于入射面；而透射光为部分偏振光。i_b 称为布儒斯特角。如果自然光以 i_b 入射到一叠平行玻璃片堆上，则经过多次反射和折射，最后从玻璃片堆透射出来的光也接近于线偏振光。

（2）偏振片　它是利用某些有机化合物晶体的“二向色性”制成的，当自然光通过这种偏振片后，光矢量垂直于偏振片透振方向的分量几乎完全被吸收，光矢量平行于透振方向的分量几乎完全通过，因此透射光基本上为线偏振光。

3. 波晶片

波晶片简称波片，它通常是一块光轴平行于表面的单轴晶片。一束平面偏振光垂直入射到波晶片后，便分解为振动方向与光轴方向平行的 e 光和与光轴方向垂直的 o 光两部分（如图 5-23-1 所示）。这两种光在晶体内的传播方向虽然一致，但它们在晶体内传播的速度却不相同。于是 e 光和 o 光通过波晶片后就产生固定的相位差 δ，即 $\delta=\frac{2\pi}{\lambda}(n_e-n_o)l$，式中，$\lambda$ 为入射光的波长；l 为晶片的厚度；n_e 和 n_o 分别为 e 光和 o 光的主折射率。

对于某种单色光，能产生相位差 $\delta=(2k+1)\pi/2$的波晶片，称为此单色光的 1/4 波片；能产生 $\delta=(2k+1)\pi$ 的晶片，称为 1/2 波片；能产生 $\delta=2k\pi$ 的波晶片，称为全波片。通常波片用云母片剥离成适当厚度或用石英晶体研磨成薄片。由于石英晶体是正晶体，其 o 光比 e 光的速度快，沿光轴方向振动的光（e 光）传播速度慢，故光轴称为慢轴，与之垂直的方向称为快轴。对于负晶体制成的波片，光轴就是快轴。

4. 平面偏振光通过各种波片后偏振态的改变

由图 5-23-1 可知一束振动方向与光轴成 θ 角的平面偏振光垂直入射到波片后，会产生振动方向相互垂直的 e 光和 o 光，其 $\boldsymbol{E}$ 矢量大小分别为$E_e=E\cos\theta$，$E_o=E\sin\theta$，通过波片后，二者产生一附加相位差。离开波片时合成波的偏振性质，决定于相位差 δ 和 θ。如果入射偏振光的振动方向与波片的光轴夹角为 0 或 $\pi/2$，则任何波片对它都不起作用，即从波片出射的光仍为原来的线偏振光。而如果不为 0 或 $\pi/2$，线偏振光通过 1/2 波片后，出来的也仍为线偏振光，但它振动方向将旋转 2θ，即出射光和入射光的电矢量对称于光轴；线偏振光通过 1/4 波片后，则可能产生线偏振光、圆偏振光和长轴与光轴垂直或平行的椭圆偏振光，这取决于入射线偏振光振动方向与光轴夹角 θ。

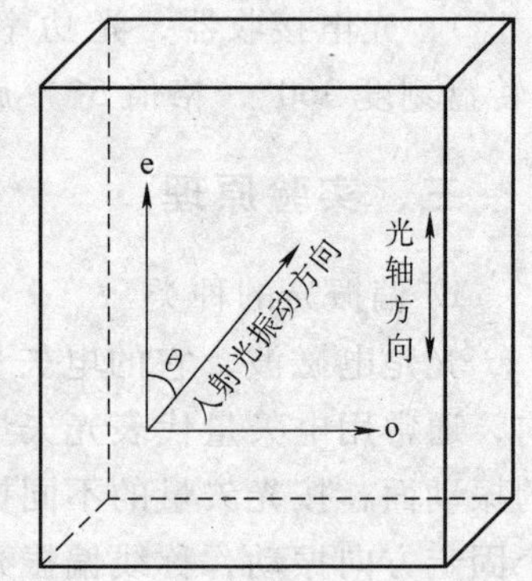

图 5-23-1 波晶片

5. 偏振光的鉴别

鉴别入射光的偏振态须借助于检偏器和 1/4 波片。使入射光通过检偏器后，检测其透射光强并转动检偏器；若出现透射光强为零（称“消光”）现象，则入射光必为线偏振光；若透射光的强度没有变化，则可能为自然光或圆偏振光（或两者的混合）；若转动检偏器，透射光强虽有变化但不出现消光现象，则入射光可能是椭圆偏振光或部分偏振光。要进一步作出鉴别，则需在入射光与检偏器之间插入一块 1/4 波片。若入射光是圆偏振光，则通过 1/4 波片后将变成线偏振光，当 1/4 波片的慢轴（或快轴）与被检测的椭圆偏振光的长轴或短轴平行时，透射光也为线偏振光，于是转动检偏器也会出现消光现象；否则，就是部分偏振光。

四、仪器简介（见图 5-23-2）

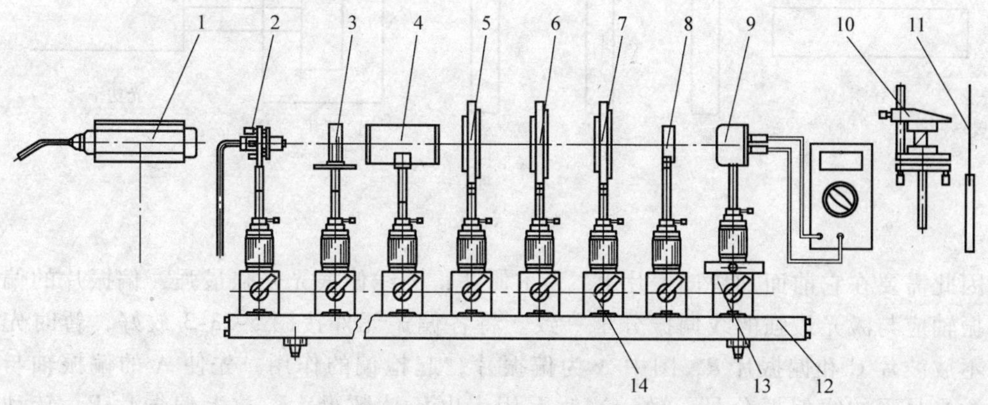

图 5-23-2　结构示意图

1—白炽灯源　2—激光光源　3—玻璃堆　4—旋光管　5—起偏器　6—检偏器　7—波片组　8—聚光镜　9—光电接收器和光功率计　10—载物台（格兰棱镜）　11—白屏　12—导轨平台　13—二维磁力滑座　14—一维磁力滑座

五、实验内容

（一）观察光的偏振现象

准备工作：在导轨平台上靠近两端各放置光源及光电接收器，调整同轴使光信号进入接收器。

（1）光的偏振现象、起偏和检偏

线偏振光的产生：当自然光通过偏振器（通常称之为起偏器）后，由于只有电矢量振动方向平行于透射轴的光可以通过。所以，由偏振器出射的光为线偏振光。

请同学依据上述原理，自行设计整个光路，观察线偏振光的产生。

（2）验证马吕斯（Malus）定律

如果检偏器旋转一周光强变化交替出现两次最亮和两次零光强，即两明两黑，且符合马吕斯定律 $I(\theta)=I_0\cos^2\theta$（$\theta$ 为检偏器透射轴与偏振光方向间的夹角），即最亮和最暗之间，检偏器应转过 90°，则为线偏振光。

保持刚才的光路，请同学依据马吕斯定律，拟订一些特殊角来旋转检偏器，自行设计表格，记录入射光强和出射光强并计算，验证线偏振光的光强符合马吕斯（Malus）定律。

（二）偏振光的研究（见图 5-23-3）

本实验光源换用波长为 650nm 的半导体激光器，它发出的是部分偏振光，

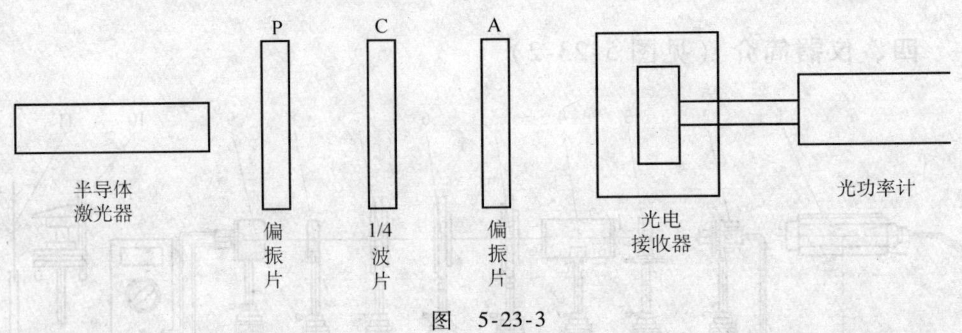

图 5-23-3

因此需要在它前面加块偏振片P，为了使获得的线偏振光光强最强，偏振片的偏振轴应与激光最强的线偏振分量一致。将各偏振元件按图5-23-3放好，暂时先不放波片C和偏振片P，图中A为偏振片，起检偏的作用。先使A的偏振轴与激光最强的线偏振分量一致，这时万用表电压读数最大。放上偏振片P，转动P，使万用表电压读数再次为最大，这时从P输出功率较大的线偏振光。先使A的偏振轴与激光的电矢量垂直，因此出现消光现象，记下偏振片A消光时的位置读数A（0）。然后将1/4波片C放在A前面，旋转C，使再次出现消光现象，这时1/4波片的快轴与激光电矢量方向平行或垂直，记下1/4波片C消光时位置读数C(0)。

1. 1/4波片的作用

旋转1/4波片C，以改变其快（或慢）轴与入射线偏振光电矢量（即偏振片P偏振轴方向）之间夹角θ。当θ分别为15°、30°、45°、60°、75°、90°时，将A逐渐旋转360°，观察光强的变化情况（通过数字万用表观察），记下二次最大值和最小值，并注意最大和最小值之间偏振片A是否转过约90°，并由此说明1/4波片出射光的偏振情况。

2. 圆、椭圆偏振光的鉴别

单用一块偏振片无法区别圆偏振光和自然光，也无法区分椭圆偏振光和部分偏振光，请设计一个实验，要求用一块1/4波片产生圆偏振光或椭圆偏振光，再用另一块1/4波片将其变成线偏振光（该线偏振光振动方向是否还和原来一致）。记录下你的实验过程和实验结果，通过这个实验，想一想：是否可借助于1/4波片把圆偏振光和自然光分别开来，把椭圆偏振光和部分偏振光分别开来，为什么？

3. 1/2波片的作用（选做）

（1）在P和A之间放一个1/2波片，将此波片旋转360°，能看到几次消光？请加以解释。

（2）将1/2波片，任意转过一个角度，破坏消光现象，再将A旋转360°，又能看到几次消光？为什么？

（3）改变 1/2 波片的快（或慢）轴与激光振动方向之间夹角 θ 的数值，使其分别为 15°、30°、45°、60°、75°、90°。旋转 A 到消光位置，记录相应的角度 θ'，解释上面实验结果，并由此了解 1/2 波片的作用。

六、数据记录及处理

（一）观察光的偏振现象

1. 光的偏振现象、起偏和检偏：自行画出实验光路。写出操作步骤。

2. 验证马吕斯（Malus）定律：自行设计表格，拟订一些特殊角来旋转检偏器。记录出射光强，计算并验证线偏振光的光强符合马吕斯（Malus）定律。即 $\frac{I}{I_o} \propto \cos^2\theta$，式中，$I$ 为出射光强；I_o 为最大出射光强；θ 为起偏器和检偏器的夹角。作 $\frac{I}{I_o}$ 与 $\cos^2\theta$ 关系图（应为直线图）

（二）偏振光的研究

1. 1/4 波片的作用

1/4 波片的作用

1/4 波片转过的角度 θ	A 转动 360°，现测到极大、极小值的光电压				光的偏振性质
15°					
30°					
45°					
60°					
75°					
90°					

2. 圆、椭圆偏振光的鉴别

自行画出实验光路，说出鉴别理由（提示：利用 1/4 波片）。

3. 1/2 波片的作用：（选做）

1/2 波片的作用

θ	θ'	线偏振光经 1/2 波片后震动方向转过角度
15°		
30°		
45°		
60°		
75°		
90°		

附：实验十六数据记录处理样例

（一）1/4 波片的作用

当 A 的轴与 P 的偏振轴垂直时，偏振片 A 消光时的位置 A（0）为 65°，在 A 与 P 之间插入 1/4 波片 C，旋转 C 到再次出现消光，C 的位置 C（0）为 136°。旋转 1/4 波片 C，改变其快（或慢）轴与入射的线偏振光电矢量之间夹角 θ，当 θ 分别为 15°、30°、45°、60°、75°、90°时，将 A 旋转 360°，观察光强的变化情况，发现出现二次极大和二次极小，二次极大或极小值基本相等，并且从极大到极小或从极小到极大，偏振片 A 都转过约 90°，由此可说明线偏振光通过 1/4 波片后，出射光可能为线偏振光、圆偏振光或椭圆偏振光，关键取决于 θ，观察结果如下表所示。

1/4 波片的作用

1/4 波片转过的角度 θ	A 转动 360°，现测到极大、极小值的光功率读数/μW				光的偏振性质
15°	6.3	105.5	6.6	109.7	椭圆偏振光
30°	24.7	90.7	23.8	90.4	椭圆偏振光
45°	53.6	70.1	51.3	68.5	近似圆偏振光
60°	29.6	89.3	28.8	88.5	椭圆偏振光
75°	7.7	107.4	7.3	106.1	椭圆偏振光
90°	0.1	115.6	0	118.6	线偏振光

（二）圆、椭圆偏振光的鉴别

单用一块偏振片无法区别圆偏振光和自然光，也无法区别椭圆偏振光和部分偏振光。必须再借助于一块 1/4 波片，才能达到目的，具体做法是：按图 5-23-3 所示装置，先使 A 处于 A(0) 位置，这时产生消光现象，然后将 1/4 波片 C 放在 A 前面，并从 C(0) 位置转过 45°，再转动 A，光功率计变化很小，说明线偏振光通过该波片变成圆偏振光，然后再在 C 和 A 之间加入另一块 1/4 波片 C′，再转动 A，发现有消光现象，说明圆偏振光经 1/4 波片后变成线偏振光，而自然光通过 1/4 波片仍为自然光，这样可以将二者区分。

当 1/4 波片 C 转过的角度不为 0°、45°等一些特殊角度，线偏振光通过它出射的一般是椭圆偏振光，如用偏振片 A 检查，可发现透射光强虽有变化，但不出现消光现象，再在 C 和 A 之间加入另一块 1/4 波片 C′，使其的快（或慢）轴与椭圆偏振光的长（或短）轴平行，则通过 C′透射光也为线偏振光，用偏振片 A 检查，可发现有消光现象，而部分偏振光通过 1/4 波片后，仍为部分偏振光，这样也可以将二者区分。

（三）1/2 波片的作用

1）分别测得 A、C 和 C′的零点位置为：A(0) 为 65°、C(0) 为 136°、C′(0) 为 285°；

2）将 C 和 C′组成一个 1/2 波片；

如图 5-23-3 所示的装置中，在 A 和 C 分别处于 A(0) 和 C(0) 位置时，在 C 和 A 之间，再插入一个 1/4 波片 C′，转动 C′，使再次出现消光现象，记下 C′(0) = 285°，这时 C′的快轴与 C 的快轴可能平行，也可能垂直，然后将 C 和 C′同时转过 15°，如果仍然出现消光现象，说明 C 和 C′快轴互相垂直，则只要将其中一块 1/4 波片转过 90°，则 C 和 C′已组成一个 1/2 波片。如不再出现消光现象，说明 C 和 C′已组成一个 1/2 波片，转动 A 到再次出现消光现象，记录相应的角度 θ'为 95°，可见线偏振光通过 1/2 波片后出射的仍为线偏振光，只是偏振方向转过 30°即 2θ，使 1/2 波片的快（或慢）轴与线偏振光振动方向之间夹角 θ 分别为 30°、45°、60°、75°、90°。转 A 到消光位置，记录相应的角度 θ'，可进一步验证这一点。

1/2 波片的作用

θ'	θ	线偏振光经 1/2 波片后震动方向转过角度
95°	15°	30°
125°	30°	60°
155°	45°	90°
185°	60°	120°
215°	75°	150°
245°	90°	180°

实验二十四　传感器特性研究

在科学研究和生产过程中，经常需要测量位移、加速度、力、力矩、压力等各种物理量。由于电量在测量、传送、记录、自动控制及计算机联机等方面有很多优点，所以往往需要将非电量转换成电量。完成这一转换过程的器件称为传感器。

在本实验中我们广泛使用的是应用广泛的压力传感器，一种电阻应变式传感器，其工作原理是基于金属的应变效应。金属丝的电阻随着它所受的机械形变（拉伸或压缩）的大小而发生相应变化的现象称为电阻应变效应。

一、实验目的

1. 了解非电量的转换及测量方法。

2. 了解电阻应变式传感器的构造及应用。
3. 了解非平衡电桥的原理及应用。
4. 测量压力传感器的灵敏度及物体的重量。
5. 测量传感器电源电压与电桥输出电压的关系。

二、实验仪器

压力传感器实验装置、传感器特性数显测试仪、砝码、测试样品。

三、实验原理

非电量电测系统一般由传感器、测量电路和显示记录三部分组成，如图 5-24-2 所示。用应变电阻片做成的压力传感器是将“力”的测量转变为“电压”测量的电测系统，其基本组成与图 5-24-1 类似。

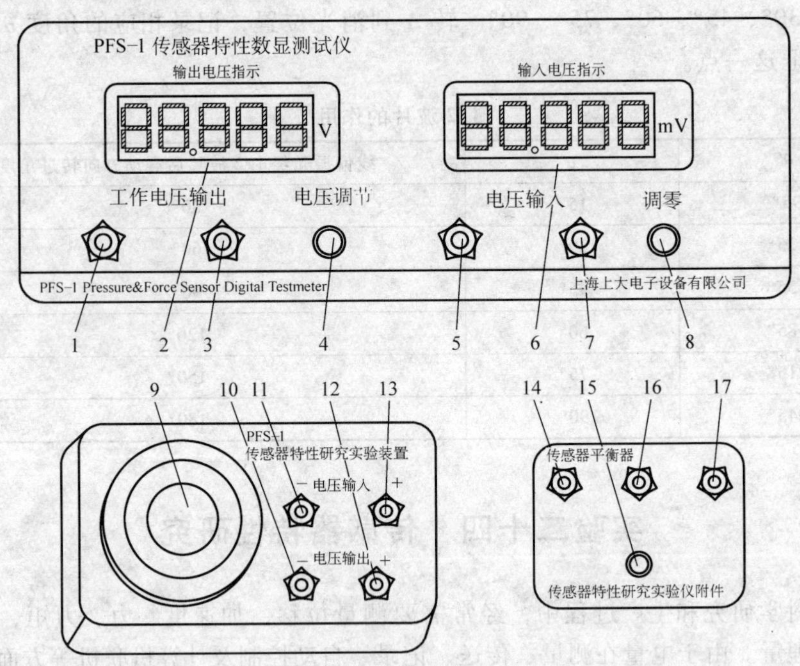

图 5-24-1 仪器面板图

1—输出电压（传感器工作电压）显示窗；2—电压输入（传感器输出电压）显示窗；3—输出电压 + 接线柱；4—输出电压 - 接线柱；5—输出电压调节旋钮；6—电压输入 + 接线柱；7—电压输入 - 接线柱；8—数字电压表调零旋钮；9—实验砝码秤盘；10—传感器输出电压 - 接线柱；11—传感器工作电压输入 - 接线柱；12—传感器输出电压 + 接线柱；13—传感器工作电压输入 + 接线柱；14—接传感器工作电压（+）输入端；15—接传感器电压输出端（+）或（-）；16—传感器平衡器调节旋钮；17—接传感器工作电压（-）输入端

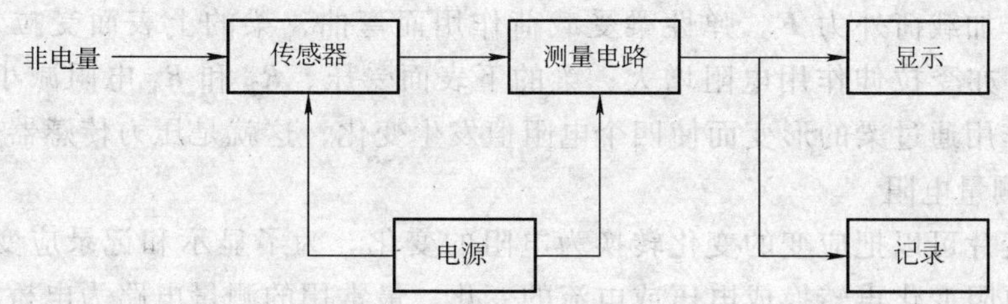

图 5-24-2 非电量电测系统

1. 压力传感器

金属导体的电阻随其所受机械形变（伸长或缩短）的大小而发生变化，其原因是导体的电阻与材料的电阻率以及它的几何尺寸（长度和截面）有关。由于导体在承受机械形变过程中，其电阻率、长度和截面都要发生变化，从而导致其电阻发生变化，因此电阻应变片能将机械构件上应力的变化转换成电阻的变化。

电阻应变片一般由敏感栅、基底、粘合剂、引线、盖片等组成。电阻应变片的结构如图 5-24-3 所示。应变片的规格一般以使用面积和电阻值来表示，如“$3\times10\text{mm}^2$，350Ω。

敏感栅由直径约 0.01 ~ 0.05mm 高电阻系数的细丝弯曲成栅状，它实际上是一个电阻元件，是电阻应变片感受构件应变的敏感部分。敏感栅用粘合剂将其固定在基片上。基底应保证将构件上的应变准确地传送到敏感栅上去，故基底必须做得很薄（一般为 0.03 ~ 0.06mm），使它能与试件及敏感栅牢固地粘结在一起；另外，它还应有良好的绝缘性、抗潮性和耐热性。基底材料有纸、胶膜和玻璃纤维布等。引出线的作用是将敏感栅电阻元件与测量电路相连接，一般由 0.1 ~ 0.2mm 低阻镀锡铜丝制成，并与敏感栅两输出端相焊接，盖片起保护作用。

在测试时，将应变片用粘合剂牢固地粘贴在被测试件在表面上，随着试件受力变形，应变片的敏感栅也获得同样的变形，从而使其电阻随之发生变化。通过测量电阻值的变化可以反映出外力作用的大小。

压力传感器是将四片电阻分别粘贴在弹性平行梁 A 的上下两表面适当的位置，如图 5-24-4 所示。R_1、R_2、R_3 和 R_4是四片电阻片，梁的一端固定，另一端

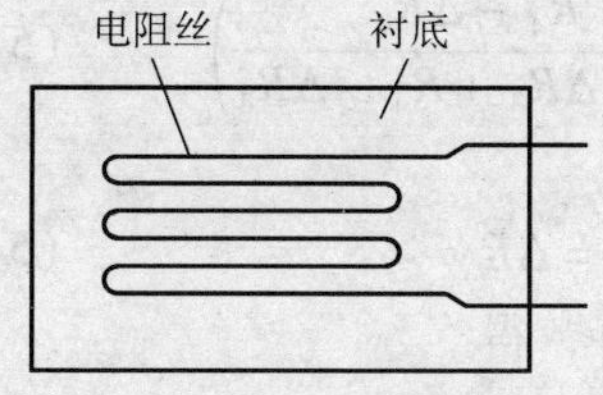

图 5-24-3 电阻丝应变片结构示意图

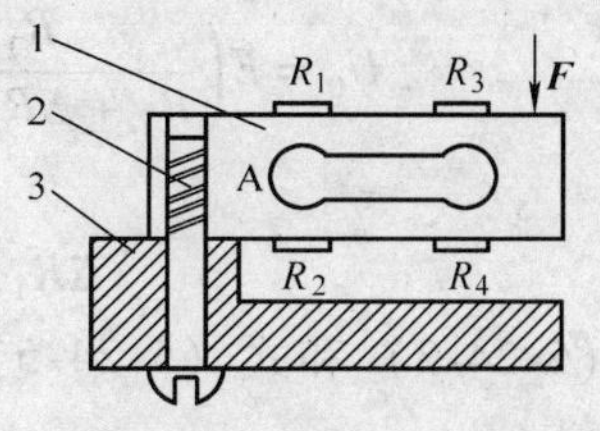

图 5-24-4 压力传感器

自由用于加载荷外力 **F**。弹性梁受载荷作用而弯曲，梁的上表面受拉，电阻片 R_1 和 R_3 亦受拉伸作用电阻增大；梁的下表面受压，R_2 和 R_4 电阻减小。这样，外力的作用通过梁的形变而使四个电阻值发生变化，这就是压力传感器。

2. 测量电阻

应变片可以把应变的变化转换为电阻的变化。为了显示和记录应变的大小，还需把电阻变化再转换成电压或电流的变化。最常用的测量电路为电桥电路。

为了消除电桥电路的非线性误差，通常采用非平衡电桥进行测量传感上的电阻。R_1、R_2、R_3 和 R_4 接成图 5-24-5 所示的直流桥路，cd 两端接稳压电源，ab 两端为电桥电压输出端，输出电压为 U_0 由图 5-24-5 可得

$$U_0 = E\left(\frac{R_1}{R_1 + R_2} - \frac{R_4}{R_3 + R_4}\right) \tag{5-24-1}$$

当电桥平稳时，$U_0 = 0$，于是可得

$$R_1 R_3 = R_2 R_4 \tag{5-24-2}$$

式（5-24-2）就是我们熟悉的电桥平衡条件。在传感器上贴的电阻片是相同的四片电阻片，其电阻值相同，即有

$$R_1 = R_2 = R_3 = R_4 = R \tag{5-24-3}$$

所以当传感器不受外力作用时，电桥满足平衡条件，a、b 两端输出电压 $U_0 = 0$。

当梁受到载荷 **F** 的作用时，R_1 和 R_3 增大，R_2 和 R_4 减小，如图 5-24-6 所示，这时电桥不平衡，并有

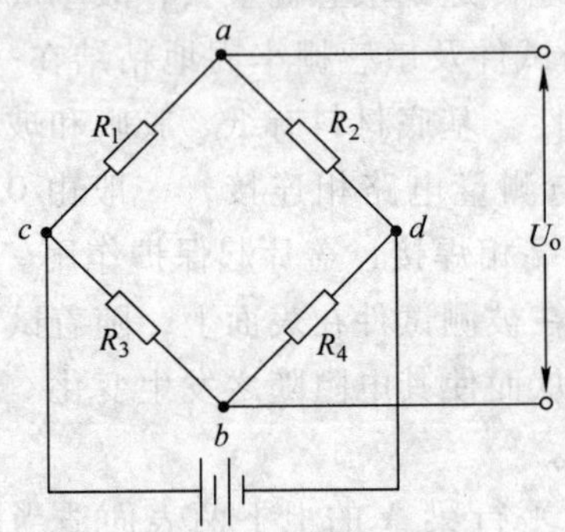

图 5-24-5 非平衡电桥原理

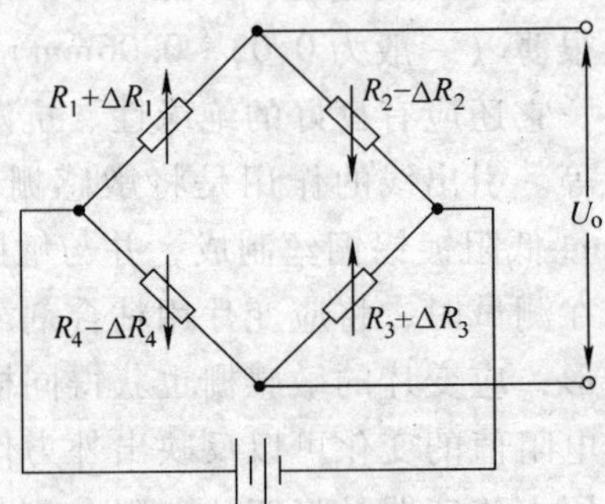

图 5-24-6 载荷下的非平衡电桥

$$U_0 = E\left(\frac{R_1 + \Delta R_1}{R_1 + \Delta R_1 + R_2 - \Delta R_2} - \frac{R_4 - \Delta R_4}{R_3 + \Delta R_3 + R_4 - \Delta R_4}\right) \tag{5-24-4}$$

假设

$$\Delta R_1 = \Delta R_2 = \Delta R_3 = \Delta R_4 = \Delta R \tag{5-24-5}$$

将式（5-24-3）和式（5-24-5）代入式（5-24-4），得

$$U_0 = E\frac{\Delta R}{R} \tag{5-24-6}$$

由式（5-24-6）可知电桥输出的不平衡电压 U_0 与电阻的变化 ΔR 成正比，如测出 U_0 的大小即可反映外力 $\boldsymbol{F}$ 的大小。由式（5-24-6）还可说明电源电压不稳定将给测量结果带来误差，因此电源电压一定要稳定。另外若要获得较大的输出电压 U_0，可以采用较高的电源电压，但 E 的提高受两方面的限制：一是应变片的允许温度，一是应变电桥电阻的温度误差。

四、实验内容及步骤

1. 仪器连接

仪器的连接如图 5-24-7 所示，电源电压接压力传感器特性测试仪的电源输出端，为传感器提供工作电源，传感器输出端接压力传感器特性测试仪的信号输入。从而对非平衡电桥即压力传感器的输出电压进行放大、测量和显示。

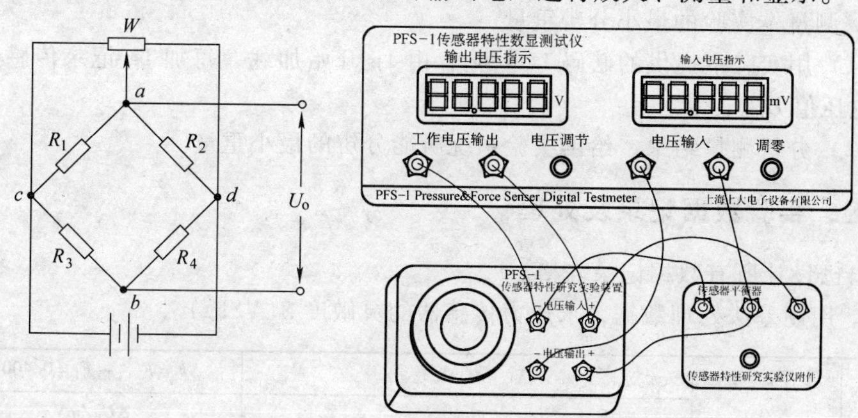

图 5-24-7 实验连接示意图

2. 仪器调试

先将仪器电源打开，预热 15 分钟以上。这时，可观察仪器，做测量前的准备工作，然后调节电压调节旋钮，使电源电压为 10.0V，再旋转调零旋钮，使压力电压显示值为 0.000V。

3. 测量

（1）按顺序增加砝码的数量（每次增加 0.1kg，共 8 次），记录每次加载时输出电压值 U_0。

（2）再相反次序将砝码逐一取下，记录输出电压值 U_0。

（3）用逐差法求出传感器的灵敏度 S，即

$$S = \frac{\Delta U_0}{\Delta F} \tag{5-24-7}$$

4. 用压力传感器测量任意物体的重量

（1）将一个未知重量的物体置于加载平台上，测量电压 U_0'，对同一物体测量 3 次并求出平均$\overline{U_0'}$。

（2）物体重量

$$W=\overline{U_0'}\times\frac{1}{S} \tag{5-24-8}$$

（3）共测 3 个未知重量的物体。样品由实验室提供或学生自己提供被测物体。

5. 测量传感器电源电压与电桥输出电压 U_0 的关系

（1）改变压力传感器特性测试仪的电源电压，使其由 2.0V 变至 10.0V，记录一个输出电压值 U_0（保证加载砝码的质量为 0.5kg）。

（2）作 E-U_0 关系曲线，分析是否为线性关系。

6. 测量本实验的最小分辨重量

（1）用实验室提供的砝码 1g ~ 9g，由 1g 开始加载，每加 1g 记录传感器的输出电压值 U_0。

（2）分析测量结果，给出实验系统所能分辨的最小重量。

五、实验数据记录及处理

自己设计所有数据记录表格。

1. 用逐差法处理数据，求压力传感器的灵敏度 S(V/kg)。

次序	外力 F=9.8 N/kg	U_0/mV			$\Delta F=F_{i+4}-F_i=0.400$kg
		顺序	反序	平均	ΔU_0/mV
0	0.000kg				
1	0.100kg				
2	0.200kg				
3	0.300kg				
4	0.400kg				平均 $\Delta\overline{U_0}$
5	0.500kg				
6	0.600kg				$S=\frac{\Delta U_0}{\Delta F}$mV/kg =
7	0.700kg				
8	0.800kg				

2. 计算物体重量 W_1、W_2 和 W_3。

3. 作 U_0-E 的关系曲线，从而说明电桥输出电压 U_0 与传感器电源电压 E 的关系。数据表格同学自列出。

4. 分析给出本系统的最小分辨重量。

六、注意事项

在实验前将仪器预热 15 分钟以上，实验中所加重量不能超过 1.5kg，加减砝码时要轻拿轻放，以免损坏应变片。

七、观察与思考

1. 传感器不受外力作用时，理论上电桥处于平衡状态，但实际测量时电桥总是有点不平衡，为什么？

2. 传感器的灵敏度与电源电压有何关系？电源电压能无限制地放大吗？为什么？

3. 本实验所用的系统能当电子称使用吗？

4. 我们在日常生活中使用的计算器、计算机键盘等也属于压力传感器吗？

附：压力（秤重）传感器技术参数

型号：CZL-1Z

综合误差(%)	0.03	零点输出/(mV/V)	±0.02
输出灵敏度/(mV/V)	1.5±0.1	输入电阻/Ω	1050±10
非线性(%FS)	0.02	输出电阻/Ω	1000±10
重复性(%FS)	0.02	绝缘电阻/MΩ	5000
滞后(%FS)	0.02	推荐激励电压/V	<12
蠕变(10min)(%FS)	0.02	工作温度范围/℃	-10～+50
零点漂移(10min)(%FS)	0.03	过载能力/(%FS)	150
零点温度漂移(%FS 10℃)	0.05	量程/kg	1
额定输出温度漂移(%FS 10℃)	<0.02		

实验二十五　光通信的实验研究

随着信息技术（IT）的日新月异，人类社会已进入了信息化的时代。上网浏览，电子邮件，电子会议（电视电话会议）等都离不开内外信息传递。当前的信息爆炸的时代里，信息的积累和信息的传输正以几何级数的速度增长。原有的电气通信系统的通信容量已经不能满足实际需要，取而代之的是光通信系统。光通信可分为大气通信和光纤通信。大气通信是光在大气中传播的通信方式，容易受到空气的吸收、散射、折射干扰而使光信号衰减，传播方向发生变化，但大气通信设备简单，可用于人造卫星或宇宙飞船之间信息传输；光纤通信是利用激光在光导纤维中传播来传输信息的，它通信容量大，损耗小，保密性好。1970

年美国康宁公司制造出世界上第一根可供通信用的低损耗石英玻璃光纤，使光纤通信进入了实用阶段。通过本实验可了解光通信中最基本的光调制、光传递、光接收的基本技术、基本原理，并学习光路调节的技巧。

一、实验目的

1. 用 LED 发光管作为光源传递声音，调节和测量传送距离。
2. 用小电珠作为光源传递声音，调节和测量传送距离。
3. 用可见激光传递声音，调节和测量传送距离。
4. 比较上述光源信号在光纤中的传输特点。
5. 配合示波器和信号发生器测量和研究光电传送特性。

二、实验仪器（见图 5-25-1）

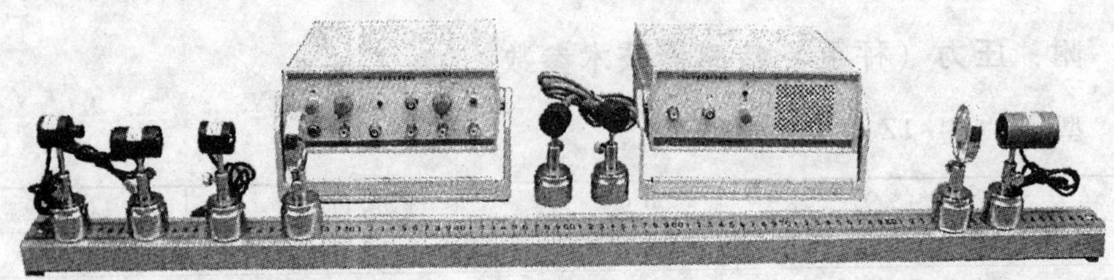

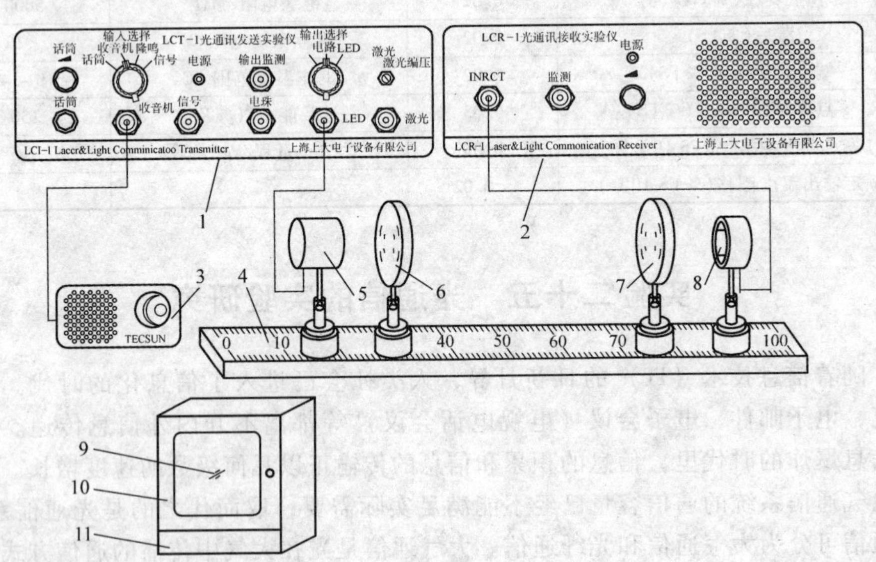

图 5-25-1

1—信号发送仪 2—信号接收仪 3—收音机 4—实验架 5—光信号源（激光，LED 光和白光） 6—聚光镜 1 7—聚光镜 2 8—光信号接收传感器 9—反射镜 10—木箱门 11—木箱

三、实验原理

光通信是用光作为载波来传输信息，就像无线电通信是用无线电波作为载波来传输信息。光通信可分为直接检波通信（光强调制）和相干光通信（光频率调制）。

要传递信息，首先要把光进行调制，即把要传递的信息附加在光上。光调制有很多方法，常见有光直接调制、电调制、磁调制、声调制等。本实验用的是最简单的光直接调制。

光直接调制是指把要传递的交流电信号与直流电源电压变化与信号强弱变化一致，如图 5-25-2 所示。

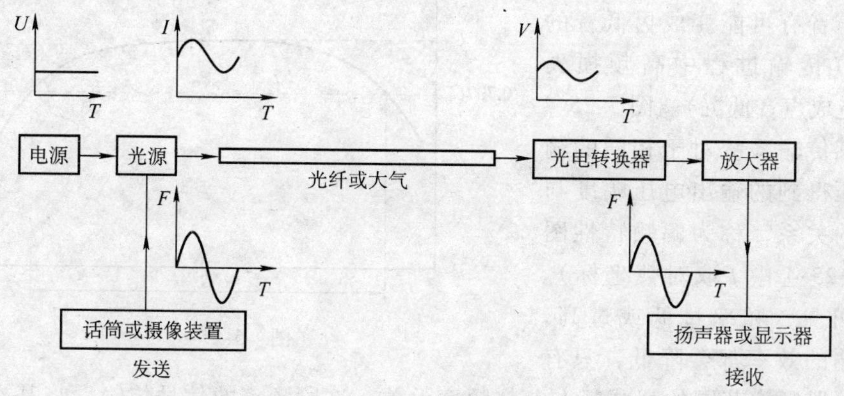

图 5-25-2

当要传递的声音或图像信息通过话筒或摄像装置转换成的电信号与直流电压同时加在光源上时，光源发出的光的强度变化与电信号变化相同。这种被信号调制的光，通过光纤或直接通过大气传输后，到达光转换器，光纤转换器可将光信号转换成电信号，并对调制光进行解调。再经过放大器放大后，通过扬声器或显示器还原成声音或图像。

本实验装置如图 5-25-3 所示。“声源信号”是指由某声源所调制的电信号，例如收音机内输入至扬声器的信号或音频信号发生器产生的信号等。“光源”分为小电珠、发光二极管及激光器。电源与电容器的作用，是让光源有一个稳定的直流电压供电，防止声源电信号直流部分的干扰；电源的电压应大于声源信号的振幅，以免出现负电压，使信号严重失真（为什么）。光电转换器采用硅光电池，它简单可靠、使用方便。图中两个透镜是在大气传输时用的：前一个把光源发出的发散光变成平行光；后一个把平行光聚到硅光电池上。在用光纤传输时不必使用透镜。

在信号传输过程中，除要求损耗小以外，还要求信号不失真。信号失真的主

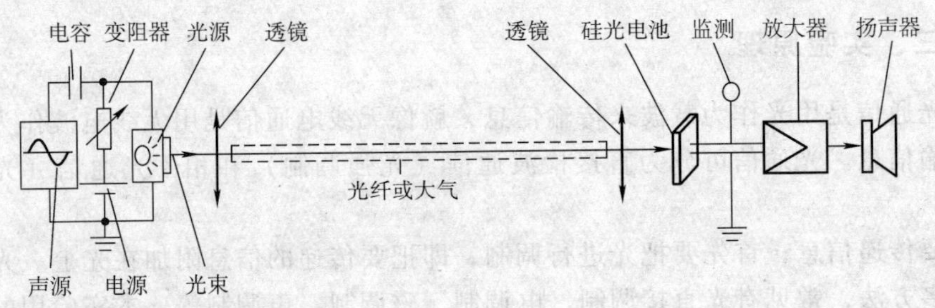

图 5-25-3

要原因通常是不同频率的信号经过传输后的衰减不同所致。例如，若频率高的信号衰减快，则经过传输，女高音的声音有可能变成男低音的声音（传输过程中高频损失大，造成声音低沉）。图 5-25-4 表示某传输系统对于相同的输入电压得到的输出电压幅度与频率的关系，称为幅频特性图（图 5-25-4 中 f 取对数坐标）。由图可见，频率过低或过高，其传输的效率都会降低，只有中间一段频率范围的衰减基本上与频率无关。这段频率的信号传输后将基本上不失真。图中 f_L（下限频率）与 f_H（上限频率）是信号幅度降为图形的中间段电压信号幅度 U_0 的 $1/\sqrt{2}$倍时所对应的低频段、高频段的频率。在测量时，可取中间段电压最大值作为 U_0。f_L 与 f_H 之差为频带宽度 B（传输信号大致不失真的频率范围）。如果 $f_L << f_H$，则 $B \approx f_H$。幅频特性与发光器、接收器、放大器等有关。f_L 越低，f_H 越高，说明幅频特性越好，频带越宽，传输信息量就越大。

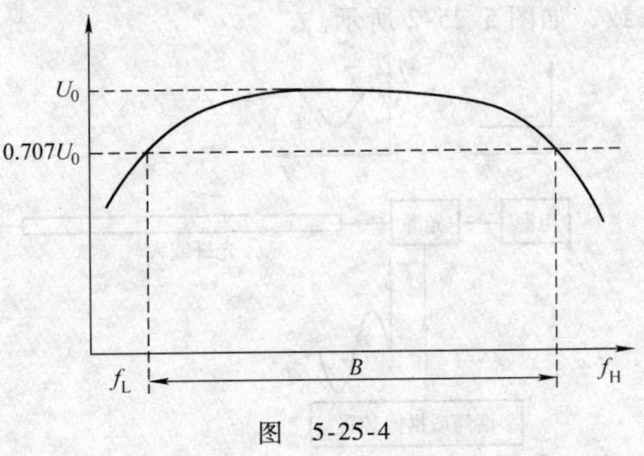

图 5-25-4

四、实验步骤

实验仪器如图 5-25-5 所示（仪器面板图以实物为准）。光通信发送仪中的“输入选择”可根据实际情况分别选择“话筒输入”（话）、“收音机输入”（收）、“信号发生器输入”（信）或“内置音乐输入”（音）；同样，“输出选择”可根据实际情况分别选择“小电珠输出”（珠）、“发光二极管输出”（LED）或“激光输出”（激）。

光通信接收仪中内置放大器，可把接收到的微小声音信号放大，经内置扬声器发出声音。它有硅光电池输入端、音量调节钮、监测（外接毫伏表）端。电源开关在面板背面。导轨长约 1m。小心珠、发光二极管、半导体激光器、透镜

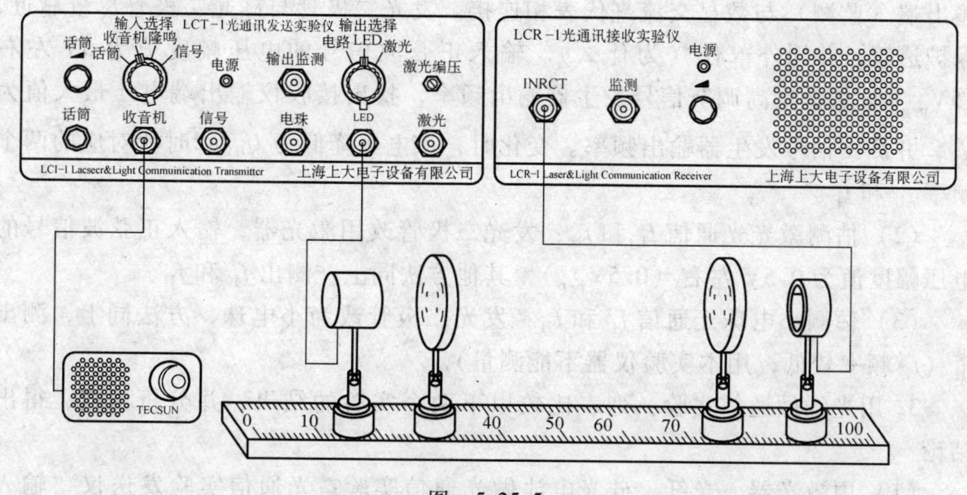

图 5-25-5

等根据需要放在导轨上。低频信号发生器、数显交流毫伏表的功能和使用方法见相关实验中介绍。

(一) 必做部分

1. 光通信的光源选择：列表比较以下三个实验的结果，并分析原因，得出结论

(1) 用小电珠做光通信实验：把小电珠、硅光电池放在导轨上，相距约2cm。光通信实验发送仪“输入选择”置“音乐”档（也可以外接话筒或收音机）；“输出选择”置“小电珠”档。小电子与硅光电池引出线的插头分别插入相应插孔中。调节光路，使硅光电池收到信号最强，即接收仪的声音最响。然后拉开小电珠和硅光电池的距离，加上透镜，进行光通信实验。估计能进行光通信的最远距离。

(2) 用发光二极管做光通信实验：光通信实验发送仪“输出选择”置“发光二极管”档，小电珠改用发光二极管并且插入发送仪上相应插孔中。重复以上实验。

(3) 用激光器做光通信实验：光通信实验发送仪“输出选择”置“激光”档。发光二极管改用激光器并且插入发送仪上相应插孔中。重复以上实验（不必用透镜，思考为什么）。

（注意：必须防止激光束直接射入自己和他人的眼睛!）

2. 估计光通信的 f_L 和 f_{H}：列表比较以下三个实验的结果，并分析原因，得出结论

(1) 估测发光二极管光通信的 f_L 和 f_{H}：光通信实验发送仪“输入选择”置“信号发生器输入”档；发送仪器信号输入端与低频信号发生器相连接；接收仪

输出端（监测）与数显交流毫伏表相连接。发光二极管与硅光二极管尽量靠近，保护透镜，并用外罩住（为什么）。输入正弦波信号的电压幅度值为5V左右（$5V_{p-p}$）。从低到高调节信号发生器输出频率，找出接收仪输出端电压最大值为U_0，并测出信号发生器输出频率。变化时，该电压降低为$U_0/\sqrt{2}$时所对应的两个频率f_L和f_H。

（2）估测激光光通信f_L和f_H：发光二极管改用激光器，输入正弦波信号的电压幅度值为0.5V左右（$0.5V_{p-p}$），其他方法同上，测出f_L和f_H。

（3）估测小电珠光通信f_L和f_H：发光二极管改为小电珠，方法同上，测出f_H（f_L频率较低，用本实验仪器不能测量）。

3. 用光纤做通信实验：列表比较以下两个实验的结果，并分析原因，得出结论

（1）用激光器、光纤、硅光电池做光通信实验：光通信实验发送仪“输入选择”置“内置音乐输入”；光通信实验发送仪“输出选择”置“激光”档，光纤放在激光器和硅光电池之间。监听硅光电池接收到的信号声音大小。

（2）用发光二极管、光纤、硅光电池做光通信实验：激光器改用发光二极管，重复以上实验内容。

（二）选做部分

1. 测量发光二极管光通信的幅频特征，并作图得f_L和f_H：改变低频信号发生器频率，测出十几个频率分别对应接收到电压幅度，作U-f图。

2. 光通信实验仪“输入选择”改置“话筒”、“收音机”，分别用激光器、光纤、硅光电池做光通信实验。

3. 对于小电珠、发光二极管和激光器，分别用示波器测量f_L和f_H。

（三）实验拓展

1. 用其他光源（如太阳光、蜡烛光等）做光通信实验。

2. 请设计一个实验，用水流代替光进行通信。

五、实验数据记录

数据记录表（表5-25-1～表5-25-4，仅供参考）

表 5-25-1

	相同距下接收到的声音分贝	接收到的声音音质	不用透镜能进行通信的最远距离
小电珠光通信			
发光二极管光通信			
激光光通信			

分析原因，得出结论（提示：可从小电珠热效应、激光方向性等方面考虑）。

表 5-25-2

	F_L/Hz	F_H/kHz	B/kHz
小电珠光通信			
发光二极管光通信			
激光光通信			

分析原因，得出结论：

表 5-25-3

	用光纤接收到声音的分贝	用光纤接收到声音的音质
发光二极管光通信		
激光光通信		

分析原因，得出结论：

表 5-25-4

频率 f/Hz	10.0	20.0	40.0	100	200	400
电压 U/mV						
频率 f/Hz	1.00×10^3	2.00×10^3	4.00×10^3	1.00×10^4	2.00×10^4	4.00×10^4
电压 U/mV						

六、观察与思考

1. 小电珠、发光二极管、激光器作为光通信的光源，哪一种最好？为什么？

2. 本实验装置是否可以传输图像的电信号？它对系统的频带宽度有什么要求？

3. 在本实验中若提高光源强度，接收到的声音信号是否会更强？

4. 本实验的光源是否可以用荧光灯？为什么？

5. 本实验中，如果没有收到信号，扬声器有时也会发出“嗡嗡”声，为什么？如何消除？

七、讨论题

1. 由本实验可知，光与电一样可以作为信息的载体来进行通信。与电通信相比，光通信有以下优点：

(1) 容量更大，速度更快。

(2) 保密性好；光缆能防火，耐腐蚀，比电缆更安全。

(3) 光缆的主要材料 SiO_2 是组成地球土地的主要成分，几乎取之不尽；而组成电缆的主要材料铜资源已接近枯竭，因此，信息高速公路是由光缆铺成的。

2. 现代光通信中对光的调制有时间调制和空间调制两种。本实验装置所做的实验属于时间光调制，常用的时间调制方法还有电调制（利用克尔效应或泡克耳斯效应）、磁调制（利用法拉第效应）、声调制（利用拉曼-奈斯效应）等，空间光调制常用液晶光阀。

附　录

附录 A　不确定度的简化处理方法

不确定度是说明测量结果的一个参数，表征合理赋予被测量值的分散性，它表示由于误差的存在而被测量值不能确定的程度，是表征被测量的真值所处的量值范围的评定。不确定度反映了可能存在的误差分布范围，即随机误差分量和未定系统误差分量的联合分布范围。按其数值的评定方法可归并成两类：A 类分量和 B 类分量。A 类分量是指由测量列的统计分析评定的不确定度分量，记作 Δ_A；B 类分量是指用非系统方法评定的不确定度分量，记作 Δ_B。对 A 类分量和 B 类分量的合成按方差合成原理进行，即

$$u=\sqrt{\Delta_A^2+\Delta_B^2}$$

下面就大学物理实验中对 Δ_A 和 Δ_B 的简化进行说明。

一、只有随机误差存在时测量结果的表示

在物理实验中，对物理量 x 进行测量，因为该物理量的总体参数（真值及方差 σ^2）不知道，对 x 进行多次重复测量，得到测量列 x_1，x_2，…，x_n，可以计算出 $\bar{x}=\frac{1}{n}\sum x_i$，测量列的标准偏差 $\sigma_x=\sqrt{\frac{\sum(x_i-\bar{x})^2}{n-1}}$，$\bar{x}$ 的标准偏差 $\sigma_{\bar{x}}=\sqrt{\frac{\sum(x_i-\bar{x})^2}{n(n-1)}}=\frac{\sigma_x}{\sqrt{n}}$。由数理统计知识可知，在有限次测量中（$n<30$），测量数据不遵从正态分布，而是服从 t 分布。t 分布是英国统计学家戈塞特（Gosset）于 20 世纪初首先发现的，他以笔名“student”发表该研究成果，所以又称为学生分布。现在假定在测量时，可定系统误差已被消除，未定系统误差暂不考虑，只有随机误差。依此，对于置信概率 P，真值分布的范围是 $[\bar{x}-t_p\sigma_{\bar{x}},\ \bar{x}+t_p\sigma_{\bar{x}}]$，或者表示为

$$x=\bar{x}\pm t_p\sigma_{\bar{x}}\qquad \text{置信概率为 } P$$

上式表示被测量的真值落在 $[\bar{x}-t_p\sigma_{\bar{x}},\ \bar{x}+t_p\sigma_{\bar{x}}]$ 内的概率为 P。t_p 为一与置信概率 P 相连系的置信因子，可由查 t 分布表得到。

二、A 类分量 Δ_A 的简化

现在我们来研究 $t_p\sigma_{\bar{x}}$，t_p 是一置信因子，$\sigma_{\bar{x}}$ 是 $\bar{x}$ 的标准偏差，所以 $t_p\sigma_{\bar{x}}$ 是一由统计方法评定得到的，它正是不确定度 A 类分量 Δ_A，即

$$\Delta_A = t_p\sigma_{\bar{x}} = t_p\frac{\sigma_x}{\sqrt{n}} = \frac{t_p}{\sqrt{n}}\sigma_x$$

t_p 在不同概率时取值是不同的，请看表 A-1。

表 A-1　$\Delta_A = \frac{t_p}{\sqrt{n}}\sigma_x$ 的置信因子 t_p 的取值

测量次数 n	2	3	4	5	6	7	8	9	10	11	20	30	∞
$P=0.683$	1.84	1.32	1.20	1.14	1.11	1.09	1.08	1.07	1.06	1.05	1.03	1.02	1.00
$P=0.95$	12.7	4.30	3.18	2.78	2.57	2.45	2.36	2.31	2.26	2.23	2.09	2.05	1.96
$P=0.99$	63.7	9.93	5.84	4.60	4.03	3.71	3.50	3.36	3.25	3.17	2.86	2.76	2.58

在大学物理实验教学中，根据国家计量规范常取约定概率 $P=95\%$，测量次数通常取 $6\leqslant n\leqslant 10$，由上表可以看出 t_p 在 2.57～2.26 之间，t_p 可由表 A-1 查出。n 是已知的测量次数，所以 $t_p/\sqrt{n}$ 可以很方便地求出，但是有必要作进一步的简化，当 $P=0.95$、$6\leqslant n\leqslant 10$ 时，计算出 $t_p/\sqrt{n}$ 的值，列表 A-2：

表 A-2　$P=0.95$ 时的 $t_p/\sqrt{n}$ 值

测量次数 n	2	3	4	5	6	7	8	9	10	15	20	∞
$\frac{t_p}{\sqrt{n}}$	8.98	2.48	1.59	1.20	1.05	0.93	0.84	0.77	0.72	0.53	0.47	$\frac{1.96}{\sqrt{n}}$
近似值	9.0	2.5	1.6	1.2	$6\leqslant n\leqslant 10$ 时，$t_p/\sqrt{n}\approx 1$					$n>10$ 时，$t_p/\sqrt{n}=2$		

由表 A-2 看出，当 $P=0.95$，$6\leqslant n\leqslant 10$ 时：$t_p/\sqrt{n}\approx 1$。则 $\Delta_A=\sigma_x$。

这就是将 Δ_A 简化成 σ_x 的道理。要明确 Δ_A 和 σ_x 是两个不同的概念。

三、B 类分量 Δ_B 的简化

B 类分量是指用非统计方法评定的不确定度分量。B 类分量在测量范围内无法作统计评定，比如数据的统计分析不能发现固定偏移（如做错或仪器偏移，时间引起的偏移等），一般可根据经验或其他信息进行估计。在大学物理实验教学中，一般只要考虑由仪器误差影响及测试条件不符合要求而引起的附加误差等因素，来估算 B 类分量，计算 B 类分量则用假设存在的相应近似标准差 u 来

表征。

若已知 B 类分量的误差限为 Δ，则不确定度 B 类分量可由下式得出：

$$\Delta_B = k_p \frac{\Delta_{仪}}{c}$$

式中，k_p为一定置信概率下相应的置信因子；c 为相应分布的置信系数。

1. 置信系数 c 的取值

在实验中，当仪器的误差在 $[-\Delta_{仪}, +\Delta_{仪}]$ 范围内没有根据确定其具有不对称性和多峰性时，可认为误差服从均匀分布，取 $c=\sqrt{3}$。比如，螺旋测微计 $\Delta=0.004$mm，任作一次测量引起的误差都不会超过 0.004mm；灵敏阈为 0.01s 的停表，根据准确度等级计算出的电器仪表的 $\Delta_{仪}$等。

2. 置信因子 k_p的取值

在 B 类分量中，Δ 一般均指的是仪器的极限误差，因此可以认为是 $n\to\infty$ 的情形，这时许多分布都趋于正态分布，k_p的取值由表 A-3 给出。

表 A-3　正态分布下置信概率 P 的置信因子 k_p的值

P	0.50	0.683	0.90	0.95	0.955	0.99	0.997
k_p	0.675	1	1.65	1.96	2	2.58	3

由上表可看出，当 $P=0.95$ 时，$k_p=1.96$，则

$$\Delta_B = k_p \frac{\Delta_{仪}}{c} = \frac{1.96}{\sqrt{3}}\Delta_{仪} \approx \Delta_{仪}(P=0.95)$$

进行了适当的简化处理后，得到 $\Delta_B=\Delta_{仪}$，同样要注意 Δ_B和 $\Delta_{仪}$是两个完全不同的概念。

四、测量结果的表示

综上所述，当$6\leq n\leq 10$，并取约定概率 $P=0.95$ 时，不确定度 A 类分量可近似表示为 $\Delta_A=\sigma_x$，不确定度 B 类分量可近似表示为 $\Delta_B=\Delta_{仪}$，所以合成不确定度为

$$u=\sqrt{\Delta_A^2+\Delta_B^2}=\sqrt{\sigma_x^2+\Delta_{仪}^2}(P=0.95)$$

当测量次数不满足 $6\leq n\leq 10$ 条件时，$\Delta_A=(t_p/\sqrt{n})\sigma_x$中的 $t_p/\sqrt{n}$不能近似看作 1。具体量值与 n 有关，可查表 A-2；Δ_B仍为 $\Delta_{仪}$。这时

$$u=\sqrt{\Delta_A^2+\Delta_B^2}=\sqrt{\left(\frac{t_p}{\sqrt{n}}\sigma_x\right)^2+\Delta_{仪}^2}$$

将测量结果表示为 $x=\bar{x}\pm u$（单位），$u_r=\frac{u}{\bar{x}}\times 100\%$。

附录 B　测量数据中异常值的检验

在实际工作中，测量数据并不总是处于理想状态中，由于种种原因，例如实验条件的突然变化，实验人员的过失，实验仪器的不稳定等，在数据中往往会混进一些过大或过小的数据，这些数据称为异常值，对于异常值应该进行剔除。

单一物理量测量

对物理量 x 进行重复测量，得到测量列 x_1，x_2，…，x_n，计算出 $\bar{x}=\frac{1}{n}\sum x_i$，$x$ 的标准偏差 $\sigma_x=\sqrt{\frac{\sum(x_i-\bar{x})^2}{n-1}}$。要从测量列中检验出异常值，可以有多种方法，其中最方便的是 3σ 准则。但是它要求测量次数 $n\geqslant 25$，这在大学物理实验中一般是做不到的。这里介绍一种可靠程度很高的格拉布斯（Grubbs）准则进行检验，也称为半级差型检验。

格拉布斯（Grubbs）准则为：选取一显著水平 α（一般取 $\alpha=0.01$ 或 $\alpha=0.05$），存在一与显著水平 α 和测量次数 n 有关的临界值 $g_0(n,\alpha)$，参阅表B-1，如果测量列中某一测量值 x_i 满足 $|x_i-\bar{x}|\geqslant g_0(n,\alpha)\sigma_x$，则认为该测量值 x_i 为异常值，应予以剔除。

表 B-1　g_0（n，α）值

n \ α	0.05	0.01	n \ α	0.05	0.01
3	1.153	1.155	8	2.032	2.221
4	1.463	1.492	9	2.110	2.323
5	1.672	1.749	10	2.176	2.410
6	1.822	1.944	11	2.234	2.485
7	1.938	2.097	12	2.285	2.550

例：某测量列为 8.72，8.71，8.74，8.56，8.49，8.72，8.69，8.97，8.68，计算得 $\bar{x}=8.70$，$\sigma=0.13$，$n=10$，取显著水平 $\alpha=0.05$，$|8.97-8.70|=0.27<g_0(n,\alpha)\sigma=0.283$。所以没有异常数据。

附录 C　数据处理规则要点

一、读数规则

1. 搞清所用仪器的分度值。
2. 根据具体情况确定读数误差。
3. 测量值的末位应是读数误差所在位。

二、有效数字运算规则

1. 加、减运算：运算结果的有效数字末位位置和参与运算中最前面的末位位置相同。

2. 乘、除运算：一般情况下，运算结果的有效数字位数与参与运算中位数最少的相同。

3. 函数运算：函数运算结果的有效数字末位可用测量值末位变化 1 时其结果在哪一位产生差异来确定。

4. 运算过程中允许多保留一位有效数字（常数也按此处理），用计算（器）机作连接运算时，可保留机内运算位数，运算结果的有效位数仍由 1、2、3 规则确定。

三、测量结果的表示

1. 直接测量量的结果表示

$$x=\bar{x}\pm u\ (\text{单位})\qquad u_r=\frac{u}{\bar{x}}\times 100\%$$

式中，$\bar{x}=\sum x_i/n$；$\sigma_x=\sqrt{\dfrac{\sum\ (x_i-x)^2}{n-1}}$；$\Delta_{\text{仪}}$由所测量仪器确定（可查看表 2-2-2），$u=\sqrt{\sigma_x^2+\Delta_{\text{仪}}^2}$。

2. 间接测量量

（1）测量关系式：$\phi=f(x,y)$，式中，x、y 为直测量。

（2）误差传递式：$u_\phi=\sqrt{\left(\dfrac{\partial f}{\partial x}\right)^2 u_x{}^2+\left(\dfrac{\partial f}{\partial y}\right)^2 u_y{}^2}$。

（3）测量结果表示

$$\phi=f(\bar{x},\bar{y})\pm u_\phi\ (\text{单位})\qquad u_{r\phi}=\frac{u_\phi}{f(\bar{x},\ \bar{y})}\times 100\%$$

3. 线性函数关系测量

(1) 函数关系：$y = a + bx$ 有大于 2 对的（x_i，y_i）测量值。

(2) 用最小二乘法进行线性拟合，处理过程要点是：

1) 首先记录计算机的计算结果。

2) 然后从计算结果中按取位原则读出并表示为

$a \pm u_a$ (单位)
$b \pm u_b$ (单位)
$E_b = \dfrac{u_b}{b} \times 100\%$

3) 若要通过 b 计算待测的物理量，则：

① 先写出计算关系式，算出待测量。

② 按不确定度传递式，计算待测量的不确定度。

③ 最后表示待测量的测量结果。

注意：①所有结果表示中的 u，u_r 只取 1 ~2 位数值，最佳值的末位与相应的 u 末位对齐；②对于实验中的任何测量结果，均应贯彻“先表示，后使用”的原则。

四、一致性讨论

对同一物理量有两个或两个以上的测量结果：$\phi_1 = \overline{\phi}_1 \pm u_1$，$\phi_2 = \overline{\phi}_2 \pm u_2$。则应进行一致性讨论，方法是：

1. 求 $\delta = |\phi_1 - \phi_2|$　$\Delta = \sqrt{u_1^2 + u_2^2}$

2. 判据：① $\delta \leqslant \Delta$ 为两结果一致。

② $\delta > \Delta$ 为两结果不一致（均应说明在多大精度条件下一致或不一致）。

参考文献

[1] 沈元华，陆申龙．基础物理实验［M］．北京：高等教育出版社，2003.
[2] 丁慎训．物理实验教程［M］．2版．北京：清华大学出版社，2002.
[3] 贾玉润，王公治，凌佩玲．大学物理实验［M］．上海：复旦大学出版社，1987.
[4] 吴平．大学物理实验教程［M］．北京：机械工业出版社，2005.
[5] 赵青生，等．大学物理实验［M］．合肥：中国科学技术大学出版社，1993.
[6] 刘映栋，等．大学物理实验教程［M］．南京：东南大学出版社，1998.
[7] 周殿清．大学物理实验教程［M］．武汉：武汉大学出版社，2005.
[8] 陆廷济，胡德敬，陈铭南．物理实验教程［M］．上海：同济大学出版社，2000.
[9] 张朝民，等．大学物理实验基础教程［M］．上海：东华大学出版社，2003.
[10] 金重，等．大学物理实验教程［M］．天津：南开大学出版社，2000.
[11] 董传华．大学物理实验［M］．上海：上海大学出版社，2001.
[12] 鲁绍曾．现代计量学概论［M］．北京：中国计量出版社，1987.
[13] 王凤鸣，等．非电量检测技术［M］．北京：国防工业出版社，1991.
[14] 李秀燕，等．大学物理实验［M］．北京：科学出版社，2001.
[15] 黄德星．磁敏感器件及其应用［M］．北京：科学出版社，1987.
[16] 应兴国，等．中学物理教师手册［M］．上海：上海教育出版社，1982.
[17] 赵负图．传感器集成电路手册［M］．北京：化学工业出版社，2002.
[18] 里夫，王秀琴，等．常用物理常数手册［M］．昆明：云南人民出版社，1983.
[19] 张俊玲．物理实验常用仪器读数规则及其不确定度评定［J］．物理与工程，2002(6)：27-30.
[20] 王珂，田真，陆申龙．非线性电路混沌实验装置的研究［J］．实验室研究与探索，1999，18（4）：43-45.
[21] E．N．洛伦兹．混沌的本质［M］．北京：气象出版社，1997.
[22] 郝柏林．分岔、混沌、奇怪吸引子、湍流及其他［J］．物理学进展，1983（3）.
[23] 黄一菲，郑神，吴亮，等．玻莫合金磁阻传感器的特性研究和应用［J］．物理实验，2002，22（4）：45-48.
[24] 张连芳，等．非线性电路中混沌现象的模拟实验［J］．工科物理，1998（增刊）.
[25] 熊冬霞，等．关于牛顿环测量中的不确定度讨论［J］．大学物理实验，2005，18(3)：77-79.
[26] P R Hobson，A N Lansbury．A simpie electronic circuit to demonstrate bifurcation and chaos［J］．Physics Education，1996.
[27] Honeywell公司．固态传感器（磁阻传感器部分）说明书，2001.

参考文献